高等学校算法类课程系列教材

U0185414

算法设计与分析

第3版 在线编程实验指导

◎ 李春葆 刘娟 喻丹丹 刘斌 编著

清华大学出版社
北京

内 容 简 介

本书是《算法设计与分析》(第 3 版·微课视频·题库版)(李春葆等,清华大学出版社,以下简称为《教程》)的配套在线编程实验指导书,精选了 LeetCode、LintCode、POJ 和 HDU 平台上的 186 道在线编程题,并了以深入剖析和解管,这些题目涵盖基础数据结构、递归、穷举法、分治法、回溯法、分支限界法、动态规划、回溯法和计算几何等知识点,其中部分题目采用多种算法策略求解,通过研习有助于提高读者灵活运用算法设计策略解决实际问题的能力。

本书自成一体,可以脱离《教程》单独使用,适合高等院校计算机及相关专业学生和编程爱好者学习参考。

图书在版编目(CIP)数据

算法设计与分析(第 3 版)在线编程实验指导/李春葆等编著.—北京:清华大学出版社,2024.1
高等学校算法类课程系列教材
ISBN 978-7-302-64075-2

Ⅰ.①算… Ⅱ.①李… Ⅲ.①算法设计－高等学校－教学参考资料 ②算法分析－高等学校－教学参考资料 Ⅳ.①TP301.6

中国国家版本馆 CIP 数据核字(2023)第 126776 号

策划编辑:魏江江
责任编辑:王冰飞
封面设计:刘　键
责任校对:时翠兰
责任印制:曹婉颖

出版发行:清华大学出版社
　　网　　　址:https://www.tup.com.cn,https://www.wqxuetang.com
　　地　　　址:北京清华大学学研大厦 A 座　　　邮　　编:100084
　　社 总 机:010-83470000　　　　　　　　　邮　　购:010-62786544
　　投稿与读者服务:010-62776969,c-service@tup.tsinghua.edu.cn
　　质量反馈:010-62772015,zhiliang@tup.tsinghua.edu.cn
　　课件下载:https://www.tup.com.cn,010-83470236
印 装 者:三河市铭诚印务有限公司
经　　销:全国新华书店
开　　本:185mm×260mm　　印　张:18.75　　　　　字　　数:457 千字
版　　次:2024 年 1 月第 1 版　　　　　　　　　印　　次:2024 年 1 月第 1 次印刷
印　　数:1~1500
定　　价:49.80 元

产品编号:101154-01

前 言 Preface

党的二十大报告指出：教育、科技、人才是全面建设社会主义现代化国家的基础性、战略性支撑。必须坚持科技是第一生产力、人才是第一资源、创新是第一动力，深入实施科教兴国战略、人才强国战略、创新驱动发展战略，这三大战略共同服务于创新型国家的建设。高等教育与经济社会发展紧密相连，对促进就业创业、助力经济社会发展、增进人民福祉具有重要意义。

本书是《算法设计与分析》（第3版·微课视频·题库版）（李春葆等，清华大学出版社）的配套在线编程实验指导书。

全书分为10章，第1章是绪论，第2章是递归算法设计技术，第3~8章分别是穷举法、分治法、回溯法、分支限界法、动态规划和贪心法等算法设计策略，第9章和第10章分别是图算法和计算几何，与《教程》的前10章相对应。每章包含《教程》中的在线编程实验题及其解析，共计186道，其中来自LeetCode（力扣）55道，LintCode（领扣）71道，POJ（北大）52道，HDU（杭电）8道。LeetCode和LintCode是极好的在线编程训练、学习和交流平台，POJ和HDU是国内最优秀的ACM训练平台。LeetCode和LintCode题目用1~3星标记难易程度，分别为简单、中等和困难。

书中精心选取的在线编程题不仅涵盖"算法设计与分析"课程的主要知识点，还融合了各个知识点的运用和扩展，学习、理解和借鉴这些解题思路是掌握和提高算法设计能力的最佳途径。

以在线编程平台为实验环境具有明显的优势：一是克服了单机编程测试数据不完整的缺陷，通常在线编程平台中测试数据较多而且具有针对性，更方便检测程序的正确性；二是便于考查程序的时间和空间性能，通常在线编程平台在提交成功时都会给出程序的执行时间和消耗的内存空间大小，以便改进算法；三是在线编程平台题目众多、资源丰富，可以选择一些有趣且难度适中的题目供学生实验，引导学生进入一片新的学习天地，激发学生的编程兴趣。

书中全部在线编程题均在相关在线编程平台中调试通过（选择的语言为C++）。考虑向下的兼容性，所有程序调试运行采用较低版本的Dev C++ 5.11作为编程环境，稍加修改可以在其他C++环境中运行。

源码下载方法：扫描封底的文泉云盘防盗码，再扫描目录上方的二维码下载。

在此感谢 LeetCode、LintCode、POJ 和 HDU 平台的大力支持。由于编者水平所限，尽管不遗余力，仍可能存在不足之处，敬请教师和同学们批评指正。

编　者

2024 年 1 月

目 录 Contents

源码下载

第 3 章　穷举法　/36

第 4 章　分治法　/54

第 5 章　回溯法　　/83

第 6 章 分支限界法 /115

第 7 章 动态规划 /147

第8章　贪心法　　/191

第 1 章 绪论

1.1 LintCode1200——相对排名 ★ ※

问题描述：设计一个算法根据 n 名运动员的得分找到相对等级和获得前 3 名的运动员，他们将获得奖牌"Gold Medal"（金牌）、"Silver Medal"（银牌）和"Bronze Medal"（铜牌），其他运动员列出名次（名次从 1 开始）。所有运动员的分数都是独一无二的。例如，nums＝$\{5,4,3,2,1\}$，答案是$\{$"Gold Medal","Silver Medal","Bronze Medal","4","5"$\}$。要求设计如下成员函数：

vector＜string＞findRelativeRanks(vector＜int＞&nums) { }

解：设计一个 vector＜pair＜int,int＞＞类型的容器 v，将 nums 存放到 v 中并且记录分数在 nums 中原来的序号，将 v 中元素按分数递减排序；设计 vector＜string＞类型的容器 ans 存放结果，遍历 v 找到每个分数对应的名次，前 3 名分别用"Gold Medal"、"Silver Medal"和"Bronze Medal"替换，最后返回 ans 即可。对应的程序如下：

```
class Solution {
public:
    vector < string > findRelativeRanks(vector < int > &nums) {
        int n = nums.size();
        vector < pair < int, int >> v;
        for(int i = 0; i < n; i++)
            v.push_back(make_pair(i, nums[i]));
        sort(v.begin(), v.end(), [](pair < int, int > & a, pair < int, int > & b) {
            return a.second > b.second;          //Lambda 表达式:按分数递减排序
        });
        vector < string > ans(n);
        for(int rnk = 0; rnk < n; rnk++) {       //按名次遍历
            int i = v[rnk].first;                //该名次在 nums 中的序号
            string tmp;
            if(rnk == 0)
                tmp = "Gold Medal";              //金牌
            else if(rnk == 1)
                tmp = "Silver Medal";            //银牌
            else if(rnk == 2)
                tmp = "Bronze Medal";            //铜牌
            else
                tmp = to_string(rnk + 1);
            ans[i] = tmp;
        }
        return ans;
    }
};
```

上述程序提交后通过，执行用时为 41ms，内存消耗为 5.67MB。

1.2 LintCode1901——有序数组的平方 ★ ※

问题描述：给定一个按非递减顺序排序的整数数组 A，设计一个算法返回由每个整数的平方组成的新数组，要求也按非递减顺序排序。例如，$A＝\{-4,-1,0,3,10\}$，答案是

{0,1,9,16,100}。要求设计如下成员函数：

```
vector < int > SquareArray(vector < int > &A) { }
```

解法 1：用 ans 存放结果，先将 A 中每个整数的平方添加到 ans 中，然后递增排序，最后返回 ans。对应的程序如下：

```
class Solution {
public:
    vector < int > SquareArray(vector < int > &A) {
        int n = A.size();
        vector < int > ans;
        for(int x:A)
            ans.push_back(x * x);
        sort(ans.begin(),ans.end());
        return ans;
    }
};
```

上述算法的时间复杂度为 $O(n\log_2 n)$。程序提交后通过，执行用时为 41ms，内存消耗为 5.42MB。

解法 2：用 ans 存放结果。采用双指针 low 和 high 前后夹击，将 $(A[\text{low}])^2$ 和 $(A[\text{high}])^2$ 中的较大值存放到 ans[high−low] 中，并且移动较大一端的指针。最后返回 ans。对应的程序如下：

```
class Solution {
public:
    vector < int > SquareArray(vector < int > &A) {
        int n = A.size();
        int low = 0,high = n − 1;
        vector < int > ans(n,0);
        while(low <= high) {
            int lefts = A[low] * A[low];
            int rights = A[high] * A[high];
            if(lefts > rights) {
                ans[high − low] = lefts;
                low++;
            }
            else {
                ans[high − low] = rights;
                high −− ;
            }
        }
        return ans;
    }
};
```

上述程序提交后通过，执行用时为 40ms，内存消耗为 5.41MB。

1.3　LintCode211——字符串置换★

问题描述：给定两个字符串 A 和 B，设计一个算法判断其中一个字符串是否为另一个字符串的置换。置换的意思是通过改变顺序可以使两个字符串相等。例如，$A = $ "abcd"，$B = $ "bcad"，答案为 true；$A = $ "aac"，$B = $ "abc"，答案为 false。要求设计如下成员函数：

```
bool Permutation(string &A, string &B) { }
```

解：若字符串 A 和 B 排序后的结果相同,则其中一个字符串一定是另一个字符串的置换,否则不是。对应的程序如下:

```
class Solution {
public:
    bool Permutation(string &A, string &B) {
        sort(A.begin(),A.end());
        sort(B.begin(),B.end());
        return A == B;
    }
};
```

上述程序提交后通过,执行用时为41ms,内存消耗为4.3MB。

1.4 LintCode772——错位词分组★★ ✳

问题描述：给定一个字符串数组 strs,设计一个算法将错位词(指字符相同排列不同的字符串)分组。所有的输入均为小写字母。例如,strs = {"eat","tea","tan","ate","nat","bat"},答案为{{"ate","eat","tea"},{"bat"},{"nat","tan"}}。要求设计如下成员函数:

```
vector < vector < string >> groupAnagrams(vector < string > &strs) { }
```

解：设计一个 map < string,vector < string >>类型的容器 mymap,遍历 strs,对于当前字符串 s,产生其排序结果串 t,以 t 为关键字,将所有排序结果等于 t 的字符串 s 添加到 mymap[t]中。最后遍历 mymap 生成分组的结果字符串。对应的程序如下:

```
public:
    vector < vector < string >> groupAnagrams(vector < string > &strs) {
        map < string,vector < string >> mymap;
        for(string s:strs) {
            string t = s;
            sort(t.begin(),t.end());
            if(mymap.count(t) == 0)          //不存在时
                mymap[t] = {s};
            else {                           //存在时
                vector < string > tmp = mymap[t];
                tmp.push_back(s);
                mymap[t] = tmp;
            }
        }
        vector < vector < string >> ans;
        for(auto it = mymap.begin();it!= mymap.end();it++) {
            ans.push_back(it -> second);
        }
        return ans;
    }
};
```

上述程序提交后通过,执行用时为529ms,内存消耗为5.63MB。

说明：本题目对最后分组结果中字符串的顺序没有做特别要求,所以可以将 map 改为 unordered_map,理论上讲修改后的时间性能更优(有趣的是改为 unordered_map 后执行时间反而增加了)。

1.5 LintCode55——比较字符串★

问题描述：设计一个算法比较两个字符串 A 和 B，确定 A 中是否包含 B 中的所有字符。字符串 A 和 B 中的字符都是大写字母，在字符串 A 中出现的字符串 B 里的字符不需要连续或者有序。例如，$A =$ "ABCD"，$B =$ "ACD"，答案为 true；$A =$ "ABCD"，$B =$ "AABC"，答案为 false。要求设计如下成员函数：

```
bool compareStrings(string &A, string &B) { }
```

解法 1：题目判断 B 中的每一个字符是否都在 A 中出现，并且所有字符均为大写字母。例如，$A =$ "ABCD"，$B =$ "AABC"，B 中有两个 'A'，而 A 中只有一个 'A'，所以 B 中第 2 个 'A' 在 A 中没有出现，答案为 false。

定义两个数组 cnta 和 cntb，分别累计 A 和 B 中每个大写字母出现的次数，然后用 i 枚举 'A'~'Z'，若 $cntb[i] = 0$ 跳过，否则 $cntb[i]$ 应该小于或等于 $cnta[i]$，也就是说只要 $cntb[i] == 0 \,||\, cntb[i] <= cnta[i]$ 不成立，返回 false。最后返回 true。对应的程序如下：

```cpp
class Solution {
public:
    bool compareStrings(string &A, string &B) {
        int cnta[26], cntb[26];
        memset(cnta, 0, sizeof(cnta));
        for (char c: A)
            cnta[c - 'A']++;
        memset(cntb, 0, sizeof(cntb));
        for (char c: B)
            cntb[c - 'A']++;
        for(int i = 0; i < 25; i++)
            if (!(cntb[i] == 0 || cntb[i] <= cnta[i]))
                return false;
        return true;
    }
};
```

上述程序提交后通过，执行用时为 41ms，内存消耗为 5.46MB。

解法 2：也可以采用哈希映射进行计数。对应的程序如下：

```cpp
class Solution {
public:
    bool compareStrings(string &A, string &B) {
        unordered_map<char, int> hmap;
        for (char c: A)
            hmap[c]++;
        for (char c: B) {
            if (hmap.count(c) == 0 || hmap[c] == 0)
                return false;              //B中的字母c不属于A或者计数小于A中的计数
            else
                hmap[c]--;
        }
        return true;
    }
};
```

上述程序提交后通过，执行用时为 51ms，内存消耗为 5.71MB。

1.6 LintCode460——在排序数组中找最接近的 k 个数 ★★

问题描述：给定一个目标数 target、一个非负整数 k 以及一个长度为 $n(k<n)$ 的升序排列数组 A，设计一个算法在 A 中找与 target 最接近的 k 个整数，返回这 k 个数并按照与 target 的接近程度从小到大排序，如果接近程度相当，那么小的数排在前面。例如，$A=\{1,2,3\}$，target$=2$，$k=3$，答案为$\{2,1,3\}$。要求设计如下成员函数：

vector < int > kClosestNumbers(vector < int > &A, int target, int k) { }

解法 1：先将升序数组 A 中的每个元素减去 target，再按绝对值递增排序，若绝对值相同则按原值递增排序。最后将 A 中的前 k 个元素恢复为原值添加到 ans 中，返回 ans。对应的程序如下：

```
struct Cmp {
    bool operator() (int a, int b) {
        if(abs(a)< abs(b))
            return true;
        else if(abs(a) == abs(b)) {
            if(a < b) return true;
            else return false;
        }
        else return false;
    }
};
class Solution {
public:
    vector < int > kClosestNumbers(vector < int > &A, int target, int k) {
        for (int i = 0; i < A.size(); i++)
            A[i] -= target;
        sort(A.begin(), A.end(), Cmp());
        vector < int > ans;
        for(int i = 0; i < k; i++)
            ans.push_back(A[i] + target);
        return ans;
    }
};
```

上述程序提交后通过，执行用时为 223ms，内存消耗为 5.14MB。

解法 2：由于 A 是升序数组，先采用 lower_bound() 通用算法在 A 中找到第一个大于或等于 target 的元素的位置 pos，置 $i=$pos-1，$j=$pos，每次在 $A[i]$ 和 $A[j]$ 中选择一个最接近 target 的元素添加到 ans 中，直到添加 k 个元素为止，最后返回 ans。对应的程序如下：

```
class Solution {
public:
    vector < int > kClosestNumbers(vector < int > &A, int target, int k) {
        int pos = lower_bound(A.begin(), A.end(), target) - A.begin();
        int i = pos - 1, j = pos;
        vector < int > ans;
        int cnt = 0;
        while (cnt < k) {
            if (i < 0 || j < A.size() && abs(A[j] - target)< abs(A[i] - target))
                ans.push_back(A[j++]);
```

```
      else
         ans.push_back(A[i - - ]);
      cnt++;
   }
   return ans;
   }
};
```

上述程序提交后通过,执行用时为 101ms,内存消耗为 5.43MB。

1.7 LintCode424——求逆波兰表达式的值★★

问题描述:给定一个仅包括+、−、*、/运算符或者整数的有效逆波兰表达式 tokens(1≤ tokens.length≤10^4),设计一个算法求该表达式的值。注意两个整数之间的除法只保留整数部分,不存在除数为 0 的情况。例如,tokens={"2","1","+","3"," * "},答案为 9,计算过程是先计算 2+1=3,再计算 3 * 3=9。要求设计如下成员函数:

```
int evalRPN(vector < string > & tokens) { }
```

解: 逆波兰表达式也称为后缀表达式,形如"a b op",其中 op 是二元运算符,a 和 b 是两个运算数,它们也可以是另外的后缀表达式。在求值时设计一个运算数栈 st,从前向后遍历 tokens,遇到 a 将其转换为整数后进栈,遇到 b 将其转换为整数后进栈,遇到 op 时依次出栈 b 和 a,执行 $c=a$ op b,再将 c 进栈。对应的程序如下:

```
class Solution {
public:
   int evalRPN(vector < string > & tokens) {
      int a,b,c,d,e;
      stack < int > st;                    //定义一个运算数栈 st
      int i = 0;                           //i 遍历 tokens
      while (i < tokens.size()){           //后缀表达式未扫描完时循环
         if (isoper(tokens[i])){           //若 tokens[i]为运算符
            b = st.top(); st.pop();        //出栈元素 b
            a = st.top(); st.pop();        //出栈元素 a
            switch (tokens[i][0]) {
               case ' + ':                 //判定为 ' + '号
                  c = a + b;               //计算 c
                  st.push(c);              //将计算结果 c 进栈
                  break;
               case ' - ':                 //判定为 ' − '号
                  c = a - b;               //计算 c
                  st.push(c);              //将计算结果 c 进栈
                  break;
               case ' * ':                 //判定为 ' * '号
                  c = a * b;               //计算 c
                  st.push(c);              //将计算结果 c 进栈
                  break;
               case '/':                   //判定为 '/'号
                  c = a/b;                 //计算 c
                  st.push(c);              //将计算结果 c 进栈
                  break;
            }
```

```
        }
        else                        //若 tokens[i]为整数字符串
          st.push(stoi(tokens[i]));  //转换为整数后进栈
        i++;                        //继续处理其他字符串
      }
      return st.top();             //返回栈顶元素
    }
    bool isoper(string& token) {   //判断 token 是否为运算符
      return token == " + " || token == " - " || token == " * " || token == "/";
    }
};
```

上述程序提交后通过,执行用时为 183ms,内存消耗为 5.46MB。

1.8 LintCode1369——最频繁单词 ★ ※

问题描述:给定一个段落 paragraph 和一组限定词 banned(均由小写字母组成),设计一个算法返回出现最频繁的非限定单词。已知至少有一个单词是非限定的,并且答案唯一。限定词都以小写字母给出,段落中的单词对大小写不敏感,结果返回小写字母。段落仅由字母、空格以及标点 '!'、'?' 或 ',' 等组成,不同的单词会被空格隔开。例如,paragraph = "Bob hit a ball, the hit BALL flew far after it was hit."和 banned=["hit"],答案为"ball"。要求设计如下成员函数:

```
string mostCommonWord(string &paragraph, vector < string > &banned) { }
```

解:将限定词 banned 添加到 unordered_set < string >类型的哈希集合 words 中,以方便快速查找。遍历段落 paragraph,提取包含的单词(均转换为小写字母),通过 unordered_map < string,int >类型的哈希映射 cntmap 实现计数。再遍历 cntmap,记录出现的次数最多并且不属于 words 的非限定单词 ans,最后返回 ans。对应的程序如下:

```
class Solution {
public:
    string mostCommonWord(string &paragraph, vector < string > &banned) {
        unordered_map < string, int > cntmap;              //单词计数
        unordered_set < string > words(banned.begin(), banned.end()); //存放全部限定词
        string tmp = "";                                  //从段落中提取单词 tmp
        for (int i = 0; i < paragraph.size(); i++) {      //遍历 paragraph
            if(isalpha(paragraph[i])) {
                if(isupper(paragraph[i]))
                    tmp += tolower(paragraph[i]);
                else
                    tmp += paragraph[i];
            }
            else if(paragraph[i] == ' ') {                //前面的 tmp 是找到的一个单词
                cntmap[tmp]++;
                tmp = "";
            }
        }
        cntmap[tmp]++;                                     //提取最后一个单词
        int maxcnt = 0;
        string ans;
        for (auto x:cntmap) {                             //遍历全部单词
            if(words.count(x.first) == 0 && x.second > maxcnt) { //找非限定词且出现的次数最多
```

```
            ans = x.first;
            maxcnt = x.second;
        }
    }
    return ans;
    }
};
```

上述程序提交后通过,执行用时为 41ms,内存消耗为 2.27MB。

1.9 LeetCode20——有效的括号★

问题描述:给定一个只包括 '('、')'、'{'、'}'、'['、']' 的字符串 s,设计一个算法判断字符串是否有效。有效字符串需满足左括号必须用相同类型的右括号闭合,左括号必须以正确的顺序闭合。例如,s = "()[]{}",答案为 true;s = "(]",答案为 false。要求设计如下成员函数:

```
bool isValid(string s) { }
```

解:采用一个栈判断各种类型的括号是否匹配(因为每个右括号都是和前面最近的左括号匹配),采用 stack < char > 容器作为栈。对应的程序如下:

```cpp
class Solution {
public:
    bool isValid(string s) {
        stack < char > st;                              //定义一个字符栈 st
        int i = 0;
        while (i < s.length()) {
            if (s[i] == '(' || s[i] == '[' || s[i] == '{')
                st.push(s[i]);                          //遇到左括号时进栈
            else {
                if (s[i] == ')') {                      //遇到')'
                    if (st.empty() || st.top()!= '(')   //栈空或者栈顶不是'('
                        return false;                   //返回 false
                    st.pop();                           //出栈'('
                }
                if (s[i] == ']') {                      //遇到']'
                    if (st.empty() || st.top()!= '[')   //栈空或者栈顶不是'['
                        return false;                   //返回 false
                    st.pop();                           //出栈'('
                }
                if (s[i] == '}') {                      //遇到'}'
                    if (st.empty() || st.top()!= '{')   //栈空或者栈顶不是'{'
                        return false;                   //返回 false
                    st.pop();                           //出栈'('
                }
            }
            i++;                                        //继续遍历 str
        }
        return st.empty();
    }
};
```

上述程序提交后通过,执行用时为 0ms,内存消耗为 6.1MB。

1.10 LeetCode1190——反转每对括号间的子串★★

问题描述：给定一个字符串 s（仅含有小写英文字母和括号），设计一个算法按照从括号内到括号外的顺序逐层反转每对匹配括号中的字符串，并返回最终的结果（注意结果中不应包含任何括号）。例如，$s = $"(u(love)i)"，答案是"iloveu"，其操作是先反转子字符串"love"得到"evol"，然后反转字符串"uevoli"得到"iloveu"。要求设计如下成员函数：

```
string reverseParentheses(string s) { }
```

解：这里用栈求解，设计思路同《教程》第 1 章中的例 1.9。对应的程序如下：

```cpp
class Solution {
public:
    string reverseParentheses(string s) {
        stack < string > st;
        int i = 0, n = s.size();
        while(i < n) {
            if(isalpha(s[i])) {                      //遇到字母
                string tmp = "";
                while(i < n && isalpha(s[i])) {      //提取字母串 tmp
                    tmp += s[i++];
                }
                st.push(tmp);                        //将字母串 tmp 进栈
            }
            else if(s[i] == '(')                     //遇到'('时
                st.push(string(1, s[i++]));          //将'('转换为"("后进栈
            else {                                   //遇到')'时
                string e = "";
                while (st.top() != "(") {            //取(e)中的 e
                    e = st.top() + e;                //同级字符串连接（逆向）
                    st.pop();
                }
                st.pop();                            //出栈"("
                reverse(e.begin(), e.end());         //逆置 e
                st.push(e);                          //将 e 进栈
                i++;                                 //跳过')'
            }
        }
        string ans = "";
        while(!st.empty()) {                         //由栈 st 中所有字符串连接的逆序构成 ans
            ans = st.top() + ans;
            st.pop();
        }
        return ans;
    }
};
```

上述程序提交后通过，执行用时为 4ms，内存消耗为 6.1MB。

1.11 LeetCode496——下一个更大元素Ⅰ★

问题描述：nums1 中数字 x 的下一个更大元素是指 x 在 nums2 中对应位置右侧的第一个比 x 大的元素。给定两个没有重复元素的数组 nums1 和 nums2，下标从 0 开始，其中

nums1 是 nums2 的子集,设计一个算法对于每个 $0 \leqslant i <$ nums1.length,找出满足 nums1$[i]$ = nums2$[j]$ 的下标 j,并且在 nums2 确定 nums2$[j]$ 的下一个更大元素,如果不存在下一个更大元素,那么本次查询的答案是 -1,返回一个长度为 nums1.length 的数组 ans 作为答案,满足 ans$[i]$ 是如上所述的下一个更大元素。例如,nums1 = $\{4, 1, 2\}$,nums2 = $\{1, 3, 4, 2\}$,答案 ans = $\{-1, 3, -1\}$。要求设计如下成员函数:

　　vector < int > nextGreaterElement(vector < int > & nums1, vector < int > & nums2) { }

　　解:由于数组中没有重复元素,所以可以以每个元素作为关键字,设计一个 unordered_map < int, int > 类型的哈希映射 hmap,存放 nums1$[i]$ 在 nums2 中对应位置右侧的第一个比它大的元素。由于 nums1 是 nums2 的子集,采用单调栈把 nums2 的每个元素右边第一个比它大的值求出来,存放到 hmap 中。然后遍历 nums1,在 hmap 中查找结果并且存放到 ans 中,最后返回 ans。对应的程序如下:

```cpp
class Solution {
public:
    vector < int > nextGreaterElement(vector < int > & nums1, vector < int > & nums2) {
        unordered_map < int, int > hmap;
        stack < int > st;
        for (auto x:nums2) {
            while (!st.empty() && x > st.top()) {
                hmap[st.top()] = x;
                st.pop();
            }
            st.push(x);
        }
        int n = nums1.size();
        vector < int > ans(n, - 1);
        for (int i = 0;i < n;i++) {
            if (hmap.find(nums1[i]) == hmap.end())
                continue;
            ans[i] = hmap[nums1[i]];
        }
        return ans;
    }
};
```

上述程序提交后通过,执行用时为 4ms,内存消耗为 8.6MB。

1.12 LeetCode217——存在重复元素 ★ ※

　　问题描述:给定一个整数数组 nums,设计一个算法,如果数组中存在任意一个整数至少出现两次,则返回 true,否则返回 false。例如,nums = $\{1, 2, 3, 1\}$,返回 true;nums = $\{1, 2, 3\}$,返回 false。要求设计如下成员函数:

bool containsDuplicate(vector < int > & nums) { }

　　解法 1:对数组 nums 递增排序,然后遍历 nums 检测是否存在相邻元素相同的情况。对应的程序如下:

```cpp
class Solution {
public:
    bool containsDuplicate(vector < int > & nums) {
        sort(nums.begin(), nums.end());
```

```
        int n = nums.size();
        for (int i = 0; i < n-1;i++) {
            if (nums[i] == nums[i+1])
                return true;
        }
        return false;
    }
};
```

上述程序提交后通过,执行用时为72ms,内存消耗为45.6MB。

解法2:采用哈希集合hset,用x遍历nums,若hset中存在x说明nums数组中x至少重复两次,返回true,否则将x插入hset中。遍历完毕返回false。对应的程序如下:

```
class Solution {
public:
    bool containsDuplicate(vector < int > & nums) {
        unordered_set < int > hset;
        for (int x:nums) {
            if (hset.find(x)!= hset.end())
                return true;
            hset.insert(x);
        }
        return false;
    }
};
```

上述程序提交后通过,执行用时为68ms,内存消耗为50.2MB。

1.13　LeetCode3——无重复字符的最长子串★★

问题描述:给定一个字符串s(由英文字母、数字、符号和空格组成),设计一个算法求其中不含有重复字符的最长子串的长度。例如,s = "abcabcbb",答案为3,其中无重复字符的最长子串是"abc"。要求设计如下成员函数:

```
int lengthOfLongestSubstring(string s) { }
```

解:设计一个unordered_map < char, int >类型的哈希容器cntmap用于字符的计数。采用双指针i和j,每次判断$s[i..j]$中是否无重复字符,如果是则设置ans=max(ans,$j-i+1$),最后返回ans。对应的程序如下:

```
class Solution {
public:
    int lengthOfLongestSubstring(string s) {
        int n = s.size();
        int ans = 0;
        int i = 0, j = 0;
        unordered_map < char, int > cntmap;
        while (j < n) {
            char c = s[j];
            cntmap[c]++;
            while (cntmap[c] > 1) {
                char tmpc = s[i];
                cntmap[tmpc] --;
                i++;
```

```
        }
        ans = max(ans,j - i + 1);
        j++;
    }
    return ans;
    }
};
```

上述程序提交后通过,执行用时为 16ms,内存消耗为 8.1MB。

1.14 POJ3664——选举时间

时间限制:1000ms,空间限制:65 536KB。

问题描述:奶牛们要选举一位新首领,贝西是 N 个($1{\leqslant}N{\leqslant}50\ 000$)候选者之一。在选举之前贝西想了解谁最有可能获胜。选举包括两轮,在第一轮中获得票数最多的 K 头奶牛($1{\leqslant}K{\leqslant}N$)进入第二轮,在第二轮中得票最多的奶牛成为新首领。

预计编号为 i 的奶牛在第一轮中获得 A_i($1{\leqslant}A_i{\leqslant}1\ 000\ 000\ 000$)张票,在第二轮(如果它第一轮胜出)中获得 B_i($1{\leqslant}B_i{\leqslant}1\ 000\ 000\ 000$)张票。现在预计哪个奶牛将赢得大选。

输入格式:第一行是用空格分隔的两个整数 N 和 K,第二行到第 $N+1$ 行中每一行包含两个用空格分隔的整数 A_i 和 B_i。

输出格式:在一行中输出有希望赢得选举的奶牛的编号。

输入样例:

```
5 3
3 10
9 2
5 6
8 4
6 5
```

输出样例:

```
5
```

解:用 cows 数组存放所有候选者的编号、第一轮的得票和第二轮的得票,先将 N 个候选者按第一轮的得票递减排序,再将前 K 个候选者按第二轮的得票递减排序,这样 cows[0] 就是有希望赢得选举的奶牛,返回 cows[0]. no 即可。对应的程序如下:

```
# include < iostream >
# include < algorithm >
using namespace std;
struct Node {
    int no;                              //奶牛的编号
    int A;                               //第一轮的得票
    int B;                               //第二轮的得票
} cows[50001];
int cmp1(Node& a, Node& b) {
    return a. A > b. A;                  //按 A 递减排序
}
int cmp2(Node& a, Node& b) {
    return a. B > b. B;                  //按 B 递减排序
}
int main(){
```

```
int N,K,v1,v2;
scanf("%d%d",&N,&K);
for(int i = 0;i < N;i++){
    scanf("%d%d",&v1,&v2);
    cows[i].no = i;
    cows[i].A = v1;
    cows[i].B = v2;
}
sort(cows,cows + N,cmp1);
sort(cows,cows + K,cmp2);
printf("%d\n",cows[0].no + 1);
return 0;
}
```

上述程序提交后通过,执行用时为 125ms,内存消耗为 708KB。

1.15 POJ2833——平均数

时间限制:6000ms,空间限制:10 000KB。

问题描述:在演讲比赛中,当选手结束演讲时评委会给他的表现打分。工作人员去掉最高分和最低分,计算出其余分的平均值作为参赛者的最终分。其一般形式是给定 n 个正整数,除去其中最大的 n_1 个整数和最小的 n_2 个整数,然后计算其余整数的平均值。

输入格式:输入由几个测试用例组成。每个测试用例由两行组成,第一行包含 3 个整数 n_1、n_2 和 n($1 \leqslant n_1, n_2 \leqslant 10, n_1 + n_2 < n \leqslant 5\,000\,000$),用一个空格隔开;第二行包含 n 个正整数 a_i($1 \leqslant a_i \leqslant 10^8$),用一个空格隔开。最后一个测试用例后面跟着 3 个 0。

输出格式:对于每个测试用例,在单独的一行中输出含小数点后 6 位的平均值。

输入样例:

```
1 2 5
1 2 3 4 5
4 2 10
2121187 902 485 531 843 582 652 926 220 155
0 0 0
```

输出样例:

```
3.500000
562.500000
```

解:对于输入的 n 个整数,用 s 累计整数和,用一个小根堆保存其中的 n_1 个最大整数,用一个大根堆保存其中的 n_2 个最小整数,出队两个堆中的整数并且从 s 中减去,最后返回 $s/(n-n_1-n_2)$ 即可。对应的程序如下:

```
#include <iostream>
#include <queue>
using namespace std;
int main() {
    int n1,n2,n,a;
    long long s;
    while(scanf("%d%d%d",&n1,&n2,&n)) {
        if(n == 0) break;
        priority_queue<int, vector<int>, greater<int>> minpq;    //小根堆
        priority_queue<int> maxpq;                               //大根堆
        s = 0;
        for(int i = 1;i <= n;i++) {
```

```
        scanf(" % d",&a);
        s += a;
        minpq.push(a);
        if(i > n1) minpq.pop();
        maxpq.push(a);
        if(i > n2) maxpq.pop();
    }
    while(!minpq.empty()) {
        s -= minpq.top();
        minpq.pop();
    }
    while(!maxpq.empty()) {
        s -= maxpq.top();
        maxpq.pop();
    }
    printf(" % .6f\n",(double)s/(n - n1 - n2));
    }
    return 0;
}
```

上述程序提交后通过,执行用时为 3391ms,内存消耗为 152KB。

1.16　　　　POJ2491——寻宝游戏

时间限制：1000ms,空间限制：65 536KB。

问题描述：比尔去寻宝,他没有完整的寻宝路线,只有一个小纸条上面写着的一些连续步骤,每个连续步骤包含两个步骤 A 和 B,表示寻宝路线是从步骤 A 到步骤 B。请帮助他找到寻宝路线。

输入格式：第一行包含测试用例的数量。每个测试用例描述一条寻宝路线,它的第一行给出 S 表示这条路线有多少步骤($3 \leqslant S \leqslant 333$),接下来的 $S-1$ 行每一行包含路线上用一个空格隔开的一对连续的步骤,每个步骤的名称总是由一串字母组成的。

输出格式：每个测试用例的输出以包含"Scenario #i："的行开始,其中 i 是测试用例的编号(从 1 开始),然后按正确的顺序输出寻宝路线步骤的 S 行,用空行结束该测试用例的输出。

输入样例：

```
2
4
SwimmingPool OldTree
BirdsNest Garage
Garage SwimmingPool
3
Toilet Hospital
VideoGame Toilet
```

输出样例：

```
Scenario #1:
BirdsNest
Garage
SwimmingPool
OldTree

Scenario #2:
VideoGame
```

```
Toilet
Hospital
```

解：所有步骤采用字符串表示，S 个步骤的编号为 $0 \sim S-1$，采用 map $<$ string，int $>$ 映射 mp 实现步骤字符串到步骤编号之间的映射，采用 str 数组表示步骤字符串。在读取每个连续步骤时，用 nxt 数组表示该道路，并且求出每个步骤的入度，用 degree 数组表示。最后找到入度为 0 的步骤，从其出发找到一条寻宝路线并输出。对应的程序如下：

```cpp
# include < iostream >
# include < cstring >
# include < string >
# include < map >
# define MAXN 400
using namespace std;
map < string, int > mp;
int nxt[MAXN],degree[MAXN];
string str[MAXN];
string s1,s2;
int main() {
    int t,n,a,b,cnt,p;
    int caseno = 1;                           //测试用例的编号
    for(cin >> t;t -- ;) {
        mp.clear();
        cnt = 0;
        cin >> n;
        memset(degree,0,sizeof(degree));      //入度数组的初始化
        for(int i = 0;i < n - 1;i++) {
            cin >> s1 >> s2;
            if(mp.find(s1) == mp.end()) {     //处理步骤 s1 字符串
                mp[s1] = cnt;
                str[cnt++] = s1;
            }
            if(mp.find(s2) == mp.end()) {     //处理步骤 s2 字符串
                mp[s2] = cnt;
                str[cnt++] = s2;
            }
            a = mp[s1], b = mp[s2];
            degree[b]++;                      //b 的入度增 1
            nxt[a] = b;                       //记录 a -> b
        }
        cout << "Scenario # " << caseno++<< ":" << endl;
        for(int i = 0;i < n;i++) {
            if(degree[i] == 0) {              //找到入度为 0 的步骤的编号 i
                p = i;
                for(int j = 0;j < n;j++) {
                    cout << str[p] << endl;
                    p = nxt[p];
                }
                break;
            }
        }
        cout << endl;
    }
    return 0;
}
```

上述程序提交后通过，执行用时为 188ms，内存消耗为 256KB。

说明：本题可以用 unordered_map 代替 map 容器（POJ 中 C++ 编译器的版本较低，不支持 unordered_map）。

第 **2** 章

递归算法设计技术

2.1 LintCode452——删除链表中的元素★ ※

问题描述：删除不带头结点的单链表 head 中等于给定值 val 的所有结点。例如，单链表 head 为 1-> 2-> 3-> 3-> 4-> 5-> 3,val=3,删除后返回的单链表为 1-> 2-> 4-> 5。要求设计以下成员函数：

```
ListNode * removeElements(ListNode * head, int val) { }
```

解：这里采用递归方法求解，原理见《教程》第 2 章中的例 2.7,只是将删除后的单链表由输出型参数表示改为用返回值表示。对应的程序如下：

```
class Solution {
public:
  ListNode * removeElements(ListNode * head, int val) {
    if (head == NULL) return NULL;
    if (head -> val == val) {              //找到值为 val 的结点
      ListNode * p = head;
      head = head -> next;                 //head 后移
      delete p;                            //删除结点值为 val 的结点
      head = removeElements(head,val);     //此时减少了一个结点
    }
    else head -> next = removeElements(head -> next,val);
    return head;
  }
};
```

上述程序提交后通过，执行用时为 41ms,内存消耗为 4.43MB。

2.2 LintCode217——无序链表中重复项的删除★ ※

问题描述：设计一个算法,从不带头结点的无序链表 head 中删除重复项。例如,head= 1-> 2-> 1-> 3-> 3-> 5-> 6-> 3,删除后 head=1-> 2-> 3-> 5-> 6。要求设计如下成员函数：

```
ListNode * removeDuplicates(ListNode * head) { }
```

解：用 unordered_map 容器 cntmap 实现结点值的计数,累加 head-> val 出现的次数,若出现的次数超过 1,删除之,否则保留。对应的程序如下：

```
class Solution {
  unordered_map < int,int > cntmap;
public:
  ListNode * removeDuplicates(ListNode * head) {
    if(head == NULL) return NULL;
    cntmap[head -> val]++;
    if(cntmap[head -> val]> 1) {
      ListNode * p = head;
      head = head -> next;
      delete p;
      head = removeDuplicates(head);
    }
```

```
    else head -> next = removeDuplicates(head -> next);
    return head;
  }
};
```

上述程序提交后通过,执行用时为 101ms,内存消耗为 5.48MB。

2.3 LintCode221——链表求和Ⅱ ★★ ✳

问题描述:用链表表示两个数,其中每个结点仅包含一个数字。假设这两个数的数字顺序排列,设计一种方法将两个数相加,并将其结果表现为链表的形式。例如,l1 为 6->1->7,l2 为 2->9->5,求和后返回的链表是 9->1->2,其解释是 l1 表示整数 617,l2 表示整数 295,相加的结果是 912。要求设计如下成员函数:

```
ListNode * addLists2(ListNode * l1, ListNode * l2) { }
```

解:这里采用递归方法,先将 l1 和 l2 逆置,目的是从个位数开始对齐,依次遍历求和,最后将求和的链表逆置并返回。对应的程序如下:

```
class Solution {
public:
    ListNode * addLists2(ListNode * l1, ListNode * l2) {      //求解算法
        if(l1 == NULL) return l2;
        else if(l2 == NULL) return l1;
        else {
            l1 = rev(l1);
            l2 = rev(l2);
            ListNode * h = add(l1,l2,0);
            h = rev(h);
            return h;
        }
    }
    ListNode * add(ListNode * l1,ListNode * l2,int c) {      //递归求和
        if(l1 == NULL && l2 == NULL && c == 0)
            return NULL;
        int d1,d2;
        if(l1 == NULL) d1 = 0;
        else {
            d1 = l1 -> val;
            l1 = l1 -> next;
        }
        if(l2 == NULL) d2 = 0;
        else {
            d2 = l2 -> val;
            l2 = l2 -> next;
        }
        int d = d1 + d2 + c;
        ListNode * h = new ListNode(d % 10);
        c = d/10;
        h -> next = add(l1,l2,c);
        return h;
    }
    ListNode * rev(ListNode * h) {      //逆置(非递归)
        if(h == NULL) return NULL;
        ListNode * p = h;
```

```
        h = new ListNode( - 1);
        while(p!= NULL) {
            ListNode  * tmp = p - > next;
            p - > next = h - > next;
            h - > next = p;
            p = tmp;
        }
        return h - > next;
    }
};
```

上述程序提交后通过,执行用时为 20ms,内存消耗为 5.4MB。

2.4 LintCode1181——二叉树的直径★ ✳

问题描述:给定一棵二叉树,设计一个算法求其直径长度,一棵二叉树的直径长度是任意两个结点路径长度中的最大值,这条路径可能穿过也可能不穿过根结点。例如,如图 2.1 所示的二叉树的直径长度为 3,对应的路径是 4-> 2-> 1-> 3 或者 5-> 2-> 1-> 3。要求设计如下成员函数:

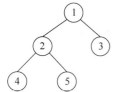

图 2.1 一棵二叉树

int diameterOfBinaryTree(TreeNode * root) { }

解:对于二叉树中的一个结点,以其为根的子树的直径长度等于左子树的高度加右子树的高度,叶子结点的直径长度为 1。采用分治法求出每个结点的高度,在遍历中同时求出每个结点的直径,通过比较得出的最大值即为二叉树的直径长度。对应的程序如下:

```
class Solution {
    int ans;
public:
    int diameterOfBinaryTree(TreeNode * root) {
        ans = 0;
        height(root);
        return ans;
    }
    int height(TreeNode * r) {              //求子树 r 的高度
        if (r == NULL) return 0;
        int lheight = height(r - > left);    //求左子树的高度
        int rheight = height(r - > right);   //求右子树的高度
        ans = max(lheight + rheight,ans);    //子树 r 的直径为 lheight + rheight
        return max(lheight,rheight) + 1;     //返回子树 r 的高度
    }
};
```

上述程序提交后通过,执行用时为 41ms,内存消耗为 5.43MB。

2.5 LintCode1137——从二叉树构建字符串★ ✳

问题描述:设计一个算法,通过一棵二叉树的先序遍历构建一个包含括号和整数的字符串,空结点需要用空括号对"()"来表示,同时需要忽略掉所有不影响字符串和原始二叉树

一对一映射关系的空括号对。例如,对于如图 2.2 所示的二叉树,结果字符串是"1(2()(4))(3)"。要求设计如下成员函数:

图 2.2　一棵二叉树

```
string tree2str(TreeNode ∗ t) { }
```

解:设大问题是 $f(t)$,即求二叉树 t 的括号表示串,对应的小问题是 $f(t\text{->left})$ 和 $f(t\text{->right})$,即分别求左、右子树的括号表示串。

(1) 若 t=NULL,返回""。

(2) 用 ans 表示 t 的括号表示串,先置 ans＝$t\text{->val}$,若存在左子树,执行 ans＋＝$f(t\text{->left})$,若不存在左子树且存在右子树,执行 ans＋＝"()"(所谓忽略掉所有不影响括号表示串中一对一映射关系的空括号对,就是指忽略空右子树对应的空括号对);若存在右子树则执行 ans＋＝$f(t\text{->right})$,最后返回 ans。

对应的程序如下:

```
class Solution {
public:
    string tree2str(TreeNode ∗ t) {          //求解算法
        if(t == NULL) return "";
        return getstr(t);
    }
    string getstr(TreeNode ∗ t) {            //递归算法
        if(t == NULL) return "";
        else {
            string ans = to_string(t -> val);
            if(t -> left != NULL) {
                ans += "(";
                ans += getstr(t -> left);
                ans += ")";
            }
            else if(t -> right != NULL)
                ans += "()";
            if(t -> right != NULL) {
                ans += "(";
                ans += getstr(t -> right);
                ans += ")";
            }
            return ans;
        }
    }
};
```

上述程序提交后通过,执行用时为 41ms,内存消耗为 5.45MB。

2.6　LintCode649——二叉树的翻转 ★★ ✳

问题描述:给定一棵二叉树,其中所有右结点是具有兄弟结点的叶子结点(有一个共享相同父结点的左结点)或空白,将其翻转并将其转换为树,其中原来的右结点变为左叶子结点。返回新的根结点。例如,如图 2.3(a)所示的二叉树对应的翻转二叉树如图 2.3(b)所示。要求设计如下成员函数:

```
TreeNode ∗ upsideDownBinaryTree(TreeNode ∗ root) { }
```

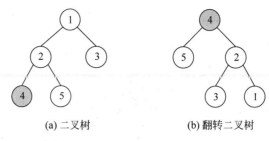

(a) 二叉树　　　　　　(b) 翻转二叉树

图 2.3　一棵二叉树及其翻转二叉树

解：从根结点 r 出发向左方向递归找到最左下结点 nr,在回退时将结点 r 的左孩子的右指针改为指向 r,将结点 r 的左孩子的左指针改为指向 r 的右孩子,再将 r 置为叶子结点,最后返回 nr。

例如,对于图 2.3(a),从根结点 1 出发向左方向递归找到最左下结点 4,返回结点 4 作为新根结点,递归回退到结点 2,将其左孩子结点 4 的左、右指针分别指向结点 5 和 2,将结点 2 置为叶子结点;递归回退到结点 1,将其左孩子结点 2 的左、右指针分别指向结点 3 和 1,将结点 1 置为叶子结点。递归回退结束,得到如图 2.3(b)所示的翻转二叉树。对应的程序如下:

```cpp
class Solution {
public:
    TreeNode * upsideDownBinaryTree(TreeNode * root) {
        if (root == NULL) return NULL;
        else return dfs(root);
    }
    TreeNode * dfs(TreeNode * r) {                    //递归算法
        if (r -> left == NULL) return r;
        TreeNode * nr = dfs(r -> left);
        r -> left -> right = r;
        r -> left -> left = r -> right;
        r -> left = NULL;
        r -> right = NULL;
        return nr;
    }
};
```

上述程序提交后通过,执行用时为 41ms,内存消耗为 5.3MB。

2.7　LintCode424——求逆波兰表达式的值 ★★

问题描述见第 1 章中的 1.7 节,这里采用递归算法求解。

解：对于逆波兰表达式来说,最后一个运算符一定是最后得到计算的。为此用 i 反向遍历 tokens:

(1) 若 tokens $[i]$ 不是运算符,则直接返回其转换成的整数。

(2) 若 tokens $[i]$ 是运算符 op,继续向前遍历依次找到 b 和 a,例如 a 和 b 的各种情况如图 2.4 所示,然后执行 a op b 运算,并返回结果。

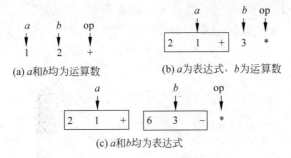

(a) a和b均为运算数   (b) a为表达式，b为运算数

(c) a和b均为表达式

图 2.4 a 和 b 的各种情况

对应的程序如下：

```
class Solution {
public:
    int evalRPN(vector < string > & tokens) {
        int i = tokens.size() - 1;              //i 从 tokens 后面向前遍历
        return eval(tokens, i);
    }
    int eval(vector < string > & tokens, int& i) {   //递归算法
        if(i < 0) return 0;                     //i 无效时返回 0
        if (isoper(tokens[i])) {                //遇到运算符
            string op = tokens[i--];            //提取运算符 op
            int b = eval(tokens, i);            //递归产生第 2 个运算数 b
            int a = eval(tokens, i);            //递归产生第 1 个运算数 a
            int ans = 0;
            if (op == "+") ans = a + b;         //做相应的运算
            else if (op == "-") ans = a - b;
            else if (op == "*") ans = a * b;
            else ans = a/b;                     //op == "/"
            return ans;
        }
        else                                    //遇到运算数
            return stoi(tokens[i--]);           //返回转换后的运算数
    }
    bool isoper(string& token) {                //判断 token 是否为运算符
        return token == "+" || token == "-" || token == "*" || token == "/";
    }
};
```

上述程序提交后通过，执行用时为 185ms，内存消耗为 5.53MB。

2.8   LeetCode50——Pow(x,n)★★ ✳

问题描述：设计一个算法求 x^n，其中 x 是 $[-100,100]$ 的实数，n 是整数（可能是负整数）。例如，$x=2.0,n=2$，结果为 $2^2=4.000\,00$；$x=2.0,n=-2,2^{-2}=1/2^2=1/4=0.25$，结果为 $0.250\,00$。要求设计如下成员函数：

```
double myPow(double x, int n) { }
```

解：采用递归方法求解。设 $f(x,n)$ 用于计算 $x^n (n>0)$，则有以下递归模型：

$f(x,n)=x$ 当 $n=1$ 时

$f(x,n)=x \times f(x,n/2) \times f(x,n/2)$ 当 n 为大于 1 的奇数时

$f(x,n)=f(x,n/2) \times f(x,n/2)$ 当 n 为大于 1 的偶数时

当 $n<0$ 时,结果为 $1/f(x, -n)$。需要注意的是当 $n = -2\,147\,483\,648(-2^{31})$ 时,$-n$ 会发生溢出,为此将 n 改为用 long 类型的变量 m 存放。对应的程序如下:

```
class Solution {
public:
    double myPow(double x, int n) {
        long m = n;
        if (m == 0) return 1;
        if (m > 0) return Pow(x,m);
        else return 1/Pow(x, - m);
    }
    double Pow(double x, long n) {          //用递归算法求 x^n(n>0)
        if (n == 1) return x;
        double p = Pow(x,n/2);
        if (n % 2 == 1) return x * p * p;    //n 为奇数
        else return p * p;                   //n 为偶数
    }
};
```

上述程序提交后通过,执行用时为 0ms,内存消耗为 5.9MB。

本题目也可以采用以下递归模型:

$$f(x,n) = x \qquad\qquad\qquad\qquad 当\ n=1\ 时$$
$$f(x,n) = f(x,n/2) \times f(x,n/2) \qquad 当\ n\ 为大于\ 1\ 的偶数时$$
$$f(x,n) = x \times f(x,n-1) \qquad\quad 当\ n\ 为大于\ 1\ 的奇数时$$

对应的程序如下:

```
class Solution {
public:
    double myPow(double x, int n) {
        long m = n;
        if (m == 0) return 1;
        if (m > 0) return Pow(x,m);
        else return 1/Pow(x, - m);
    }
    double Pow(double x, long n) { //用递归算法求 x^n(n>0)
        if (n == 1) return x;
        if(n % 2 == 0) {                     //n 为偶数
            double p = Pow(x,n/2);
            return p * p;
        }
        else return x * Pow(x,n - 1);        //n 为奇数
    }
};
```

上述程序提交后通过,执行用时为 0ms,内存消耗为 5.8MB。

2.9 LeetCode231——2 的幂★ ✳

问题描述:给定一个整数 n,设计一个算法判断该整数是否为 2 的幂,如果是,返回 true,否则返回 false。要求设计如下成员函数:

```
bool isPowerOfTwo(int n) { }
```

解:2 的幂的推导如下。

(1) 1 是 2 的幂,因为 $1=2^0$。

(2) 若 $n/2=2^x$ 是 2 的幂,则 n 一定是 2 的幂;若 $n/2$ 不是 2 的幂,则 n 一定不是 2 的幂。另外,n 为 0 或者大于 1 的奇数,则 n 一定不是 2 的幂。对应的程序如下:

```cpp
class Solution {
public:
    bool isPowerOfTwo(int n) {
        if (n == 1) return true;
        if (n == 0 || n % 2 == 1) return false;
        return isPowerOfTwo(n/2);
    }
};
```

上述程序提交后通过,执行用时为 0ms,内存消耗为 5.8MB。

2.10　LeetCode44——通配符的匹配★★★ ✻

问题描述:给定一个字符串 s 和一个字符模式 p,设计一个算法实现一个支持'?'和'*'的通配符的匹配,其中'?'可以匹配任何单个字符,'*'可以匹配任意字符串(包括空字符串)。两个字符串完全匹配才算匹配成功。注意 s 可能为空,且只包含 a~z 的小写字母,p 可能为空,且只包含 a~z 的小写字母以及字符'?'和'*'。例如,$s=$"aa",$p=$"*",答案为 true。要求设计如下成员函数:

```cpp
bool isMatch(string s, string p) { }
```

解:设 s 和 p 的长度分别是 m 和 n,用 i、j 分别遍历 s 和 p,大问题 $f(i,j)$ 表示 $s[0..i-1]$ 和 $p[0..j-1]$ 是否匹配。

(1) $i=m$ 且 $j=n$ 时返回 true。

(2) $i \neq m$ 且 $j=n$ 时返回 false。

(3) $i=m$ 且 $j \neq n$ 时跳过 p 后面的若干'*',若 $j=n$,返回 true,否则返回 false。

(4) 若 $s[i]=p[j]$ 或者 $p[j]=$'?',表示对应的字符是匹配的,返回小问题 $f(i+1,j+1)$ 的匹配结果。

(5) 否则若 $p[j]=$'*',一种情况是将'*'匹配上一个 $s[i]$,然后继续(也就是说'*'匹配一个非空串),对应的小问题为 $f(i+1,j)$,另一种情况是将'*'匹配 s 的空串,对应的小问题为 $f(i,j+1)$,所以此时返回 $f(i+1,j)||f(i,j+1)$。

(6) 其他情况返回 false。

对应的程序如下:

```cpp
class Solution {
    string s,p;
public:
    bool isMatch(string s, string p) {
        this->s = s;
        this->p = p;
        return dfs(0,0);
    }
    bool dfs(int i, int j) {                    //递归算法
        int m = s.size();
        int n = p.size();
```

```
        if (i == m && j == n) return true;
        if (i!= m && j == n) return false;
        if (i == m && j!= n) {
            while (p[j] == '*') j++;              //跳过连续的'*'
            return (j == n);
        }
        if (s[i] == p[j] || p[j] == '?')
            return dfs(i + 1, j + 1);
        else if (p[j] == '*')
            return dfs(i + 1, j) || dfs(i, j + 1);
        else
            return false;
    }
};
```

上述程序提交时超时。

下面设计一个二维数组 dp 存放小问题的解,以避免重复计算,参见《教程》第 2 章例 2.11。
相应的改进代码如下:

```
class Solution {
    string s, p;
    int m, n;
    vector < vector < int >> dp;                  //dp[i][j]存放 dfs(i,j)的结果
public:
    bool isMatch(string s, string p) {
        this -> s = s;
        this -> p = p;
        m = s.size();
        n = p.size();
        dp = vector < vector < int >>(m + 1, vector < int >(n + 1, -1));
        return dfs(0, 0);
    }
    bool dfs(int i, int j) {                       //递归算法
        if(dp[i][j]!= -1) return dp[i][j];
        if (i == m && j == n) return true;
        if (i!= m && j == n) return false;
        if (i == m && j != n) {
            while (p[j] == '*') j++;              //跳过连续的'*'
            return (j == n);
        }
        bool ans;
        if (s[i] == p[j] || p[j] == '?') ans = dfs(i + 1, j + 1);
        else if (p[j] == '*') ans = (dfs(i + 1, j) || dfs(i, j + 1));
        else ans = false;
        dp[i][j] = ans;
        return ans;
    }
};
```

上述程序提交后通过,执行用时为 60ms,内存消耗为 27.5MB。

2.11 LeetCode1190——反转每对括号间的子串★★

问题描述见《教程》中的 1.10 节,这里采用递归算法求解。

解:设计思路同《教程》中第 2 章的例 2.12。对应的程序如下:

```
class Solution {
public:
    string reverseParentheses(string s) {
        int i = 0;
        return unfold(s,i);
    }
    string unfold(string& s, int &i) {          //递归算法
        int n = s.size();
        string ans = "";
        while(i < n) {                           //遍历 s
            if(isalpha(s[i]))                    //遇到字母
                ans += s[i++];
            else if(s[i] == '(') {               //遇到'('
                i++;                             //跳过'('
                ans += unfold(s,i);              //递归展开后续的(e)
            }
            else {                               //遇到')'
                i++;                             //跳过')'
                reverse(ans.begin(),ans.end());  //逆置
                return ans;                      //返回该问题的解
            }
        }
        return ans;
    }
};
```

上述程序提交后通过,执行用时为 0ms,内存消耗为 6.4MB。

2.12　LeetCode59——螺旋矩阵Ⅱ★★　✳

问题描述:给定正整数 n,设计一个算法创建一个螺旋矩阵,其中元素值为 $1\sim n^2$,按螺旋方式排列。要求设计如下成员函数:

vector < vector < int >> generateMatrix(int n) { }

解:采用递归方法求解。用二维数组 $a[n][n]$ 存放 n 阶螺旋矩阵,初始化所有元素为0。设 $f(x,y,\text{start},n)$ 用于创建左上角为 (x,y)、起始元素值为 start 的 n 阶螺旋矩阵,如图 2.5 所示,共 n 行 n 列,它是大问题。$f(x+1,y+1,\text{start},n-2)$ 用于创建左上角为 $(x+1,y+1)$、起始元素值为 start 的 $n-2$ 阶螺旋矩阵,共 $n-2$ 行 $n-2$ 列,它是小问题。

例如,如果四阶螺旋矩阵为大问题,那么相应地二阶螺旋矩阵就是小问题,如图 2.6 所示。

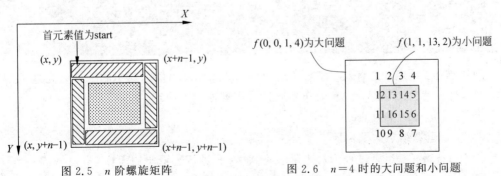

图 2.5　n 阶螺旋矩阵　　　　　图 2.6　$n=4$ 时的大问题和小问题

对应的递归模型(大问题的 start 从 1 开始递增)如下:

$f(x,y,\mathrm{start},n) \equiv$不做任何事情   当 $n \leqslant 0$ 时

$f(x,y,\mathrm{start},n) \equiv$产生只有一个元素的螺旋矩阵   当 $n=1$ 时

$f(x,y,\mathrm{start},n) \equiv$产生$(x,y)$的那一圈(start 依次递增);   当 $n>1$ 时
$$f(x+1,y+1,\mathrm{start},n-2)$$

对应的程序如下:

```cpp
class Solution {
public:
    vector < vector < int >> generateMatrix(int n){
        vector < vector < int >> ans(n,vector < int >(n,0));
        Spiral(ans,0,0,1,n);                    //求 n 阶螺旋矩阵 ans
        return ans;
    }
    void Spiral(vector < vector < int >> &a, int x, int y, int start, int n) {
        if (n <= 0) return;                     //递归结束条件
        if (n == 1) {                           //当矩阵大小为 1 时
            a[x][y] = start;
            return;
        }
        for (int j = x; j < x + n - 1; j++) {   //上一行
            a[y][j] = start;
            start++;
        }
        for (int i = y; i < y + n - 1; i++) {   //右一列
            a[i][x + n - 1] = start;
            start++;
        }
        for (int j = x + n - 1; j > x; j-- ) {  //下一行
            a[y + n - 1][j] = start;
            start += 1;
        }
        for (int i = y + n - 1; i > y; i-- ) {  //左一列
            a[i][x] = start;
            start++;
        }
        Spiral(a, x + 1, y + 1, start, n - 2);  //递归调用
    }
};
```

上述程序提交后通过,执行用时为 0ms,内存消耗为 6.4MB。

2.13 LeetCode1106——解析布尔表达式★★★

问题描述:给定一个有效布尔表达式 $s(1 \leqslant s.\mathrm{length} \leqslant 20\,000$,其中的字符只能是'('、')'、'&'、'|'、'!'、't'、'f'或者','。有效布尔表达式需遵循以下约定。

① "t":运算结果为 true。

② "f":运算结果为 false。

③ "!(expr)":运算过程为对内部表达式 expr 进行逻辑非的运算。

④ "&(expr1,expr2,…)":运算过程为对两个或两个以上内部表达式进行逻辑与的运算。

⑤ "|(expr1,expr2,…)"：运算过程为对两个或两个以上内部表达式进行逻辑或的运算。

例如,s="!(f)",结果为 true；s="&(t,f)",结果为 false。要求设计如下函数：

```
bool parseBoolExpr(strings) { }
```

解：设 $f(s)$ 表示有效布尔表达式 s 的计算结果。依次处理有效布尔表达式 s 的各种情况：

(1) s="t",返回 true。

(2) s="f",返回 false。

(3) s="!(expr)",返回 $!f(\text{expr})$。

(4) s="&(expr1,expr2,…)",剥去一层括号得到 ss = "expr1,expr2,…",先提取第一个子表达式 expr1,递归求出 $f(\text{expr1})$,若 $f(\text{expr1})$ 为 false,依"&"的运算特点可知 s 的结果为 false。否则提取 expr2,以此类推。

(5) s="(expr1,expr2,…)",剥去一层括号得到 ss="expr1,expr2,…",先提取第一个子表达式 expr1,递归求出 $f(\text{expr1})$,若 $f(\text{expr1})$ 为 true,依"|"的运算特点可知 s 的结果为 true。否则提取 expr2,以此类推。

例如,s="&(!(!(f)),t)"的解析过程如图 2.7 所示,各步骤的说明如下：

① s 形如"&(expr1,expr2,…)",剥去外层括号得到表达式 ss="!(!(f)),t"。

② 提取第一个子表达式 $s1$="!(!(f))"。

③ $s1$ 形如"!(expr)",剥去外层括号得到表达式 $s2$="!(f)"。

④ $s2$ 形如"!(expr)",剥去外层括号得到表达式 $s3$="f"。

⑤ 计算 $s3$ 的结果为 f。

⑥ 返回 $s3$ 的计算结果 f。

⑦ 返回 $s2$ 的计算结果 t。

⑧ 返回 $s1$ 的计算结果 f。

⑨ 由于 s 为"&($s1$,…)",当计算出 $s1$ 的结果为 f 时可以确定 s 的结果为 f,返回 s。

对应的递归程序如下：

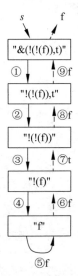

图 2.7 解析布尔表达式 s 的过程

```cpp
class Solution {
public:
    bool parseBoolExpr(string s) {
        if(s == "t") return true;              //情况①
        if(s == "f") return false;             //情况②
        if(s[0] == '!') {                      //情况③
            s.pop_back();                      //"!(expr)"转换为"exp"
            return !parseBoolExpr(s.substr(2));
        }
        int i = 0;
        while(s[i]!= '(') i++;                  //查找第一个 s[i] = '('
        int j = s.size() - 1;
        while(s[j]!=')') j-- ;                  //查找最后一个 s[j] = ')'
        string ss = "";                         //存放子表达式
        int cnt = 0;                            //累计左、右括号的个数差
        if(s[0] == '&') {                       //情况④
            for(int k = i + 1;k < j;k++) {      //剥去一层括号
```

```
            if(s[k] == '(') cnt++;
            else if(s[k] == ')') cnt--;
            if(s[k] == ',') {
                if(cnt!= 0)
                    ss += s[k];
                else {                              //cnt = 0
                    if(!parseBoolExpr(ss))   //& 连接的若干子表达式中有一个为 false 则返回 false
                        return false;
                    ss = "";                        //继续求下一个子表达式
                }
            }
            else ss += s[k];
        }
        if(!parseBoolExpr(ss))
            return false;
        return true;
    }
    else if(s[0] == '|') {                          //情况⑤
        for(int k = i + 1;k < j;k++) {
            if(s[k] == '(') cnt++;
            else if(s[k] == ')') cnt--;
            if(s[k] == ',') {
                if(cnt!= 0) ss += s[k];
                else {
                    if(parseBoolExpr(ss))    //| 连接的若干子表达式中有一个为 true 则返回 true
                        return true;
                    ss = "";                        //继续求下一个子表达式
                }
            }
            else ss += s[k];
        }
        return parseBoolExpr(ss);
    }
    return false;
  }
};
```

上述程序提交后通过,执行用时为 4ms,内存消耗为 8.3MB。

2.14 POJ1664——放苹果

时间限制:1000ms,空间限制:10 000KB。

问题描述:把 m 个同样的苹果放在 n 个同样的盘子里,允许有的盘子空着,问共有多少种不同的分法(用 k 表示)?注意 5,1,1 和 1,5,1 是同一种分法。

输入格式:第一行是测试数据的数目 $t(0 \leqslant t \leqslant 20)$。以下每行均包含两个整数 m 和 n,以空格分开,$1 \leqslant m,n \leqslant 10$。

输出格式:对于输入的每组数据 m 和 n,用一行输出相应的 k。

输入样例:

1

7 3

输出样例:

8

解：设 $f(m,n)$ 为 m 个苹果、n 个盘子的分法数,它是大问题,显然 $f(m_1,n_1)(m_1<m$ 或者 $n_1<n)$ 是小问题。

(1) 如果 $m=1$,只有一种分法(一个苹果放入一个盘子,其他盘子空着),所以 $f(1,n)=1$。如果 $n=1$,也只有一种分法(m 个苹果放入一个盘子),所以 $f(m,1)=1$。

(2) 如果 $m<n$,必定有 $n-m$ 个盘子永远空着,去掉它们对分法数不产生影响,即有 $f(m,n)=f(m,m)$。

(3) 如果 $m=n$,其不同的分法可以分成两类:

① 所有盘子中都有苹果,即每个苹果放入一个盘子中,对应一种分法。

② 至少有一个盘子空着,空一个盘子时相当于只有 $m-1$ 个盘子的情况,所以有 $f(m,m)=f(m,m-1)$。

此时总的分法数等于两者的和,即 $f(m,m)=f(m,m-1)+1$。

(4) 如果 $m>n$,其不同的分法可以分成两类:

① 至少有一个盘子空着,空一个盘子时相当于只有 $n-1$ 个盘子的情况,所以有 $f(m,n)=f(m,n-1)$。

② 所有盘子中都有苹果,可以从每个盘子中拿掉一个苹果,不影响不同分法数,对应 $m-n$ 个苹果的分法数,即 $f(m,n)=f(m-n,n)$。

此时总的分法数等于两者的和,即 $f(m,n)=f(m,n-1)+f(m-n,n)$。

对应的递归模型如下:

$$f(m,n)=1 \qquad\qquad\qquad\qquad 当 m=1 或者 n=1 时$$
$$f(m,n)=f(m,m) \qquad\qquad\quad\; 当 m<n 时$$
$$f(m,n)=f(m,m-1)+1 \qquad\;\; 当 m=n 时$$
$$f(m,n)=f(m,n-1)+f(m-n,n) \quad 其他情况$$

对应的程序如下:

```cpp
# include < iostream >
using namespace std;
int fun(int m, int n) {                        //递归算法
    if(n == 1 || m == 1) return 1;
    if(m < n) return fun(m, m);
    else if(m == n) return fun(m, m - 1) + 1;
    else return fun(m, n - 1) + fun(m - n, n);
}
int main() {
    int t,m,n;
    cin >> t;
    while(t -- > 0) {
        cin >> m >> n;
        cout << fun(m, n) << endl;
    }
    return 0;
}
```

上述程序提交后通过,执行用时为 0ms,内存消耗为 180KB。

2.15   POJ1747——表达式

时间限制:1000ms,空间限制:10 000KB。

问题描述:众所周知,Sheffer 函数可用于构造任何布尔函数,其真值表如表 2.1 所示。

表 2.1　Sheffer 函数的真值表

x	y	$x\|y$	x	y	$x\|y$
0	0	1	1	0	1
0	1	1	1	1	0

考虑将两个二进制数 A 和 B 相加的问题,每个二进制数包含 N 位,A 和 B 的各位的编号从 0(最低有效位)到 $N-1$(最高有效位)。A 和 B 相加的结果总可以用 $N+1$ 位表示,将和的最高有效位(编号为 N)称为溢出位。

请根据以下规则使用 Sheffer 函数构造一个逻辑表达式计算任意两个二进制数 A 和 B 相加的溢出位:

(1) A_i 是一个表达式,表示数 A 的第 i 位的值。

(2) B_i 是一个表达式,表示数 B 的第 i 位的值。

(3) $(x|y)$ 是一个表达式,表示 x 和 y 的 Sheffer 函数的结果,其中 x 和 y 是表达式。

在书写 A 和 B 中的位索引 i 时,索引应写为不带前导零的十进制数。例如,A 的第 12 位必须写为 A12。表达式应该完全用括号括起来(根据第 3 条规则)。在表达式中不允许有空格。

输入格式:输入包含一个整数 $N(1\leqslant N\leqslant 100)$。

输出格式:根据问题描述中给出的规则输出计算两个 N 位二进制数 A 和 B 相加的溢出位的表达式。注意笔画符号(|)是一个 ASCII 字符,代码为 124(十进制)。

输入样例:

2

输出样例:

((A1|B1)|(((A0|B0)|(A0|B0))|((A1|A1)|(B1|B1))))

解:两个 N 位二进制数 A 和 B 相加,求相加结果的溢出位如下。

(1) 若 $N=1$,只有当 A0 和 B0 均为 1 时相加的溢出位才为 1,其他均为 0,可以用 "$(A0|B0)|(A0|B0)$" 表示。

(2) 若 $N=2$,先求出 A0 和 B0 相加后的进位是 "$(A0|B0)|(A0|B0)$",那么位 1 相加的进位是 3 个二进制位 A1、B1 和 $(A0|B0)|(A0|B0)$ 相加后的进位,可以用 "$((A1|B1)|(((A0|B0)|(A0|B0))|((A1|A1)|(B1|B1))))$" 表示。

以此类推,用 $f(n)$ 表示 A 和 B 相加的溢出位,对应的递归模型如下:

$f(1) =$ "$(A_0|B_0)|(A_0|B_0)$"

$f(n) =$ "$((A_{n-1}|B_{n-1})($f(n-1)$|((A_{n-1}|A_{n-1})|(B_{n-1}|B_{n-1}))))$"　　当 $n>1$ 时

对应的程序如下:

```
#include<iostream>
using namespace std;
void fun(int n) {                        //递归算法
    if(n==1){
        printf("((A0|B0)|(A0|B0))");
        return ;
    }
    printf("((A%d|B%d)|(",n-1,n-1);
```

```
        fun(n-1);
        printf("|((A%d|A%d)|(B%d|B%d))))",n-1,n-1,n-1,n-1);
    }
int main() {
    int n;
    while(~scanf("%d",&n)){
        fun(n);
        cout << "";
    }
    return 0;
}
```

上述程序提交后通过,执行用时为 0ms,内存消耗为 136KB。

2.16   POJ1941——Sierpinski 分形

时间限制:1000ms,空间限制:30 000KB。

问题描述:考虑一个规则的三角形区域,将其分成 4 个半高的相等三角形,然后删除中间的三角形。对其余 3 个三角形中的每一个递归地应用相同的操作。如果无限次重复这个过程会得到一个面积为零的区域,以这种方式演化的分形称为 Sierpinski 三角形。

请仅使用 ASCII 字符勾勒出 Sierpinski 三角形的轮廓,直到达到一定的递归深度。由于绘图分辨率是固定的,所以需要适当地放大图片,用两个斜线、反斜线和两个下画线画出最小的三角形(没有被进一步划分),请看示例的输出。

输入格式:输入包含多个测试用例,每个测试用例指定一个整数 $n(1\leqslant n\leqslant 10)$,输入以 $n=0$ 终止。

输出格式:对于每个测试用例,绘制一条总长度为 $2n$ 个字符的 Sierpinski 三角形的轮廓。将输出左对齐,即将最左下角的斜线打印到第一列。输出不得包含任何尾随空格,在每个测试用例之后打印一个空行。

输入样例:

```
3
2
1
0
```

输出样例:如图 2.8 所示。

解:设 $f(n,x,y)$ 的功能是从 (x,y) 位置开始绘制 Sierpinski 三角形,用字符数组 map 存放。

(1) 当 $n=1$ 时直接绘制一个小的三角形。

(2) 当 $n>1$ 时转换为 3 个小问题,即 $f(n-1,x,y)$、$f(n-1, x-2^{n-1},y+2^{n-1})$ 和 $f(n-1,x,y+x-2^n)$。

对应的程序如下:

```
# include < iostream >
# include < cstring >
# include < cmath >
using namespace std;
char map[3000][3000];
```

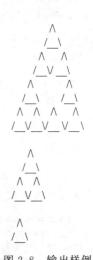

图 2.8　输出样例

```
void dfs(int n, int x, int y) {                           //递归算法
    if(n == 1) {
        map[x][y] = map[x - 1][y + 1] = '/';
        map[x][y + 3] = map[x - 1][y + 2] = '\\';
        map[x][y + 1] = map[x][y + 2] = '_';
        return;
    }
    int size = pow(2.0, n - 1);                           //求 size = 2^(n-1)
    dfs(n - 1, x, y);
    dfs(n - 1, x - size, y + size);
    dfs(n - 1, x, y + size * 2);
}
int main() {
    int n;
    while(scanf(" % d", &n) && n) {
        int size = pow(2.0, n);                           //求 size = 2^n
        memset(map, ' ', sizeof(map));
        dfs(n, size, 1);
        for (int i = 1; i <= size; i++) {
            for(int j = 1; j <= size * 2; j++)
                printf(" % c", map[i][j]);
            printf("\n");
        }
        printf("\n");
    }
    return 0;
}
```

上述程序提交后通过,执行用时为813ms,内存消耗为8920KB。

2.17 POJ3752——字母旋转游戏

时间限制:1000ms,空间限制:65 536KB。

问题描述:给定两个整数 m、n,生成一个 $m \times n$ 的矩阵,矩阵中元素的取值为 A~Z 的 26 个字母中的一个,A 在左上角,其余字母按顺时针方向旋转前进,依次递增放置,当字母超过 26 个时又从 A 开始。例如,当 $m = 5, n = 8$ 时,矩阵中的内容如图 2.9 所示。

```
A B C D E F G H
V W X Y Z A B I
U J K L M N C J
T I H G F E D K
S R Q P O N M L
```

图 2.9 $m = 5, n = 8$ 时的矩阵

输入格式:m 为行数,n 为列数,m、n 都为大于 0 的整数。

输出格式:分行输出相应的结果。

输入样例:

5 8

输出样例:见图 2.9。

解:与 2.12 节中 LeetCode59 的解法类似,仅将产生含 $1 \sim n^2$ 的 n 阶螺旋矩阵改为 $m \times n$ 的螺旋矩阵,并且元素为以 'A' 开始的大写字母。对应的程序如下:

```
# include < iostream >
using namespace std;
char s[15][15];
int start = 0;
```

```
void CreateMat(int x,int y,int m,int n) {        //递归创建矩阵
    if (m <= 0 || n <= 0)return;                  //递归结束条件
    if (m == 1 && n > 0) {                        //矩阵中只有第 y 行的 n 个元素
        for (int j = x; j <= x + n - 1; j++) {
            s[y][j] = (char)((int)'A' + start % 26);
            start++;
        }
        return;
    }
    if (m > 0 && n == 1) {                        //矩阵中只有第 x 列的 m 个元素
        for (int i = y; i <= y + m - 1; i++) {
            s[i][x] = (char)((int)'A' + start % 26);
            start++;
        }
        return;
    }
    for (int j = x; j < x + n - 1; j++) {         //上一行
        s[y][j] = (char)((int)'A' + start % 26);;
        start++;
    }
    for (int i = y; i < y + m - 1; i++) {         //右一列
        s[i][x + n - 1] = (char)((int)'A' + start % 26);;
        start++;
    }
    for (int j = x + n - 1; j > x; j-- ) {        //下一行
        s[y + m - 1][j] = (char)((int)'A' + start % 26);
        start++;
    }
    for (int i = y + m - 1; i > y; i-- ) {        //左一列
        s[i][x] = (char)((int)'A' + start % 26);
        start++;
    }
    CreateMat(x + 1, y + 1, m - 2, n - 2);        //递归调用
}
void DispMat(int m,int n) {                       //输出螺旋矩阵
    for (int i = 0; i < m; i++) {
        for (int j = 0; j < n; j++)
            printf("   % c", s[i][j]);
        printf("\n");
    }
}
int main() {
    int m,n;
    scanf(" % d % d", &m, &n);
    CreateMat(0, 0, m, n);
    DispMat(m, n);
    return 0;
}
```

上述程序提交后通过,执行用时为 16ms,内存消耗为 96KB。

第 **3** 章 穷举法

3.1 LintCode1068——寻找数组的中心索引★

问题描述：给定一个整数数组 nums，设计一个算法返回此数组的"中心索引"。中心索引定义为这样的元素，该元素左边的数字之和等于其右边的数字之和。如果不存在这样的中心索引，返回 -1；如果有多个中心索引，返回最左侧的那一个。例如，nums = {1, 7, 3, 6, 5, 6}，答案是 3，因为 nums[3] 元素的左边和右边的数字之和均为 11。要求设计如下成员函数：

```
int pivotIndex(vector < int > &nums) { }
```

解法 1：采用直接穷举法，对于每个元素 nums[i]，求左边元素的和 left 以及右边元素的和 right，若 left = right，则返回 i。最后返回 -1。对应的程序如下：

```
class Solution {
public:
    int pivotIndex(vector < int > &nums) {
        int n = nums.size();
        int left, right;
        for (int i = 0; i < n; i++) {
            left = 0;
            for(int j = 0; j < i; j++)
                left += nums[j];
            right = 0;
            for(int j = i + 1; j < n; j++)
                right += nums[j];
            if (right == left)
                return i;
        }
        return - 1;
    }
};
```

上述算法的时间复杂度为 $O(n^2)$，程序提交时超时(time limit exceeded)。

解法 2：在枚举 nums[i] 时，左边元素的和 left 是依次求出的，例如求出 nums[$i-1$] 的 left，则 nums[i] 的 left 等于 left+nums[$i-1$]。另外可以事先求出全部元素的和 sum，当 nums[i] 对应的左边元素的和为 left 时，则右边元素的和等于 sum−left−nums[i]，这样算法的时间复杂度降为 $O(n)$。对应的程序如下：

```
# include < numeric >
class Solution {
public:
    int pivotIndex(vector < int > &nums) {
        int n = nums.size();
        int sum = accumulate(nums.begin(), nums.end(), 0);
        int left = 0, right;
        for (int i = 0; i < n; i++) {
            if (i != 0)
                left += nums[i - 1];
            right = sum - left - nums[i];
            if (right == left)
                return i;
```

```
        }
        return - 1;
    }
};
```

上述程序提交后通过,执行用时为 81ms,内存消耗为 5.37MB。

3.2 LintCode1517——最大子数组★ ※

问题描述:给定一个由 n 个整数构成的数组 A 和一个整数 $K(1 \leqslant K \leqslant n \leqslant 100)$,设计一个算法从所有长度为 K 的 A 的连续子数组中返回最大的连续子数组,如果两个数组中第一个不相等的元素在 A 中的值大于 B 中的值,则定义子数组 A 大于子数组 B。例如,$A = \{1,2,4,3\}$,$B = \{1,2,3,5\}$,则 A 大于 B,因为 $A[2] > B[2]$。要求设计如下成员函数:

```
vector < int > largestSubarray(vector < int > &A, int K) {
```

解法 1:采用穷举法,首先取 A 的前 K 个元素存放在 ans 中作为答案,然后直接枚举每个子数组 $A[i..j]$,若其长度等于 K,则与 ans 比较大小将较大者存放在 ans 中,最后返回 ans 即可。对应的程序如下:

```
class Solution {
public:
    vector < int > largestSubarray(vector < int > &A, int K) {
        int n = A.size();
        if(n < K) return {};
        vector < int > ans;
        ans = vector < int >(A.begin(), A.begin() + K);
        for(int i = 0; i < n; i++) {
            for(int j = i; j < n; j++) {
                if(j - i + 1 == K) {
                    vector < int > cura = vector < int >(A.begin() + i, A.begin() + j + 1);
                    if(cura > ans) ans = cura;
                }
            }
        }
        return ans;
    }
};
```

上述程序提交后通过,执行用时为 41ms,内存消耗为 5.53MB。

解法 2:由于这里的比较对象是长度为 K 的子数组,而子数组的 K 个元素是相邻的,所以改为用 i 直接枚举子数组 $A[i..i+K-1]$ 即可,这样算法的时间复杂度降为 $O(n)$。对应的程序如下:

```
class Solution {
public:
    vector < int > largestSubarray(vector < int > &A, int K) {
        int n = A.size();
        if(n < K) return {};
        vector < int > ans;
        ans = vector < int >(A.begin(), A.begin() + K);
        for(int i = 0; i < n - K + 1; i++) {
            vector < int > cura = vector < int >(A.begin() + i, A.begin() + i + K);
            if(cura > ans) ans = cura;
```

```
    }
    return ans;
  }
};
```

上述程序提交后通过,执行用时为 41ms,内存消耗为 4.76MB。

3.3 LintCode1338——停车困境 ★

问题描述:停车位是一条很长的直线,每米都有一个停车位,停车场里停着 $n(1 \leqslant n \leqslant 10^5)$ 辆小车,所有车位上面的车都是唯一的,用 cars 表示。现在要通过建造遮雨棚来遮雨、挡雨,要求至少有 $k(1 \leqslant k \leqslant n)$ 辆小车的车顶被遮雨棚遮盖,设计一个算法求遮雨棚遮盖 k 辆小车的车顶需要的最小长度。例如,cars$=\{2,10,8,17\}$,$k=3$,答案是 9,即建造长度为 9 的遮雨棚,遮盖从第 2 个到第 10 个的所有停车位。要求设计如下成员函数:

```
int ParkingDilemma(vector < int > &cars, int k) { }
```

解:如果直接采用穷举法会超时,改进方法是将 cars 递增排序,然后将每 k 个元素看成一个遮雨棚(恰好遮盖 k 辆小车),求出其长度,通过比较求最小长度 ans。例如,cars$=\{2,10,8,17\}$、$k=3$ 时求遮雨棚的最小长度如图 3.1 所示。对应的程序如下:

```
class Solution {
  const int INF = 0x3f3f3f3f;
public:
  int ParkingDilemma(vector < int > &cars, int k) {
    sort(cars.begin(),cars.end());
    int ans = INF;
    for (int i = 0;i < cars.size() - k + 1;i++) {
      ans = min(ans,cars[i + k - 1] - cars[i] + 1);
    }
    return ans;
  }
};
```

遮盖3辆小车的最小长度为10-2+1=9

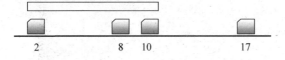

图 3.1 $k=3$ 时遮雨棚的最小长度

上述程序提交后通过,执行用时为 41ms,内存消耗为 5.44MB。

3.4 LintCode993——数组划分 I ★

问题描述:给定一个有 $2n$ 个整数的数组 nums,设计一个算法把这些整数分成 n 组,例如 (a_1,b_1)、(a_2,b_2)、……、(a_n,b_n),并且使 i 从 1 到 n 的 $\min(a_i,b_i)$ 之和尽可能大。其中 n 是一个范围为 $[1,10\,000]$ 的正整数,数组中元素的范围为 $[-10\,000,10\,000]$。例如,nums$=\{1,4,3,2\}$,答案是 4,这里 $n=2$,数组中的元素分为数对 $(1,2)$ 和 $(3,4)$。要求设计如下成员函数:

```
int arrayPairSum(vector < int > &nums) { }
```

解：如果直接采用穷举法会超时,改进方法是将数组 nums 递增排序,取出所有下标为偶数的元素求和。例如,nums＝{1,4,3,2},排序后 nums＝{1,2,3,4},依次两两一组的结果满足题目要求,每组的最小值即该组的前一个元素,取出 1 和 3 并且累计,结果为 4。对应的程序如下：

```cpp
class Solution {
public:
    int arrayPairSum(vector < int > &nums) {
        sort(nums.begin(),nums.end());
        int ans = 0;
        for (int i = 0;i < nums.size();i += 2)
            ans += nums[i];
        return ans;
    }
};
```

上述程序提交后通过,执行用时为 61ms,内存消耗为 5.48MB。

3.5 LintCode406——和大于 s 的最小子数组★★

问题描述：给定一个由 n 个正整数组成的数组和一个正整数 s,设计一个算法求满足其和大于或等于 s 的最小长度的子数组,如果无解则返回 -1。例如,nums＝{2,3,1,2,4,3},$s＝7$,答案是 2,因为子数组{4,3}是该条件下的最小长度子数组。要求设计如下成员函数：

```
int minimumSize(vector < int > &nums, int s) { }
```

解法 1：如果直接枚举 $nums[i..j]$,求出元素和 sum,当 $sum \geqslant s$ 时求最小长度 $j-i+1$,时间复杂度为 $O(n^3)$,一定会出现超时。改为用前缀和数组,设 $psum[i]$ 为 nums 中前 $i+1$ 个元素的和,在求出 psum 数组后,有 $nums[i+1..j]$ 的元素和等于 $psum[j]-psum[i]$,这样通过枚举 i 和 j 求出元素和大于或等于 s 的最小子数组长度 $j-i$。对应的程序如下：

```cpp
class Solution {
public:
    int minimumSize(vector < int > &nums, int s) {
        int n = nums.size();
        if(n == 0) return - 1;
        int psum[n];
        psum[0] = nums[0];
        for(int i = 1;i < n;i++)
            psum[i] = psum[i - 1] + nums[i];
        int ans = n + 1;                              //存放答案,取最大值
        for(int i = - 1;i < n - 1;i++) {
            for(int j = i;j < n;j++) {
                int sum = psum[j] - psum[i];          //求 nums[i + 1..j]的元素之和
                if(sum > = s) ans = min(ans,j - i);
            }
        }
        if(ans == n + 1)return - 1;
        else return ans;
    }
};
```

上述算法的时间复杂度为 $O(n^2)$，程序提交时仍然超时(time limit exceeded)。

解法 2：用 i、j 两个指针表示一个窗口为 nums$[i-1..j-1]$(i、j 均从 0 开始表示初始窗口为空)，先保持 i 不变通过后移 j 找到元素和大于或等于 s 的窗口 nums$[i..j]$，若不存在这样的窗口则结束，找到这样的窗口后 i 后移缩小窗口，但始终保证窗口的元素和不小于 s，在所有这样的窗口中求最小长度。例如，nums$=\{2,3,1,2,4,3\}$，$s=7$，首先置 ans $=7$，$i=0$，$j=0$，求解过程如下：

(1) j 后移到等于 4，找到 sum 为 $2+3+1+2=8$，此时 sum$\geqslant s$，再后移 i 同时从 sum 中减去 nums$[i]$直到 sum$<s$，此时 $i=1$(sum 为 $8-2=6$)，说明 nums$[i-1..j-1]$即 nums$[0..3]$是一个满足要求的窗口，长度为 4，置 ans $=4$。

(2) $i=1$，$j=4$，sum$=6$，后移到 $j=5$，找到 sum 为 $6+4=10$，此时 sum$\geqslant s$，再后移 i 同时从 sum 中减去 nums$[i]$直到 sum$<s$，此时 $i=3$(sum 为 $10-3-1=6$)，说明 nums$[i-1..j-1]$即 nums$[2..4]$是一个满足要求的窗口，长度为 3，置 ans $=3$。

(3) $i=3$，$j=5$，sum$=6$，后移到 $j=6$，找到 sum 为 $6+3=9$，此时 sum$\geqslant s$，再后移 i 同时从 sum 中减去 nums$[i]$直到 sum$<s$，此时 $i=5$(sum 为 $9-2-4=3$)，说明 nums$[i-1..j-1]$即 nums$[4..5]$是一个满足要求的窗口，长度为 2，置 ans $=2$。

最终结果是 ans $=2$，返回 2。对应的程序如下：

```cpp
class Solution {
public:
    int minimumSize(vector < int > &nums, int s) {
        int n = nums.size();
        int ans = n + 1;                    //存放答案,取最大值
        int i = 0, j = 0;
        int sum = 0;
        while (j < n) {
            while (j < n && sum < s)        //扩大窗口
                sum += nums[j++];
            if (sum < s) break;
            while (i < j && sum >= s)       //缩小窗口
                sum -= nums[i++];
            ans = min(ans, j - i + 1);
        }
        if (ans == n + 1) return - 1;
        else return ans;
    }
};
```

在上述算法中 i、j 指针均后移，时间复杂度为 $O(n)$。上述程序提交后通过，执行用时为 163ms，内存消耗为 20.55MB。

3.6 LintCode1331——英语软件 ★

问题描述：小林是班级的英语课代表，他想开发一款软件处理班上同学的成绩(所有成绩在 0~100 的范围内)。小林的软件有一个神奇的功能，能够通过一个百分数来反映各同学的成绩在班上的位置，即"成绩超过班级多少百分比的同学"。设这个百分比为 p，某同学考了 s 分，则可以通过 $p=$(分数不超过 s 的人数-1)/班级总人数$\times 100\%$ 计算出 p。请帮助小林设计一下这个软件。其中 score 数组表示所有同学的成绩，score$[i]$表示第一个同学

的成绩,ask 数组中的 ask[i]表示询问 ask[i]个人的成绩百分比,每询问一次输出对应的成绩百分比,不需要输出百分号,答案向下取整(为避免精度丢失,优先计算乘法)。例如,score={100,98,87},ask={1,2,3},表示共有 3 个人,第一个人到第三个人的成绩分别是100、98 和 97,要求求出第一个人到第三个人的成绩百分比,答案是{66,33,0},即第一个人的成绩为 100,超过了 66%的学生。要求设计如下成员函数:

```
vector < int > englishSoftware(vector < int > &score, vector < int > &ask) { }
```

解:这里采用前缀和数组 psum,先遍历 score 求出成绩为 s 的人数 psum[s],再通过遍历 psum 并计算 psum[i]+=psum[i-1]求出分数小于或等于 s 的人数 psum[s]。这样对于序号 ask[i],对应的成绩百分比为 rnk=(psum[score[ask[i]-1]]-1)×100/n,将其添加到 ans 中,最后返回 ans 即可。对应的程序如下:

```
class Solution {
public:
  vector < int > englishSoftware(vector < int > &score, vector < int > &ask) {
    int n = score.size();
    vector < int > psum(101,0);
    for(int s:score)
      psum[s]++;
    for(int i = 1;i < 101;i++)
      psum[i] += psum[i-1];
    vector < int > ans;
    for(int i = 0;i < ask.size();i++) {
      int rnk = (psum[score[ask[i]-1]] - 1) * 100/n;
      ans.push_back(rnk);
    }
    return ans;
  }
};
```

上述程序提交后通过,执行用时为 41ms,内存消耗为 2.29MB。

3.7 LintCode397——最长上升连续子序列★

问题描述:给定一个长度为 n 的整数数组 A,其中所有元素是唯一的,设计一个算法找出该数组中的最长上升连续子序列(LICS),这里的最长上升连续子序列可以定义为从右到左或从左到右的序列。例如,$A=\{5,4,2,1,3\}$,答案是 4,其最长上升连续子序列为$\{5,4,2,1\}$;$A=\{5,1,2,3,4\}$,答案是 4,其最长上升连续子序列为$\{1,2,3,4\}$。要求设计如下成员函数:

```
int longestIncreasingContinuousSubsequence(vector < int > &A) { }
```

解:用 ans 存放答案(初始为 0),用 incnt 和 decnt 分别表示递增和递减连续子序列的长度(初始均为 1),用 i 从 1 开始遍历 A,若 $A[i-1]<A[i]$,则执行 incnt++和 decnt=1,否则执行decnt++和 incnt=1,然后在 ans、incnt 和 decnt 中取最大值存放到 ans 中。遍历完毕返回 ans 即可。对应的程序如下:

```
class Solution {
public:
  int longestIncreasingContinuousSubsequence(vector < int > &A) {
```

```
        int n = A.size();
        if (n < = 2) return n;
        int incnt = 1;
        int decnt = 1;
        int ans = 0;
        for (int i = 1;i < n;i++) {
            if (A[i-1]< A[i]) {
                incnt++;
                decnt = 1;
            }
            else if (A[i-1]> A[i]) {
                decnt++;
                incnt = 1;
            }
            ans = max(ans, decnt);
            ans = max(ans, incnt);
        }
        return ans;
    }
};
```

上述程序提交后通过,执行用时为 41ms,内存消耗为 4.3MB。

3.8 LeetCode1534——统计好三元组★

问题描述:给定一个含 $n(3 \leqslant n \leqslant 100)$ 个整数的数组 arr,以及 a、b、c 三个整数,设计一个算法求其中好三元组的数量。如果三元组 $(arr[i], arr[j], arr[k])$ 满足下列全部条件,则认为它是一个好三元组:

(1) $0 \leqslant i < j < k < n$。

(2) $|arr[i] - arr[j]| \leqslant a$,$|arr[j] - arr[k]| \leqslant b$,$|arr[i] - arr[k]| \leqslant c$。

例如,$arr = \{3, 0, 1, 1, 9, 7\}$,$a = 7$,$b = 2$,$c = 3$,答案是 4,一共有 4 个好三元组,即 $(3, 0, 1)$、$(3, 0, 1)$、$(3, 1, 1)$ 和 $(0, 1, 1)$。要求设计如下成员函数:

```
int countGoodTriplets(vector < int > & arr, int a, int b, int c) { }
```

解:直接采用简单穷举法,枚举全部情况,累计满足题目要求的好三元组的数量 ans,最后返回 ans 即可。对应的程序如下:

```
class Solution {
public:
    int countGoodTriplets(vector < int > & arr, int a, int b, int c) {
        int n = arr.size();
        int ans = 0;
        for(int i = 0;i < n-2;i++) {
            for(int j = i+1;j < n-1;j++) {
                for(int k = j+1;k < n;k++) {
                    if(abs(arr[i]-arr[j])< = a && abs(arr[j]-arr[k])< = b && abs(arr[i]-arr[k])< = c)
                        ans++;
                }
            }
        }
        return ans;
    }
};
```

上述程序提交后通过,执行用时为 48ms,内存消耗为 8MB。

3.9 LeetCode204——计数质数★★ ✳

问题描述:给定一个整数 $n(0 \leqslant n \leqslant 5 \times 10^6)$,设计一个算法求所有小于非负整数 n 的质数的个数。例如,$n=10$,答案是 4,小于 10 的质数是 2、3、5、7。要求设计如下成员函数:

```
int countPrimes(int n) { }
```

解:如果直接采用穷举法判断 $1 \sim n$ 的每个整数是否为质数,并累计其中质数的个数,这样一定会超时。这里采用质数筛选法,对于质数 i,则 i 的 i 倍整数、$i+1$ 倍整数等一定不是质数,再累计其中质数的个数 ans,最后返回 ans 即可。对应的程序如下:

```cpp
class Solution {
public:
    int countPrimes(int n) {
        bool prime[n + 1];                          //prime[i]表示整数 i 是否为质数
        memset(prime, true, sizeof(prime));         //预设均为质数
        for(int i = 2; i * i < n; i++) {
            if(prime[i]) {                          //i 是质数,置其倍数为非质数
                for(int j = i * i; j < n; j += i) prime[j] = false;
            }
        }
        int ans = 0;
        for(int i = 2; i < n; i++) {                //累计质数的个数
            if(prime[i]) ans++;
        }
        return ans;
    }
};
```

上述程序提交后通过,执行用时为 148ms,内存消耗为 11.3MB。

3.10 LeetCode187——重复的 DNA 序列★★ ✳

问题描述:DNA 序列由一系列核苷酸组成,给定一个表示 DNA 序列的字符串 s,设计一个算法返回在 DNA 分子中出现不止一次的长度为 10 的所有序列(子字符串),可以按任意顺序返回。例如,输入 s = "AAAAACCCCCAAAAACCCCCAAAAAGGGTTT",答案是{"AAAAACCCCC","CCCCCAAAAA"}。要求设计如下成员函数:

```
vector < string > findRepeatedDnaSequences(string s) { }
```

解:采用简单穷举法,用 unordered_map < string, int >类型的哈希表 cntmap 实现子字符串的计数,用 ans 存放答案。i 从 0 开始遍历 s,提取当前长度为 10 的子串 ss,累计其个数,若个数为 2 将其添加到 ans 中。遍历完毕返回 ans 即可。对应的程序如下:

```cpp
class Solution {
public:
    vector < string > findRepeatedDnaSequences(string s) {
        vector < string > ans;
```

```
        unordered_map < string, int > cntmap;
        int n = s.size();
        if(n < 10) return ans;
        for( int i = 0; i < n - 9; i++) {
            string ss = s.substr(i, 10);
            cntmap[ss]++;
            if(cntmap[ss] == 2)
                ans.push_back(ss);
        }
        return ans;
    }
};
```

上述程序提交后通过,执行用时为 52ms,内存消耗为 22.9MB。

3.11 LeetCode2018——判断单词是否能放入填字游戏内 ★★

问题描述:给定一个 $m \times n$ 的矩阵 board,它代表一个填字游戏的当前状态。在填字游戏的格子中包含小写英文字母(已填入的单词)、表示空格的" "和表示障碍格子的"#"。如果满足以下条件,则可以水平(从左到右或者从右到左)或竖直 (从上到下或者从下到上)填入一个单词:

(1) 该单词不占据任何'#'对应的格子。

(2) 每个字母对应的格子要么是" "(空格)要么与 board 中已有字母的匹配。

(3) 若单词是水平放置,则该单词左边和右边相邻的格子(可以是边缘)不能为" "或小写英文字母。

(4) 若单词是竖直放置,则该单词上边和下边相邻的格子(可以是边缘)不能为" "或小写英文字母。

给定一个字符串 word,设计一个算法当 word 可以被放入 board 中时返回 true,否则返回 false。例如,board={{"#"," ","#"},{" "," ","#"},{"#","c"," "}},word="abc",答案为 true,因为 word 可以放在中间一列。要求设计如下成员函数:

```
bool placeWordInCrossword(vector < vector < char >> & board, string word) { }
```

解:假设 word 的长度为 len,首先找到一个非"#"的位置 (i,j),试探沿着 di 方向是否能够放置 word,可以放置的条件检测如下。

(1) 位置 (i,j) 的 di 反方向位置一定是"#",即检测首位置的 di 方向上的前一个位置是否满足条件(3)。

(2) 位置 (i,j) 的 di 方向的后面第 len-1 个位置是存在的,如果存在后面第 len 个位置,则该位置必须是"#",即检测尾位置的 di 方向上的后一个位置是否满足条件(3)。

(3) word 是否可以从 (i,j) 位置开始放置,直到放置完毕。

如果上述条件均满足,返回 true,否则试探位置 (i,j) 的其他方位,若位置 (i,j) 试探完毕,则找到其他非"#"的位置继续试探,全部试探完毕返回 false。对应的程序如下:

```
class Solution {
public:
```

```
bool placeWordInCrossword(vector < vector < char >> & board, string word) {
    int dx[] = {0,1,0, -1};                                    //水平方向的偏移量(顺时针方向)
    int dy[] = {1,0, -1,0};                                    //垂直方向的偏移量
    int len = word.size();
    int m = board.size(),n = board[0].size();
    for (int i = 0;i < m;i++) {
        for (int j = 0;j < n;j++) {
            if (board[i][j] == '#') continue;                  //单词不能占据'#'
            for (int di = 0;di < 4;di++) {
                int xx = i + dx[(di + 2) % 4];
                int yy = j + dy[(di + 2) % 4];
                if (xx >= 0 && xx < m && yy >= 0 && yy < n) {
                    if (board[xx][yy]!= '#')                   //首位置的条件(3)检测
                        continue;
                }
                xx = i + dx[di] * (len - 1);
                yy = j + dy[di] * (len - 1);
                if (xx < 0 || xx >= m || yy < 0 || yy >= n)    //超界时跳过
                    continue;
                xx += dx[di]; yy += dy[di];
                if (xx >= 0 && xx < m && yy >= 0 && yy < n) {
                    if (board[xx][yy]!= '#')                   //尾位置的条件(3)检测
                        continue;
                }
                bool flag = true;
                for (int k = len - 1;k >= 0;k -- ) {           //检测中间是否匹配
                    xx -= dx[di];
                    yy -= dy[di];
                    if (board[xx][yy]!= ' ' && board[xx][yy]!= word[k]) {
                        flag = false;
                        break;
                    }
                }
                if (flag) return true;
            }
        }
    }
    return false;
    }
};
```

上述程序提交后通过,执行用时为 $160ms$,内存消耗为 $58.3MB$ 。

3.12　LeetCode2151——基于陈述统计最多好人数★★★

问题描述:游戏中存在两种角色,即好人(该角色只说真话)和坏人(该角色可能说真话,也可能说假话)。给定一个 $n \times n (2 \leqslant n \leqslant 15)$ 的二维整数数组 statements,表示 n 个玩家对彼此角色的陈述。具体来说,statements $[i][j]$ 可以是下列值之一:0 表示 i 的陈述认为 j 是坏人,1 表示 i 的陈述认为 j 是好人,2 表示 i 没有对 j 作出陈述。玩家不会对自己进行陈述,即对所有 statements $[i][i]=2$ 。设计一个算法根据这 n 个玩家的陈述求可以认为是好人的最大数目。要求设计如下成员函数:

```
int maximumGood(vector < vector < int >> &statements) { }
```

解：在 n 个人中每个人都可能是好人或者坏人，这样有 2^n 种情况，每种情况用一个子集表示。例如 $n=3$ 时，3 个人的编号为 $0\sim2$，有 $2^3=8$ 种情况，每种情况用 3 个二进制位表示，0 表示坏人，1 表示好人，如二进制数 101 表示玩家 0 和 2 是好人，玩家 1 是坏人。这样恰好用十进制数 $0\sim2^n-1$ 表示全部情况。

对于每种情况 s，用 sum 累计好人的人数（初始为 0），遍历 s 的每一位，若某一位 i 是 1，说明玩家 i 是好人，所谓好人只说真话，也就是说若 statements$[i][j]<2$ 成立（说明玩家 i 对玩家 j 有陈述），而在情况 s 中玩家 j 的好人值为 $(s>>j)\&1$，若两者不相等，说明情况 s 是矛盾的，忽略该情况。如果情况 s 中每个好人和实际陈述相符，则累计其中好人的个数 sum，在所有这样的情况中通过比较求最大 sum。对应的程序如下：

```cpp
class Solution {
public:
    int maximumGood(vector < vector < int >> &statements) {
        int n = statements.size();
        int ans = 0;
        for (int s = 1;s < 1 << n;s++) {
            int sum = 0;                               //子集 s 中好人的个数
            for (int i = 0;i < n;i++) {
                if ((s >> i)&1) {                      //枚举 s 中的好人 i
                    for (int j = 0;j < n;j++) {        //枚举 i 的所有陈述
                        if (statements[i][j]< 2 && statements[i][j]!= ((s >> j)&1)) {
                            goto next;                 //该陈述与 s 中的情况矛盾则忽略 s
                        }
                    }
                    sum++;
                }
            }
            ans = max(ans, sum);
            next:;
        }
        return ans;
    }
};
```

上述程序提交后通过，执行用时为 96ms，内存消耗为 8.2MB。

3.13   POJ2000——金币

时间限制：1000ms，空间限制：30 000KB。

问题描述：国王向忠诚的骑士支付金币，第一天支付给骑士一枚金币，在接下来的两天（第二天和第三天）中每一天支付给骑士两枚金币，在接下来的 3 天（第四天、第五天和第六天）中每一天支付给骑士 3 枚金币，在接下来的 4 天（第七天、第八天、第九天和第十天）中每一天支付给骑士 4 枚金币。这种支付模式将无限期地继续下去，即在连续 n 天每天收到 n 个金币后，骑士将在接下来的 $n+1$ 天连续收到 $n+1$ 个金币，其中 n 为任意正整数。设计一个算法，计算在给定天数内（从第一天开始）国王支付给骑士的金币总数。

输入格式：输入至少包含一行，但不超过 21 行。输入的每一行（最后一行除外）都包含一个测试用例的数据，仅包含一个表示天数的整数（范围为 $1\sim10\,000$），输入的结束由包含数字 0 的行表示。

输出格式：每个测试用例只有一行输出，这一行包含来自输入行的天数，后跟一个空格以及在给定天数内支付给骑士的金币总数，从第一天开始。

输入样例：

```
10
6
7
11
15
16
100
10000
1000
21
22
0
```

输出样例：

```
10 30
6 14
7 18
11 35
15 55
16 61
100 945
10000 942820
1000 29820
21 91
22 98
```

解：如果简单地枚举每一天的金币数可能超时，改进方法是将金币数相同的若干天看成一个段，先求出 n 天对应的前一个段的天数 pred，累计到 pred 为止的金币数 sum，第 n 天对应段的每天金币数为 coin，则答案等于 $sum+(n-pred)*coin$。

例如，$n=16$，如表 3.1 所示，对应的段号为 6，该段的每天金币数 coin=6，前一个段号为 5，前面 5 个段的总金币数 sum 为 $1\times1+2\times2+3\times3+4\times4+5\times5=55$，前面 5 个段的总天数 pred=15，答案为 $sum+(n-pred)\times coin=55+1\times6=61$。

表 3.1 $n=16$ 时的计算过程

段号	1	2		3			4				5					6
天	1	2	3	4	5	6	7	8	9	10	11	12	13	14	15	16
金币	1	2	2	3	3	3	4	4	4	4	5	5	5	5	5	6
合并	1×1	2×2		3×3			4×4				5×5					

对应的程序如下：

```cpp
#include<iostream>
using namespace std;
int Coins(int n) {
    if (n == 1) return 1;
    int coin = 1;
    int sum = 1;
    int d = 1;
```

```
        int pred;
        while (d < n) {
            if (coin > 1)
                sum += coin * coin;
            coin++;
            pred = d;
            d += coin;
        }
        return sum + (n – pred) * coin;
    }
    int main() {
        int n;
        cin >> n;                                    //读入第一个测试用例
        while (n > 0) {
            cout << n << " " << Coins(n) << endl;
            cin >> n;                                //读入下一个测试用例
        }
        return 0;
    }
```

上述程序提交后通过,执行用时为 65ms,内存消耗为 176KB。

3.14　　POJ1013——假币问题

时间限制：1000ms,空间限制：10 000KB。

问题描述：Sally 有 12 枚银币,其中有 11 枚真币和一枚假币,假币看起来和真币没有什么区别,只是重量不同。Sally 不知道假币比真币轻还是重,于是他向朋友借了一架天平。朋友希望 Sally 称 3 次就能找出假币并且确定假币是轻还是重。例如,如果 Sally 用天平称两枚银币,发现天平平衡,说明两枚都是真的,如果 Sally 用一枚真币与另一枚银币比较,发现它比真币轻或重,说明它是假币。经过精心安排每次的称量,Sally 保证能在称 3 次后确定假币。

输入格式：第一行包含整数 n,表示测试用例的数目。对于每个测试用例输入 3 行,每行表示一次称量的结果,Sally 事先将银币标号为 A~L,每次称量的结果用 3 个以空格隔开的字符串表示,即天平左边放置的银币、天平右边放置的银币和平衡状态,其中平衡状态用"up"、"down"和"even"表示,分别为左端重、右端重和平衡。天平左右的银币数总是相等的。

输出格式：输出哪一个标号的银币是假币,并说明它比真币轻还是重(is heavy 或者 is light)。

输入样例：

```
1
ABCD EFGH even                          //表示 ABCD 银币的重量等于 EFGH 银币的重量
ABCI EFJK up                            //表示 ABCI 银币的重量大于 EFJK 银币的重量
ABIJ EFGH even                          //表示 EFGH 银币的重量等于 EFGH 银币的重量
```

输出样例：

```
K is the counterfeit coin and it is light.
```

解：用数组 a 表示 12 个银币的重量,真币的重量为 0。设计 balanced() 算法用于判断当 12 个银币的重量已知时是否满足 3 次称量的情况。对于每个银币 i,置 $a[i] = -1$(假设

银币 i 是较轻的假币),如果 balanced() 算法返回 true 说明假设成立,否则置 $a[i]=1$(假设银币 i 是较重的假币),如果 balanced() 算法返回 true 说明假设成立,否则说明银币 i 是真币,置 $a[i]=0$ 继续。最后根据成立的假设输出答案。对应的程序如下:

```cpp
#include<iostream>
int a[12];
char left[3][7],right[3][7],state[3][7];
bool balanced() {                              //判断当前的情况是否满足
    for(int i = 0;i < 3;i++) {                 //枚举 3 次称量的情况
        int leftw = 0,rightw = 0;
        for(int j = 0;left[i][j];j++)          //求出左端银币的总重量
            leftw += a[left[i][j] - 'A'];
        for(int j = 0;right[i][j];j++)         //求出右端银币的总重量
            rightw += a[right[i][j] - 'A'];
        if(leftw > rightw && state[i][0]!= 'u')  //违反"up"的称量结果
            return false;
        if(leftw == rightw && state[i][0]!= 'e') //违反"even"的称量结果
            return false;
        if(leftw < rightw && state[i][0]!= 'd')  //违反"down"的称量结果
            return false;
    }
    return true;
}
int main() {
    int n,no;
    scanf("%d",&n);
    while (n--) {
        for (int i = 0;i < 3;i++)
            scanf("%s%s%s",left[i],right[i],state[i]);
        for(int i = 0;i < 12;i++)
            a[i] = 0;
        for(no = 0;no < 12;no++) {             //枚举每个银币
            a[no] = 1;                          //假设银币 i 是较轻的假币
            if(balanced()) break;
            a[no] = -1;                         //假设银币 i 是较重的假币
            if(balanced()) break;
            a[no] = 0;
        }
        printf("%c is the counterfeit coin and it is %s.\n",no + 'A',a[no]>0?"heavy":"light");
    }
    return 0;
}
```

上述程序提交后通过,执行用时为 0ms,内存消耗为 92KB。

3.15   POJ1256——字谜

时间限制:1000ms,空间限制:10 000KB。

问题描述:编写一个程序从给定的一组字母中生成所有可能的单词。例如,给定单词 "abc",通过探索 3 个字母的所有不同组合,输出单词"abc"、"acb"、"bac"、"bca"、"cab"和 "cba"。单词中的一些字母可能会出现不止一次,在这样的情况下不应多次生成相同的单词,并且应按字母升序输出单词。

输入格式:输入由几个单词组成。第一行包含一个数字,表示后面的单词数。以下每一行包含一个单词。一个单词由从 A 到 Z 的大写或小写字母组成,大写和小写字母被认为是不同的,每个单词的长度小于 13。

输出格式:对于输入的每个单词,输出应该包含可以使用给定单词的字母生成的所有不同单词,从同一个输入生成的单词应该按字母升序输出。一个大写字母位于相应的小写字母之前。

输入样例:

```
3
aAb
abc
acba
```

输出样例:

```
Aab
Aba
aAb
abA
bAa
baA
abc
acb
bac
bca
cab
cba
aabc
aacb
abac
abca
acab
acba
baac
baca
bcaa
caab
caba
cbaa
```

解:题目就是要产生字符串 str 的全排列,需要注意以下两点。

(1) 排列要除重,不会输出重复的排列。

(2) 按字母升序输出,这里的字母升序不是指 ASCII 码顺序,而是 A<a<B<b<C<c,以此类推。

为了简单,采用 STL 中的 next_permutation() 函数枚举排列,该函数具有自动除重功能,为了满足(2),需要制定这样的比较关系:转换为大写字母相同时按 ASCII 码比较,例如 A<a、B<b 等,转换为大写字母不相同时按转换的大写字母比较,例如 A<B、A<b、b<C 等。对应的程序如下:

```
# include < iostream >
# include < string. h >
# include < algorithm >
# define N 14
using namespace std;
```

```
char str[N];
struct Cmp {
    bool operator()(char& a,char& b) {            //制定比较关系
        if(toupper(a) == toupper(b))
            return a < b;
        else
            return toupper(a)< toupper(b);
    }
};
int main() {
    int n,m;
    scanf(" % d",&n);
    while(n-- ){
        scanf(" % s",str);
        m = strlen(str);
        sort(str,str + m,Cmp());
        printf(" % s\n",str);
        while(next_permutation(str,str + m,Cmp()))
            printf(" % s\n",str);
    }
    return 0;
}
```

上述程序提交后通过,执行用时为 63ms,内存消耗为 92KB。

3.16 POJ3187——倒数和

时间限制:1000ms,空间限制:65 536KB。

问题描述:有这样一个游戏,以一定的顺序写从 1 到 $n(1 \leqslant n \leqslant 10)$ 的数字,然后将相邻的数字相加以产生一个数字少一个的新列表,重复这个过程,直到只剩下一个数字。例如,游戏的一个实例(当 $n=4$ 时)可能是这样的:

```
3  1  2  4
 4  3  6
  7  9
   16
```

现在给定 n 和最后一行的数字,请编写程序输出第一行的数列。

输入格式:输入一行包含两个以空格分隔的整数,即 n 和最后一行的数字。

输出格式:输出第一行的数列,如果有多个这样的数列,选择字典顺序最小的一个。

输入样例:

```
4 16
```

输出样例:

```
3 1 2 4
```

解:所求答案一定是 $1 \sim n$ 的某个排列。采用穷举法,用数组 a 枚举 $1 \sim n$ 的全部排列(初始 a 取值为 $1 \sim n$)。对于每个排列 a,以其作为第一行,用数组 b 保存其累计结果,最后一行 $b[n-1]$ 仅包含一个整数,若 $b[n-1][0] = \text{sum}$,则输出对应的 a。为了简单,采用 STL 中的 next_permutation()函数枚举排列,由于该函数产生的排列是递增的,所以满足要求的第一个 a 就是最小排列。对应的程序如下:

```
# include < iostream >
# include < cstring >
# include < algorithm >
using namespace std;
# define MAXN 11
int main() {
    int a[MAXN];
    int n, sum;
    scanf(" % d  % d",&n,&sum);
    for(int i = 1;i < = n;i++)                 //产生初始排列 1～n
        a[i - 1] = i;
    int b[MAXN][MAXN];
    memset(b, 0, sizeof(b));
    do{
        for(int i = 0;i < n;i++)               //由 a 作为第一行
            b[0][i] = a[i];
        for(int i = 1;i < n;i++) {             //求出其他 n - 1 行
            for(int j = 0;j < n - i;j++) {
                b[i][j] = b[i - 1][j] + b[i - 1][j + 1];
            }
        }
        if(b[n - 1][0] == sum) break;          //找到满足要求的 a
    } while(next_permutation(a,a + n));        //枚举下一个排列
    for(int i = 0;i < n;i++) {                 //输出 a
        if(i == 0) printf(" % d",a[i]);
        else printf("  % d",a[i]);
    }
    return 0;
}
```

上述程序提交后通过,执行用时为 63ms,内存消耗为 88KB。

第 **4** 章 分治法

4.1 　LintCode1376——等价字符串★★ ※

问题描述：给定两个等长字符串，设计一个算法当它们等价时返回 true，否则返回 false。两个等长字符串 a 和 b 等价当且仅当符合以下两个条件之一：(1)完全一样；(2)如果把字符串 a 拆成两半(均分)，长度分别为 a_1 和 a_2，将字符串 b 也拆成两半，长度分别为 b_1 和 b_2，要么 a_1 和 b_1 等价并且 a_2 和 b_2 等价，要么 a_1 和 b_2 等价并且 a_2 和 b_1 等价。例如，$s1=$"aaba"，$s2=$"abaa"，答案是 true。要求设计如下成员函数：

```
bool isEquivalentStrings(string &s1, string &s2) { }
```

解：用 $f(s1,s2)$ 表示字符串 $s1$ 和 $s2$ 等价，分治步骤如下。

(1) 分解：将 $s1$ 拆成两半，即 $a1$ 和 $b1$，将 $s2$ 也拆成两半，即 $a2$ 和 $b2$，对应的 4 个子问题是 $f(a1,b1)$、$f(a2,b2)$、$f(a1,b2)$ 和 $f(a2,b1)$。

(2) 求解子问题：4 个子问题的求解结果分别是 $f1$、$f2$、$f3$ 和 $f4$。

(3) 合并：$f(s1,s2)=(f1 \&\& f2 || f3 \&\& f4)$。

对应的分治法程序如下：

```cpp
class Solution {
public:
    bool isEquivalentStrings(string &s1, string &s2) {
        int n = s1.size();
        if(s2.size()!= n) return false;
        if (n == 0) return true;
        if (n % 2 == 1)
            return s1 == s2;
        else {
            string a1 = s1.substr(0,n/2);
            string a2 = s1.substr(n/2);
            string b1 = s2.substr(0,n/2);
            string b2 = s2.substr(n/2);
            if (isEquivalentStrings(a1,b1) && isEquivalentStrings(a2,b2) ||
                    isEquivalentStrings(a1,b2) && isEquivalentStrings(a2,b1))
                return true;
            return false;
        }
    }
};
```

上述程序提交后通过，执行用时为 41ms，内存消耗为 4.58MB。

4.2 　LintCode31——数组的划分★★ ※

问题描述：给定一个含 $n(0 \leqslant n \leqslant 20\,000)$ 个整数的数组 nums 和一个整数 k，设计一个算法划分数组(即移动数组 nums 中的元素)，使得所有小于 k 的元素移到左边，所有大于或等于 k 的元素移到右边，返回数组划分的位置，即数组中的第一个位置 i，满足 nums$[i]$ 大于或等于 k。如果数组中的所有数都大于 k，则应该返回 n。例如，nums $=\{3,2,2,1\}$，$k=2$，划分的结果是 $\{1,2,2,3\}$，答案是 1。要求设计如下成员函数：

```
int partitionArray(vector < int > &nums, int k) { }
```

解法 1：采用快速排序划分法。置 $i=0,j=n-1$，当 $i\leqslant j$ 时循环：i 向右找到一个大于或等于 k 的元素 nums$[i]$（跳过小于 k 的元素），j 向左找到一个小于 k 的元素 nums$[j]$（跳过大于或等于 k 的元素），当 $i<j$ 时将 nums$[i]$ 和 nums$[j]$ 交换，执行 $i++,j--$。这样总是能保证 nums$[i..n-1]$ 的元素对应等于 k，所以循环结束后返回 i 即可。对应的程序如下：

```
class Solution {
public:
    int partitionArray(vector < int > &nums, int k) {
        int n = nums. size();
        if(n == 0) return 0;
        int i = 0, j = n - 1;
        while(i <= j) {
            while(i <= j && nums[i] < k) i++;
            while(i <= j && nums[j] >= k) j-- ;
            if(i < j) {
                swap(nums[i], nums[j]);
                i++; j-- ;
            }
        }
        return i;
    }
};
```

上述程序提交后通过，执行用时为 $41ms$，内存消耗为 $4.64MB$。

解法 2：采用区间划分法。为了简便，数组用 a 表示，将 a 划分为两个区间，如图 4.1 所示，用 $a[0..j]$ 存放小于 k 的元素（称为"$<k$ 区间"），初始时该区间为空，即 $j=-1$。用 i 从 0 开始遍历所有元素（$i<n$），$a[j+1..i-1]$ 存放大于或等于 k 的元素（称为"$\geqslant k$ 区间"），初始时该区间也为空（因为 $i=0$）。在用 i 遍历 a 时：

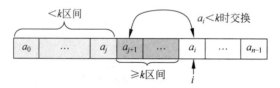

图 4.1　$a[0..j]$ 的元素划分为两个区间

（1）若 $a[i]<k$，将其前移到"$<k$ 区间"，其操作是先执行 $j++$（扩大"$<k$ 区间"），将 $a[i]$ 与 $a[j]$ 进行交换，再执行 $i++$ 继续遍历其余元素。

（2）若 $a[i]\geqslant k$，原地不动，将 i 增 1（扩大"$\geqslant k$ 区间"），继续遍历其余元素。

最后前面"$<k$ 区间"（即 $a[0..j]$）含 $j+1$ 个元素，后面"$\geqslant k$ 区间"（即 $a[j+1..n-1]$）含 $n-j-1$ 个元素，返回 $j+1$ 即可。

对应的程序如下：

```
class Solution {
public:
    int partitionArray(vector < int > &nums, int k) {
        int n = nums. size();
        if(n == 0) return 0;
        int i = 0, j = - 1;
        while(i < n) {
```

```
        if(nums[i]<k) {
            j++;
            if(j!= i) swap(nums[i],nums[j]);
        }
        i++;
    }
    return j + 1;
  }
};
```

上述程序提交后通过,执行用时为 40ms,内存消耗为 5.44MB。

4.3 LintCode143——颜色的分类Ⅱ★★ ※

问题描述:给定一个有 n 个对象的数组 colors,包括 $k(k{\leqslant}n)$ 种不同的颜色,并按照 1 到 k 进行编号,设计一个算法将对象进行分类使相同颜色的对象相邻,并按照 $1{\sim}k$ 的顺序进行排序。例如,colors$=\{3,2,2,1,4\}$,$k=4$,答案是$\{1,2,2,3,4\}$。要求设计如下成员函数:

```
void sortColors2(vector < int > &colors, int k) { }
```

解:采用快速排序的思路,在划分时不是取排序区间的首元素为基准,而是以颜色为基准,初始时颜色范围是 $1{\sim}k$,以此作为[low,high],求出中位颜色 mid$=$(low$+$high)$/2$,通过划分保证左区间 colors$[s..j]$ 的颜色小于或等于 mid,右区间 colors$[i..t]$ 的颜色大于 mid。对应的程序如下:

```
class Solution {
public:
    void sortColors2(vector < int > &colors, int k) {
        int n = colors.size();
        quicksort(colors,0,n - 1,1,k);
    }
    void quicksort(vector < int > &colors, int s, int t, int low, int high) {
        if (low > = high || s > = t) return;
        int mid = (low + high)/2;
        int i = s, j = t;
        while (i < = j) {
            while (i < = j && colors[i]< = mid)
                i++;
            while (i < = j && colors[j]> mid)
                j -- ;
            if (i < = j) {
                swap(colors[i], colors[j]);
                i++; j -- ;
            }
        }
        quicksort(colors,s,j,low,mid);
        quicksort(colors,i,t,mid + 1,high);
    }
};
```

上述程序提交后通过,执行用时为 41ms,内存消耗为 5.55MB。

4.4　LintCode628——最大子树★

问题描述：给定一棵二叉树，设计一个算法找二叉树中的一棵子树，其所有结点值之和最大，返回这棵子树的根结点。数据保证有且仅有唯一的解。要求设计如下成员函数：

```
TreeNode * findSubtree(TreeNode * root) { }
```

解：二叉树属于递归数据结构，特别适合采用递归法求解，体现出分治法策略。本题可以遍历二叉树中的每一个结点，求出以该结点为根的子树的结点和，通过比较求最大值。实际上在采用递归时可以一次遍历求出所有子树的结点和，对应的程序如下：

```cpp
class Solution {
    TreeNode * ans = NULL;                    //最大和的子树的根结点
    int maxsum = - 0x3f3f3f3f;                //最大和
public:
    TreeNode * findSubtree(TreeNode * root) {
        Sum(root);
        return ans;
    }
    int Sum(TreeNode * r) {
        if(r == NULL) return 0;
        int lsum = Sum(r -> left);
        int rsum = Sum(r -> right);
        int cursum = lsum + rsum + r -> val;
        if(cursum > maxsum) {
            maxsum = cursum;
            ans = r;
        }
        return cursum;
    }
};
```

上述程序提交后通过，执行用时为 41ms，内存消耗为 5.55MB。

4.5　LintCode900——二叉搜索树中最接近的值★

问题描述：给定一棵非空二叉排序树以及一个 target 值，设计一个算法求其中最接近给定值的结点值，保证只有唯一一个最接近给定值的结点。要求设计如下成员函数：

```
int closestValue(TreeNode * root, double target) { }
```

解法1：采用中序遍历方式（二叉排序树的中序遍历序列是一个递增有序序列），先求出 root 的最小值 mind 和最大 maxd，若 target≤mind 则返回 mind，若 target≥maxd 则返回 maxd，否则中序遍历找到一个大于或等于 target 的结点 root，其前驱结点值为 pre，在两者之间找到最接近的结点值并返回之。对应的程序如下：

```cpp
class Solution {
    bool first;                               //当前结点是否为中序遍历的首结点
    int pre;                                  //存放前驱结点值
    int ans;                                  //存放答案
```

```
public:
    int closestValue(TreeNode * root, double target) {
        int mind, maxd;
        TreeNode * p = root;
        while(p -> left) p = p -> left;
        mind = p -> val;
        if(target <= mind) return mind;
        p = root;
        while(p -> right) p = p -> right;
        maxd = p -> val;
        if(target >= maxd) return maxd;
        first = true;
        inorder(root, target);
        return ans;
    }
    bool inorder(TreeNode * root, double target) {
        if(root != NULL) {
            if(inorder(root -> left, target))
                return true;
            if(first) {
                pre = root -> val;
                first = false;
            }
            else {
                if(target <= root -> val) {
                    if(target - pre < root -> val - target)
                        ans = pre;
                    else
                        ans = root -> val;
                    return true;
                }
                else pre = root -> val;
            }
            return inorder(root -> right, target);
        }
        else return false;
    }
};
```

上述程序提交后通过,执行用时为 $51\mathrm{ms}$,内存消耗为 $5.32\mathrm{MB}$ 。

解法 2:采用类似二分查找的思路。用 ans 表示最接近 target 的结点值,首先将根结点 root 值作为 ans,当 root 不空时循环:若当前结点 root 比 ans 更接近 target,则置 ans=root-> val,再根据 target 与 root 结点值的比较结果在左子树或者右子树中查找。最后返回 ans。对应的程序如下:

```
class Solution {
public:
    int closestValue(TreeNode * root, double target) {
        int ans = root -> val;
        while (root) {
            if (abs(ans - target) >= abs(root -> val - target))
                ans = root -> val;
            if(target < root -> val)
                root = root -> left;
            else
                root = root -> right;
        }
```

```
        return ans;
    }
};
```

上述程序提交后通过,执行用时为 40ms,内存消耗为 5.43MB。

4.6 LintCode931——k 个有序数组的中位数★★★

问题描述:有 k 个有序数组 nums,设计一个算法求这 k 个有序数组的中位数。若总元素个数为奇数,返回唯一的中位数;若总元素个数为偶数,返回两个中位数的平均值。给出的数组中的元素均为正整数,如果总元素个数为 0,则返回 0。要求设计如下成员函数:

```
double findMedian(vector < vector < int >> &nums) { }
```

解法 1:求出总元素个数 n,当 n 为奇数时,答案是全部元素递增排序后第 $n/2+1$ 小的元素;当 n 为偶数时,答案是递增排序后第 $n/2$ 和第 $n/2+1$ 小的两个元素的平均值。这里采用 k 路归并方法,对应的程序如下:

```
class Solution {
    const int INF = INT_MAX;
public:
    double findMedian(vector < vector < int >> &nums) {
        int k = nums.size();
        int n = 0;
        for(int i = 0;i < k;i++)
            n += nums[i].size();
        if(n == 0) return 0;
        vector < int > x(k);                          //存放当前归并的 k 个元素
        vector < int > p(k,0);                        //k 个段的遍历指针
        for(int i = 0;i < k;i++) {
            if(p[i]< nums[i].size())
                x[i] = nums[i][p[i]];
            else
                x[i] = INF;
        }
        int cnt = 0;                                  //累计归并的总次数
        int mid;
        while(true) {
            int minno = Minno(x,k);                   //一次 k 路归并
            cnt++;
            if(cnt == n/2)                            //n 为偶数时的第 1 个中位数
                mid = x[minno];
            else if(cnt == n/2 + 1) {                 //n 为奇数时的中位数或 n 为偶数时的第 2 个中位数
                if(n % 2 == 1)
                    return x[minno];
                else
                    return (1.0 * mid + x[minno])/2.0;
            }
            p[minno]++;
            x[minno] = (p[minno]< nums[minno].size()?nums[minno][p[minno]]:INF);
        }
    }
    int Minno(vector < int > &x,int k) {              //k 路归并,返回最小元素的段号
```

```
        int no = 0;
        for(int i = 1;i < k;i++) {
            if(x[i]< x[no])
                no = i;
        }
        return no;
    }
};
```

上述程序提交后通过,执行用时为 5787ms,内存消耗为 5.4MB。

解法 2:利用二分查找方法求第 k 小的元素(两次二分查找),原理参见《教程》第 4 章中的例 4.7,先在 nums 中求出最大元素 maxd 和最小元素 mind,在递增序列[mind,maxd]中找到最大的 mid,使其满足 nums 中小于或等于 mid 的元素的个数大于或等于 k,这样的 mid 就是 nums 中第 k 小的元素。由于每个 nums[i]都是递增有序的,可以利用 upper_bound()找到第一个大于 mid 的元素的序号 c,则其中小于或等于 mid 的元素的个数正好等于 c。最后将 k 变为中位数序号即可求出 nums 中满足要求的中位数。对应的程序如下:

```
class Solution {
public:
    double findMedian(vector < vector < int >> &nums) {
        int k = nums.size();
        if(k == 0) return 0;
        int n = 0;
        for(int i = 0;i < k;i++)
            n += nums[i].size();
        if(n == 0) return 0;
        if (n % 2 == 1)
            return findKth(nums,n/2 + 1) * 1.0;
        else
            return (findKth(nums,n/2) + findKth(nums,n/2 + 1))/2.0;
    }
    double findKth(vector < vector < int >> &nums,int k) { //求 nums 中第 k 小的元素
        pair < int,int > pairs = maxmind(nums);
        int low = pairs.first,high = pairs.second;
        while (low <= high) {
            int mid = low + (high - low)/2;          //存在 2147483647(2^31 - 1)的元素
            if (lessorequeal(nums,mid)>= k)
                high = mid - 1;
            else
                low = mid + 1;
        }
        return low;
    }
    pair < int,int > maxmind(vector < vector < int >> &nums) {          //求最大和最小元素
        int mind = INT_MAX,maxd = INT_MIN;
        for (auto x:nums) {
            if (x.empty()) continue;
            if (x.front()< mind) mind = x.front();
            if(x.back()> maxd) maxd = x.back();
        }
        return {mind,maxd};
    }
    int lessorequeal(vector < vector < int >> &nums,int target) {
                                              //求小于或等于 target 的元素的个数
        int cnt = 0;
        for (auto x:nums) {
```

```
        if (x.empty()) continue;
        cnt += upper_bound(x.begin(),x.end(),target) - x.begin();
    }
    return cnt;
    }
};
```

上述程序提交后通过,执行用时为 2291ms,内存消耗为 2.09MB。

4.7 LintCode1817——分享巧克力 ★★★ ※

问题描述:Lisa 有一大块巧克力,它由甜度不完全相同的 n 个小块组成,用数组 sweetness ($1 \leqslant \text{sweetness}[i] \leqslant 10^5$) 来表示每一小块的甜度。Lisa 打算和 $K(0 \leqslant K < n \leqslant 10^4)$ 名朋友一起分享这块巧克力,所以需要将大巧克力切割 K 次得到 $K+1$ 块,每一块都由一些连续的小块组成。Lisa 为了表现出慷慨,将会吃掉总甜度最小的一块,并将其余块分给朋友们。设计一个算法找出一个最佳的切割策略,使得 Lisa 所分得的巧克力的总甜度最大,并返回这个最大总甜度。例如,sweetness={1,2,2,1,2,2,1,2,2},$K=2$,答案是 5,可以将巧克力分成 3 份,即{1,2,2}、{1,2,2}、{1,2,2},在所分巧克力的所有段中总甜度的最小值是 5;sweetness={1,2,3,4,5,6,7,8,9},$K=5$,答案是 6,可以将巧克力分成{1,2,3}、{4,5}、{6}、{7}、{8}、{9},在所分巧克力的所有段中总甜度的最小值是 6。要求设计如下成员函数:

```
int maximizeSweetness(vector < int > &sweetness, int K) { }
```

解:题目的含义是将 sweetness 分成 $K+1$ 段,每段是连续的若干小块,每个小块 i 的甜度为 sweetness[i],每段的总甜度是该段中所有小块的甜度和,求如何分段使得所有段中甜度和的最小值达到最大,求这个最大值。

求解思路是枚举每段甜度和 target,尝试将 sweetness 分成 $K+1$ 段,并且每段的甜度和大于或等于 target,在所有的 target 中求最大值即可。先求出 sweetness 中的全部元素之和 high,即大巧克力的总甜度,置 low=0,显然 target 的枚举范围是 low~high,但这样枚举一定会超时。

将[low,high]看成递增有序区间,可以采用二分查找法找到最大的 target。设计算法 Cnt(sweetness, target),功能是将 sweetness 切割为 group 段保证每段的总甜度至少为 target,题目的答案是:

$$\underset{\text{mid} \in [\text{low,high}]}{\text{MAX}} \{\text{mid} \mid \text{Cnt}(\text{sweetness,mid}) \geqslant K+1\}$$

采用与《教程》第 4 章中例 4.6 的 lastk 算法类似的思路,从[low,high]开始,求出 mid=(low+high+1)/2(当有两个中间值时取较大者):

(1) 若 Cnt(sweetness,mid)$\geqslant K+1$,说明 mid 作为 target 小了,继续在右区间中查找,置 low=mid(含 mid)。

(2) 否则说明 mid 作为 target 大了,继续在左区间中查找,置 high=mid-1。

最后的 low 就是使得 Cnt(sweetness,mid)$\geqslant K+1$ 成立的最大 target。对应的程序如下:

```
# include < numeric >
class Solution {
public:
    int maximizeSweetness(vector < int > &sweetness, int K) {
```

```
        if (K > = sweetness.size()) return 0;
        int low = 0;
        int high = accumulate(sweetness.begin(),sweetness.end(),0);
        while(low < high) {
            int mid = (low + high + 1)/2;
            if (Cnt(sweetness,mid)> = K + 1)
                low = mid;
            else
                high = mid - 1;
        }
        return low;
    }
    int Cnt(vector < int > & s,int target) { //切割 s 为 group 段保证每段的总甜度至少为 target
        int group = 0,sum = 0;
        for (int i = 0;i < s.size();i++) {
            sum += s[i];
            if (sum > = target) {
                sum = 0;
                group++;
            }
        }
        return group;
    }
};
```

上述程序提交后通过,执行用时为 41ms,内存消耗为 5.38MB。

4.8   LintCode1753——写作业 ★★ ✳

问题描述:有 $n(1 \leqslant n \leqslant 100\ 000)$ 个人,每个人需要独立写 $m(1 \leqslant m \leqslant 100\ 000)$ 份作业。第 i 份作业需要花费 $cost[i](1 \leqslant cost[i] \leqslant 100\ 000)$ 的时间。由于每个人的空闲时间不同,第 i 个人有 $val[i](1 \leqslant val[i] \leqslant 100\ 000)$ 的时间,这代表他写作业的总时间不会超过 $val[i]$。每个人都按照顺序,从 1 号作业开始,然后写 2 号、3 号,以此类推。设计一个算法求出他们写作业花了多少时间。例如,$cost = \{1,2,3,5\}$,$val = \{6,10,4\}$,答案是 15,第一个人可以完成 1 号作业、2 号作业、3 号作业,$1+2+3 \leqslant 6$;第二个人可以完成 1 号作业、2 号作业、3 号作业,无法完成 4 号作业,$1+2+3 \leqslant 10$,$1+2+3+5 > 10$;第三个人可以完成 1 号作业、2 号作业,无法完成 3 号作业,$1+2 \leqslant 4$,$1+2+3 > 4$。这样 $1+2+3+1+2+3+1+2 = 15$,所以答案是 15。要求设计如下成员函数:

```
long long doingHomework(vector < int > &cost, vector < int > &val) {
```

解法 1:设计一个前缀和数组 psum,$psum[i] = nums[0] + nums[1] + \cdots + nums[i-1]$,即前 i 个元素的和,用 ans 表示所有人写作业花的总时间(初始为 0),用 i 遍历 val,在 psum 中找到最后一个小于或等于 $val[i]$ 的元素 $psum[j]$,将 $psum[j]$ 累计到 ans 中。最后返回 ans 即可。

由于 nums 元素为正整数,所以 psum 一定是一个递增排序数组,为了求最后一个小于或等于 $val[i]$ 的元素 $psum[j]$,利用 upper_bound() 找到第一个大于 $val[i]$ 的元素 $psum[k]$,则 $psum[j] = psum[k-1]$。对应的程序如下:

```
class Solution {
public:
    long long doingHomework(vector < int > &cost, vector < int > &val) {
```

```
        int m = cost.size();
        int n = val.size();
        vector < int > psum(m + 1,0);
        for (int i = 0;i < m;i++)
            psum[i + 1] = psum[i] + cost[i];
        long ans = 0;
        for (int i = 0;i < n;i++)
            ans += binarySearch(psum,val[i]);
        return ans;
    }
    int binarySearch(vector < int > & psum,int target) {
        int k = upper_bound(psum.begin(),psum.end(),target) - psum.begin();
        return psum[k - 1];
    }
};
```

上述程序提交后通过,执行用时为 243ms,内存消耗为 7.41MB。

解法 2:可以用二分查找扩展算法代替解法 1 中的 upper_bound(),即将《教程》第 4 章中 4.4.2 节的 searchinsert1 算法中的 if (k<=a[mid]) high=mid−1 改为 if (k<a[mid]) high=mid−1。对应的程序如下:

```
class Solution {
public:
    long long doingHomework(vector < int > &cost, vector < int > &val) {
        int m = cost.size();
        int n = val.size();
        vector < int > psum(m + 1,0);
        for (int i = 0;i < m;i++)
            psum[i + 1] = psum[i] + cost[i];
        long ans = 0;
        for (int i = 0;i < n;i++)
            ans += binarySearch(psum,val[i]);
        return ans;
    }
    int binarySearch(vector < int > & psum,int target) {
        int n = psum.size();
        int low = 0,high = n − 1;
        while(low < = high) {
            int mid = (low + high)/2;
            if (target < psum[mid])
                high = mid − 1;
            else
                low = mid + 1;
        }
        return psum[low − 1];                    //找到 low,返回 psum[low − 1]
    }
};
```

上述程序提交后通过,执行用时为 163ms,内存消耗为 7.32MB。

4.9 LintCode460——在排序数组中找最接近的 k 个数★★

问题描述:给定一个目标数 target、一个长度为 n 的升序数组 A 和一个非负整数 $k(1 \leqslant k \leqslant n)$,设计一个算法在 A 中找与 target 最接近的 k 个整数,返回这 k 个数并按照与 target

的接近程度从小到大排序,如果接近程度相当,那么小的数排在前面。例如,$A=\{1,4,6,8\}$,target$=3$,$k=3$,答案为$\{4,1,6\}$。要求设计如下成员函数:

```
vector < int > kClosestNumbers(vector < int > &A, int target, int k) { }
```

解:先利用 STL 通用二分查找算法 lower_bound() 在升序数组 A 中找到第一个大于或等于 target 的位置 pos,然后采用双指针,即 $i=$pos-1 和 $j=$pos,通过比较找出最接近 target 的元素 $A[i]$ 或者 $A[j]$ 添加到 ans 中,如此查找,找出 k 个元素。最后返回 ans。对应的程序如下:

```
class Solution {
public:
    vector < int > kClosestNumbers(vector < int > &A, int target, int k) {
        int pos = lower_bound(A.begin(), A.end(), target) - A.begin();
        int i = pos - 1, j = pos;
        vector < int > ans;
        int cnt = 0;
        while (cnt < k) {
            if (i < 0 || j < A.size() && abs(A[j] - target) < abs(A[i] - target))
                ans.push_back(A[j++]);
            else
                ans.push_back(A[i--]);
            cnt++;
        }
        return ans;
    }
};
```

上述程序提交后通过,执行用时为 125ms,内存消耗为 2.79MB。

4.10 LintCode75——寻找峰值 ★★

问题描述:给定一个长度为 $n(n \geqslant 3)$ 的整数数组 A,其特点是相邻位置的数字是不同的,同时 $A[0]<A[1]$ 并且 $A[n-2]>A[n-1]$。假定 P 是峰值的位置,则满足 $A[P]>A[P-1]$ 且 $A[P]>A[P+1]$,设计一个算法返回数组中任意一个峰值的位置。数组 A 保证至少存在一个峰值,如果数组存在多个峰值,返回其中任意一个即可。例如,$A=\{1,2,1,3,4,5,7,6\}$,一个峰值的位置是 1。要求设计如下成员函数:

```
int findPeak(vector < int > &A) { }
```

解:对于满足题目要求的数组 A,如果 $A[i]$ 是峰值,则满足条件 $A[i-1]<A[i]>A[i+1]$。实际上就是找到这样的区间 $[A[i-1],A[i],A[i+1]]$ 满足该条件,对于非空查找区间 $[$low,high$]$(初始为 $[0,n-1]$)采用二分查找方法,取 mid$=($low$+$high$)/2$:

① 若查找区间中只有一个元素(即 low$==$high),则该元素就是一个峰值。

② 若 $A[$mid$]<A[$mid$+1]$(对应 $A[i-1]<A[i]$ 部分,这里看成 mid$=i-1$),峰值应该在右边,置 low$=$mid$+1$。

③ 若 $A[$mid$]>A[$mid$+1]$(对应 $A[i]>A[i+1]$ 部分,这里看成 mid$=i$),峰值应该在左边($A[$mid$]$ 可能是一个峰值),置 high$=$mid。

那么上述过程对吗?如果峰值唯一,当查找区间 $[$low,high$]$ 中只有一个元素时显然正确,其他两种情况如图 4.2 所示。如果有多个峰值,若 $A[\text{mid}]$ 不是峰值,则在左或者右边一定可以找到一个峰值。对应的程序如下:

```
class Solution {
public:
    int findPeak(vector < int > &A) {
        int n = A.size();
        int low = 0, high = n - 1;
        while (low < = high) {          //查找区间中至少有一个元素时循环
            if (low == high)            //查找区间中只有一个元素时它就是峰值
                return low;
            int mid = (low + high)/2;
            if (A[mid]< A[mid + 1])      //峰值在右边
                low = mid + 1;
            else                        //峰值在左边
                high = mid;
        }
        return - 1;
    }
};
```

上述程序提交后通过,执行用时为 61ms,内存消耗为 6.84MB。

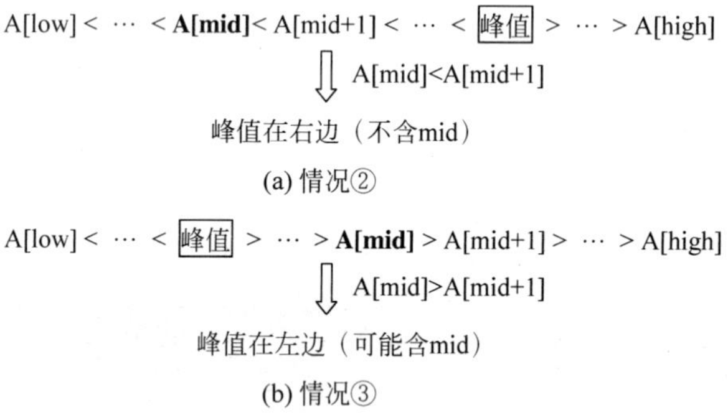

$A[\text{low}] < \cdots < \textbf{A[mid]} < A[\text{mid+1}] < \cdots < \boxed{峰值} > \cdots > A[\text{high}]$

$\Downarrow A[\text{mid}]<A[\text{mid+1}]$

峰值在右边(不含mid)

(a) 情况②

$A[\text{low}] < \cdots < \boxed{峰值} > \cdots > \textbf{A[mid]} > A[\text{mid+1}] > \cdots > A[\text{high}]$

$\Downarrow A[\text{mid}]>A[\text{mid+1}]$

峰值在左边(可能含mid)

(b) 情况③

图 4.2 查找峰值的其他两种情况

4.11 LeetCode912——排序数组★★ ❋

问题描述:给定一个含 $n(1 \leqslant n \leqslant 50\,000)$ 个整数的数组 nums,设计一个算法将该数组升序排列。例如,nums = {5,2,3,1},排序结果是{1,2,3,5}。要求设计如下成员函数:

vector < int > sortArray(vector < int > & nums) {}

解法 1:在采用直接插入排序、冒泡排序和简单选择排序等简单类型的排序算法时超时,一般平均时间复杂度为 $O(n\log_2 n)$ 的排序可以通过。这里采用快速排序方法。若利用《教程》中 4.2 节的解法 1(即以排序区间的首元素为基准的快速排序算法)同样会超时,改为在划分之前将首元素和中间位置元素交换的方法(即简单地取中间位置元素为基准)即可通过,对应的程序如下:

```
class Solution {
public:
    vector < int > sortArray(vector < int > & nums) {
        int n = nums.size();
```

```
        quicksort11(nums, 0, n − 1);
        return nums;
    }
    int partition1(vector < int > &a, int s, int t) {    //划分算法 1(递增排序)
        int i = s, j = t;
        int base = a[s];                    //以序列中的首元素作为基准
        while (i < j) {                     //从两端交替向中间遍历,直到 i = j 为止
            while (i < j && a[j] >= base)
                j − − ;                     //从右向左找小于 base 的 a[j]
            if(i < j) {
                a[i] = a[j];                //将 a[j]前移到 a[i]的位置
                i++;
            }
            while (i < j && a[i] <= base)
                i++;                        //从左向右找大于 base 的 a[i]
            if(i < j) {
                a[j] = a[i];                //将 a[i]后移到 a[j]的位置
                j − − ;
            }
        }
        a[i] = base;
        return i;
    }
    void quicksort11(vector < int > &a, int s, int t) {//对 a[s..t]快速排序(递增排序)
        if (s < t) {                        //a[s..t]中至少存在两个元素
            int mid = (s + t)/2;
            swap(a[s], a[mid]);             //将 a[s..t]的中间位置元素与首元素交换
            int i = partition1(a, s, t);    //划分
            quicksort11(a, s, i − 1);       //对子序列 1 递归排序
            quicksort11(a, i + 1, t);       //对子序列 2 递归排序
        }
    }
};
```

上述程序提交后通过,执行用时为 48ms,内存消耗为 27.6MB。

解法 2:利用《教程》中 4.2 节的解法 2,即以排序区间的中间位置元素为基准的快速排序算法。对应的程序如下:

```
class Solution {
public:
    vector < int > sortArray(vector < int > & nums) {
        int n = nums.size();
        quicksort21(nums, 0, n − 1);
        return nums;
    }
    vector < int > partition2(vector < int > &a, int s, int t) {        //划分算法 2(递增排序)
        int i = s, j = t;
        int base = a[(i + j)/2];            //选择中间位置元素为基准
        while (i <= j) {                    //从左向右跳过小于 base 的元素
            while (i <= j && a[i] < base)
                i++;                        //i 指向大于或等于 base 的元素
            while (i <= j && a[j] > base)   //从右向左跳过大于 base 的元素
                j − − ;                     //j 指向小于或等于 base 的元素
            if (i <= j) {
                swap(a[i], a[j]);           //a[i]和 a[j]交换
                i++; j − − ;
```

```
            }
        }
        return {j,i};
    }
    void quicksort21(vector < int > &a, int s, int t) {//对 a[s..t]快速排序(递增排序)
        if (s < t) {                            //a[s..t]中至少存在两个元素
            vector < int > ps = partition2(a, s, t);
            int j = ps[0], i = ps[1];
            quicksort21(a, s, j);
            quicksort21(a, i, t);
        }
    }
};
```

上述程序提交后通过,执行用时为 100ms,内存消耗为 81.4MB。从中看出,在这里真正以中间位置元素为基准的快速排序算法反而不如简单地以中间位置元素为基准的快速排序算法,所以没有哪一种算法在任何情况下都是最好的,算法的好坏取决于实际应用环境,即测试数据。

4.12 LeetCode241——为运算表达式设计优先级 ★★

问题描述:给定一个长度为 $n(1 \leqslant n \leqslant 20)$ 仅由数字(所有整数值的范围是 $0 \sim 99$)和运算符('+'、'−'或者'*')组成的字符串 expression,可以按不同优先级组合数字和运算符,设计一个算法求所有可能的组合及结果,可以按任意顺序返回答案。例如,expression = "2 * 3−4 * 5",所有可能的组合及结果如下:

$(2 * (3−(4 * 5))) = −34$

$((2 * 3)−(4 * 5)) = −14$

$((2 * (3−4)) * 5) = −10$

$(2 * ((3−4) * 5)) = −10$

$(((2 * 3)−4) * 5) = 10$

所以答案是 $\{−34,−14,−10,−10,10\}$。要求设计如下成员函数:

```
vector < int > diffWaysToCompute(string expression) { }
```

解:表达式中可能的运算符为'+'、'−'和'*',它们都是二元运算符,这里可以按不同优先级组合数字和运算符,也就是通过加括号改变运算符的优先执行顺序。用 i 遍历 expression,当遇到运算符 c 时的计算如图 4.3 所示,即递归求出左边表达式的值 l 和右边表达式的值 r,然后执行 l c r 运算,返回结果即可。

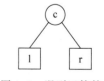

图 4.3 遇到运算符 c 的计算

需要注意的是,由于 l 和 r 可能有多个结果,实际上是求出左边表达式值的集合 lefts 和右边表达式值的集合 rights,然后枚举所有的 l 和 r 求出所有可能组合的结果。例如,expression = "2 * 3−4 * 5",计算 $(2 * (3−(4 * 5))) = −34$ 的过程如图 4.4 所示,计算 $((2 * (3−4)) * 5) = −10$ 的过程如图 4.5 所示。

对应的程序如下:

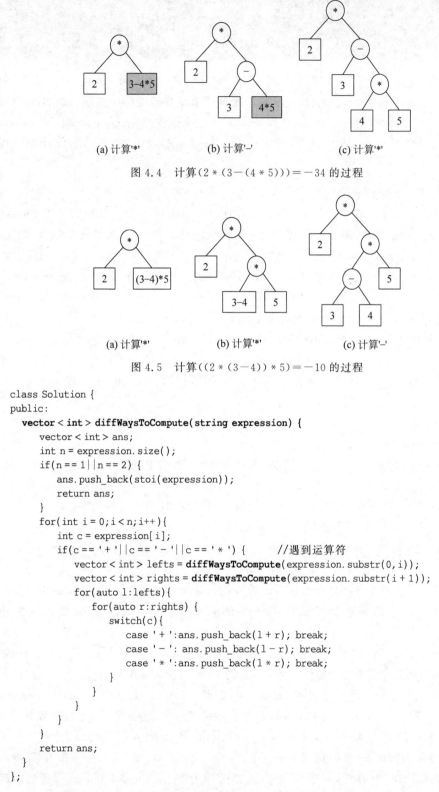

(a) 计算'*'   (b) 计算'−'   (c) 计算'*'

图 4.4 计算$(2 * (3 - (4 * 5))) = -34$ 的过程

(a) 计算'*'   (b) 计算'*'   (c) 计算'−'

图 4.5 计算$((2 * (3 - 4)) * 5) = -10$ 的过程

```cpp
class Solution {
public:
    vector < int > diffWaysToCompute(string expression) {
        vector < int > ans;
        int n = expression.size();
        if(n == 1||n == 2) {
            ans.push_back(stoi(expression));
            return ans;
        }
        for(int i = 0;i < n;i++){
            int c = expression[i];
            if(c == '+'||c == '−'||c == '*') {          //遇到运算符
                vector < int > lefts = diffWaysToCompute(expression.substr(0,i));
                vector < int > rights = diffWaysToCompute(expression.substr(i + 1));
                for(auto l:lefts){
                    for(auto r:rights) {
                        switch(c){
                            case '+':ans.push_back(l + r); break;
                            case '−': ans.push_back(l − r); break;
                            case '*':ans.push_back(l * r); break;
                        }
                    }
                }
            }
        }
        return ans;
    }
};
```

上述程序提交后通过,执行用时为 4ms,内存消耗为 11.1MB。

4.13 LeetCode4——寻找两个正序数组的中位数★★★

问题描述：给定两个大小分别为 m 和 $n(0 \leqslant m, n \leqslant 1000, 1 \leqslant m+n \leqslant 2000)$ 的正序(从小到大)数组 nums1 和 nums2。设计一个算法求这两个正序数组的中位数。例如，nums1＝$\{1,3\}$，nums2＝$\{2\}$，两个数组合并后为 $\{1,2,3\}$，对应的中位数是 2；nums1＝$\{1,2\}$，nums2＝$\{3,4\}$，两个数组合并后为 $\{1,2,3,4\}$，对应的中位数 $(2+3)/2＝2.5$。要求设计如下成员函数：

```
double findMedianSortedArrays(vector < int > & nums1, vector < int > & nums2) { }
```

解：假设两个递增有序数组是 a 和 b，先设计求 a 和 b 中第 k 小元素的算法 Findk(a, n, b, m, k)，为了叙述方便，第 k 小元素用 topk 表示。当 a 和 b 中元素的个数都大于 $k/2$ 时，将 a 的第 $k/2$ 小元素(即 $a[k/2-1]$)和 b 的第 $k/2$ 小元素(即 $b[k/2-1]$)进行比较，有以下 3 种情况(为了简化，这里假设 k 为偶数，所得到的结论对于 k 是奇数也是成立的)。

(1) $a[k/2-1]＝b[k/2-1]$：则 $a[0..k/2-2]$(共 $k/2-1$ 个元素)和 $b[0..k/2-2]$(共 $k/2-1$ 个元素)中共 $k-2$ 个元素均小于或等于 topk，再加上 $a[k/2-1]$、$b[k/2-1]$ 这两个元素，说明找到了 topk，即 topk 等于 $a[k/2-1]$ 或 $b[k/2-1]$，直接返回即可。

(2) $a[k/2-1]＜b[k/2-1]$：这意味着 $a[0..k/2-1]$(共 $k/2$ 个元素)肯定均小于或等于 topk，换句话说，$a[k/2-1]$ 一定小于或等于 topk(可以用反证法证明，假设 $a[k/2-1]＞$ topk，那么 $a[k/2-1]$ 后面的元素均大于 topk，因此 $b[k/2-1]$ 及后面一定有一个元素为 topk，也就是说 $b[k/2-1] \leqslant$ topk，与 $a[k/2-1]＜b[k/2-1]$ 矛盾，即证)。这样 $a[0..k/2-1]$ 均小于或等于 topk，因此可以删除 a 数组中的这 $k/2$ 个元素。

(3) $a[k/2-1]＞b[k/2-1]$：同理，可以删除 b 数组中的 $b[0..k/2-1]$ 共 $k/2$ 个元素。

因此可以设计一个分治算法求解，采用递归算法实现，其递归出口如下：

(1) 当 a 或 b 为空时，直接返回 $b[k-1]$ 或 $a[k-1]$。

(2) 当 $k＝1$ 时返回 $\min(a[0], b[0])$。

(3) 当 $a[k/2-1]＝b[k/2-1]$ 时，返回 $a[k/2-1]$ 或 $b[k/2-1]$。

考虑算法的通用性，当 k 是奇数或者 a 或 b 的元素个数小于 $k/2$ 时，采用的方法如下：

(1) 总是让 a 中的元素个数较少，当 b 中的元素个数较少时，交换参数 a、b 的位置即可。

(2) 将前面 $a[k/2-1]$ 和 $b[k/2-1]$ 的比较改为 $a[\text{numa}-1]$ 和 $b[\text{numb}-1]$ 的比较，保证这两个元素前面的全部元素个数恰好为 $k-2$，即 topk 来自 $a[\text{numa}-1]$ 或者 $b[\text{numb}-1]$。所以当 a 中的元素个数小于 $k/2$ 时取 numa＝n，否则取 numa＝$k/2$，而 numb＝$k-$numa。

例如，$a＝(1,5,8)$，$n＝3$，$b＝(2,3,4,6,7)$，$m＝5$ 时，求 $k＝3$ 的 topk 的过程如图 4.6 所示，每次递归调用，k 递减 numa 或者 numb，而 numa 或 numb 近似于 $k/2$，相当于 k 减半，当 $k＝1$ 时为递归出口，从而得到最终解。

上述过程每次递归调用时 k 减半，所以执行时间为 $\log_2 k$，最多 $k＝n+m$，所以时间复杂度为 $O(\log_2(n+m))$。

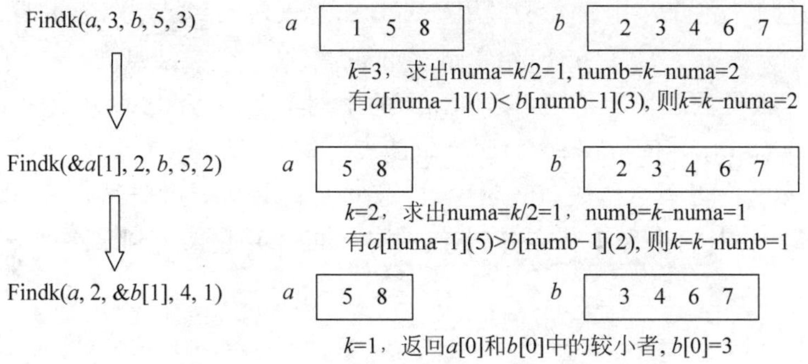

Findk(*a*, 3, *b*, 5, 3)　　　*a* | 1 5 8 |　　　*b* | 2 3 4 6 7 |

k=3，求出numa=*k*/2=1, numb=*k*−numa=2
有*a*[numa−1](1)< *b*[numb−1](3)，则*k*=*k*−numa=2

Findk(&*a*[1], 2, *b*, 5, 2)　　　*a* | 5 8 |　　　*b* | 2 3 4 6 7 |

k=2，求出numa=*k*/2=1，numb=*k*−numa=1
有*a*[numa−1](5)>*b*[numb−1](2)，则*k*=*k*−numb=1

Findk(*a*, 2, &*b*[1], 4, 1)　　　*a* | 5 8 |　　　*b* | 3 4 6 7 |

k=1，返回*a*[0]和*b*[0]中的较小者，*b*[0]=3

图 4.6　求解 *k* = 3 的 topk 的过程

再利用 Findk() 算法求题目指定的中位数就十分简单了。对应的程序如下：

```
class Solution {
public:
    double findMedianSortedArrays(vector < int > & nums1, vector < int > & nums2) {
        int m = nums1.size();
        int n = nums2.size();
        if(m == 0) return (nums2[(n + 1)/2 - 1] + nums2[(n + 2)/2 - 1])/2.0;
        if(n == 0) return (nums1[(m + 1)/2 - 1] + nums1[(m + 2)/2 - 1])/2.0;
        int a[m],b[n];
        for(int i = 0;i < m;i++) a[i] = nums1[i];
        for(int i = 0;i < n;i++) b[i] = nums2[i];
        int mid1 = (m + n + 1)/2;
        int mid2 = (m + n + 2)/2;
        return (Findk(a,m,b,n,mid1) + Findk(a,m,b,n,mid2))/2.0;
    }
    int Findk(int a[],int m,int b[],int n,int k) {   //在两个递增数组中找到第 k 小的元素
        if (m > n)                                   //用于保证 n <= m，即保证前一个数组的元素较少
            return Findk(b,n,a,m,k);
        if (m == 0)
            return b[k - 1];
        if (k == 1)
            return ((a[0] >= b[0]) ? b[0]:a[0]);
        int i = min(m,k/2);                          //当数组 a 中没有 k/2 个元素时取 n
        int j = k - i;
        if(a[i - 1] == b[j - 1])
            return a[i - 1];
        else if(a[i - 1] > b[j - 1])
            return Findk(a,m,b + j,n - j,k - j);
        else                                         //a[i - 1] < b[j - 1]
            return Findk(a + i,m - i,b,n,k - i);
    }
};
```

上述程序提交后通过，执行用时为 24ms，内存消耗为 86.9MB。

4.14　LeetCode148——排序链表★★ ✳

问题描述：设计一个算法实现一个不带头结点的整数单链表 head 的递增排序。例如，head={4,2,1,3}，排序结果是 head={1,2,3,4}。要求设计如下成员函数：

```
ListNode * sortList(ListNode * head) { }
```

解：采用递归二路归并排序方法。用(head,end)表示首结点为 head、尾结点之后的结点地址为 end 的单链表。为了方便,给单链表 head 添加一个头结点 h。

先采用快慢指针法求出单链表(head,tail)的中间位置结点 slow(初始时 tail＝NULL),将其分割为(head,slow)和(slow,tail)两个单链表。例如,head＝{1,2,3}时,slow 指向结点 3,分割为{1,2}和{3}两个单链表;head＝{1,2,3,4}时,slow 指向结点 3,分割为{1,2}和{3,4}两个单链表。对两个子单链表分别递归排序,再合并起来得到最终的排序单链表。对应的程序如下:

```cpp
class Solution {
public:
    ListNode * sortList(ListNode * head) {
        return sortList(head,NULL);
    }
    ListNode * sortList(ListNode * head, ListNode * tail) {
        if (head == tail)                         //空表直接返回
            return head;
        else if (head->next == tail) {            //只有一个结点时置 next 为 NULL 后返回
            head->next = NULL;
            return head;
        }
        ListNode * fast = head;                   //用快慢指针法求中间位置结点 slow
        ListNode * slow = head;
        while (fast!= tail) {
            fast = fast->next;
            slow = slow->next;                    //慢指针移动一次
            if (fast != tail)                     //快指针移动两次
                fast = fast->next;
        }
        ListNode * left = sortList(head,slow);    //递归排序(head,slow)
        ListNode * right = sortList(slow,tail);   //递归排序(slow,tail)
        ListNode * ans = Merge(left,right);       //合并
        return ans;
    }
    ListNode * Merge(ListNode * h1,ListNode * h2) {//合并两个单链表 h1 和 h2
        ListNode * h = new ListNode(0);
        ListNode * p = h1, * q = h2, * r = h;
        while (p!= NULL && q!= NULL) {
            if (p->val <= q->val) {
                r->next = p;
                p = p->next;
            }
            else {
                r->next = q;
                q = q->next;
            }
            r = r->next;
        }
        if (p == NULL)
            r->next = q;
        if (q == NULL)
            r->next = p;
        return h->next;
    }
};
```

上述程序提交后通过,执行用时为 88ms,内存消耗为 47.5MB。

4.15 LeetCode493——翻转对 ★★★

问题描述：设计一个算法求 nums 数组中重要翻转对的个数,在 nums 数组中如果 $i<j$ 且 $nums[i]>2×nums[j]$,将 (i,j) 称为一个重要翻转对,请返回给定数组中的重要翻转对的数量。例如,nums={1,3,2,3,1},重要翻转对有<3,1>和<3,1>,答案为 2。要求设计如下成员函数:

```
int reversePairs(vector < int > & nums) { }
```

解：采用递归二路归并排序的思路,在对 nums[low..high] 进行二路归并排序时,先产生两个有序段 nums[low..mid] 和 nums[mid+1..high],再进行合并,合并过程如下。

① 求翻转对的个数 ans：对于有序段 1 中的每个元素 nums[i],在 nums[mid+1..high] 中找到第一个满足 $nums[i]≤2×nums[j]$ 的位置 j,则 nums[mid+1..j-1] 中的每个元素 nums[k] 均满足 $nums[i]>2×nums[k]$,对应的翻转对的个数 ans 增加 $j-mid-1$。

② 执行基本二路归并：即实现 nums[low..mid] 和 nums[mid+1..high] 的合并。

最后返回 ans 即可。需要注意的是,在测试数据中会出现整数为 2147483647(即 $2^{31}-1$)的情况,此时若采用 int 类型,2×2147483647 超出了 int 类型的表示范围,因此采用 long long 类型的数组 arr 来代替 nums 数组。对应的程序如下：

```cpp
class Solution {
    int ans = 0;
public:
    int reversePairs(vector < int > & nums) {
        int n = nums.size();
        if(n == 0)return 0;
        MergeSort(nums,0,n - 1);
        return ans;
    }
    void MergeSort(vector < int > & nums,int low,int high) {//递归二路归并排序
        if(low == high) return;
        int mid = (low + high)/2;
        MergeSort(nums,low,mid);                      //nums[low..mid]排序
        MergeSort(nums,mid + 1,high);                 //nums[mid + 1..high]排序
        int j = mid + 1;                              //在合并之前求翻转对
        for(int i = low;i <= mid;i++) {
            for(;j <= high && ((long long)nums[i]> 2 * (long long)nums[j]);j++);
            ans += (j - mid - 1);
        }
        Merge(nums,low,high);                         //真正的二路归并中的合并操作
    }
    void Merge(vector < int > &nums,int low,int high) {  //归并两个相邻有序段
        int mid = (low + high)/2;
        int tmp[high - low + 1];                       //存放临时归并结果
        int k = 0;
        int i = low,j = mid + 1;
        for(;i <= mid && j <= high;) {
            if(nums[i]< nums[j]) {
                tmp[k++] = nums[i];
                i++;
            }
            else {
                tmp[k++] = nums[j];
```

```
                j++;
            }
        }
        for(;i <= mid;i++)
            tmp[k++] = nums[i];
        for(;j <= high;j++)
            tmp[k++] = nums[j];
        k = 0;
        for(;low <= high;low++)
            nums[low] = tmp[k++];
    }
};
```

上述程序提交后通过,执行用时为88ms,内存消耗为47.5MB。

4.16　LeetCode1985——找出数组中第 k 大的整数 ★★

问题描述:给定一个含 n 个字符串的数组 nums 和一个整数 $k(1 \leqslant k \leqslant n)$,nums 中的每个字符串都表示一个不含前导零的整数,设计一个算法返回 nums 中表示第 k 大整数的字符串。注意,重复的数字在统计时会作为不同元素考虑。例如,nums={"1","2","2"},那么"2"是最大的整数,"2"是第二大的整数,"1" 是第三大的整数。如果 nums={"3","6","7","10"},$k=4$,将 nums 中的数字按非递减顺序排列为{"3","6","7","10"},其中第四大的整数是"3"。要求设计如下成员函数:

```
string kthLargestNumber(vector < string > &nums, int k) { }
```

解法 1:题目中数字字符串的大小关系并不是简单的 ASCII 码大小关系,而是按以下大小关系比较。

(1)长度越大的字符串越大。

(2)长度相同时按 ASCII 码比较大小。

设计相应的比较关系函数 cmp,调用 STL 通用算法 sort()实现 nums 递减排序,返回 nums[k−1]即可。对应的程序如下:

```
bool cmp(const string& s1, const string& s2) {      // 定义数字字符串比较关系函数
    if (s1.size()> s2.size())
        return true;
    else if (s1.size()< s2.size())
        return false;
    else
        return s1 > s2;
}
class Solution {
public:
    string kthLargestNumber(vector < string > & nums, int k) {
        sort(nums.begin(), nums.end(), cmp);
        return nums[k-1];
    }
};
```

上述程序提交后通过,执行用时为196ms,内存消耗为54MB。

解法 2:采用《教程》第 4 章中例 4.2 的解法 2 的思路,将常规比较改为类似解法 1 中的关系比较(含大于、等于和小于 3 种情况)。对应的程序如下:

```cpp
class Solution {
public:
    string kthLargestNumber(vector < string > &nums, int k) {
        int n = nums.size();
        string ans = QuickSelect(nums, 0, n - 1, k);
        return ans;
    }
    string QuickSelect(vector < string > &a, int s, int t, int k) { //在 a[s..t]序列中找第 k 大的元素
        if (s < t) {                                                 //区间内至少存在两个元素的情况
            int mid = (s + t)/2;
            swap(a[s], a[mid]);
            int i = Partition(a, s, t);
            if (k - 1 == i)
                return a[i];
            else if (k - 1 < i)
                return QuickSelect(a, s, i - 1, k);                  //在左区间中递归查找
            else
                return QuickSelect(a, i + 1, t, k);                  //在右区间中递归查找
        }
        else return a[k - 1];
    }
    int cmp(string& s1, string& s2) {                                // 定义数字字符串比较关系函数
        if (s1.size()> s2.size())
            return 1;
        else if (s1.size()< s2.size())
            return - 1;
        else {
            if(s1 == s2)
                return 0;
            else if(s1 > s2)
                return 1;
            else
                return - 1;
        }
    }
    int Partition(vector < string > &a, int s, int t) {              //划分算法(用于递减排序)
        int i = s, j = t;
        string base = a[s];
        while (i < j) {
            while (i < j && cmp(a[j], base) != 1)
                j-- ;
            if(i < j) {
                a[i] = a[j];
                i++;
            }
            while (i < j && cmp(a[i], base) != - 1)
                i++;
            if(i < j) {
                a[j] = a[i];
                j-- ;
            }
        }
        a[i] = base;
        return i;
    }
};
```

上述程序提交后通过,执行用时为 1308ms,内存消耗为 54.6MB。

解法 3:采用《教程》中例 4.2 的解法 3 的思路,将常规比较改为类似解法 1 中的关系比

较（含大于、等于和小于 3 种情况）。对应的程序如下：

```cpp
class Solution {
public:
    string kthLargestNumber(vector < string > &nums, int k) {
        int n = nums.size();
        string ans = QuickSelect(nums, 0, n - 1, k);
        return ans;
    }
    string QuickSelect(vector < string > &nums, int low, int high, int k) {
        if (low > = high) return nums[low];
        int left = low;
        int right = high;
        string base = nums[(left + right)/2];
        while (left < = right) {
            while (left < = right && cmp(nums[left], base) == 1) {
                left++;
            }
            while (left < = right && cmp(nums[right], base) == - 1) {
                right -- ;
            }
            if (left < = right) {
                swap(nums[left], nums[right]);
                left++;
                right -- ;
            }
        }
        if (low + k - 1 < = right) {
            return QuickSelect(nums, low, right, k);
        }
        if (low + k - 1 > = left) {
            return QuickSelect(nums, left, high, k - (left - low));
        }
        return nums[right + 1];
    }
    int cmp(string& s1, string& s2) {          // 定义数字字符串比较关系函数
        if (s1.size() > s2.size())
            return 1;
        else if (s1.size() < s2.size())
            return - 1;
        else {
            if(s1 > s2)
                return 1;
            else if(s1 == s2)
                return 0;
            else
                return - 1;
        }
    }
};
```

上述程序提交后通过，执行用时为 128ms，内存消耗为 54.9MB。

4.17 POJ2299——Ultra-QuickSort ✳

时间限制：7000ms，空间限制：65 536KB。

问题描述：在本问题中需要分析特定的排序算法，该算法通过交换两个相邻的元素来

处理具有 n 个不同整数的序列,直到该序列按升序排序。例如,对于输入序列 $9,1,0,5,4$,Ultra-QuickSort 产生的输出是 $0,1,4,5,9$。请确定 Ultra-QuickSort 需要执行多少交换操作才能对给定的输入序列进行排序。

输入格式:输入包含几个测试用例。每个测试用例都以包含单个整数 $n(n<500\,000)$ 的行开头,n 表示输入序列的长度,接下来输入 n 个整数 $a[i](0\leqslant a[i]\leqslant 999\,999\,999)$。输入以长度为 $n=0$ 的序列终止,不必处理此序列。

输出格式:对于每个测试用例,在一行中输出一个整数,该整数表示给定输入序列进行排序所需的最小交换操作数。

输入样例:

```
5
9 1 0 5 4
3
1 2 3
0
```

输出样例:

```
6
0
```

解:本题求输入序列 a 进行排序所需的最小交换操作数,采用递归二路归并的思路,其原理参考《教程》中的例 4.3。对应的程序如下:

```cpp
#include<iostream>
using namespace std;
typedef long long LL;
const int MAXN = 500005;
LL a[MAXN],b[MAXN];
LL ans;                              //存放逆序数(务必用 long long 类型)
void Merge(int low,int mid,int high) {  //两个有序段二路归并为一个有序段 a[low..high]
  int i = low,j = mid + 1,k = low;      //k 是 b 的下标
  while (i <= mid && j <= high) {       //在有序表1和有序表2均未遍历完时循环
    if (a[i]>a[j]) {                    //归并有序表2中的元素
      b[k] = a[j];
      ans += mid - i + 1;              //累计逆序数
      j++; k++;
    }
    else {                             //归并有序表1中的元素
      b[k] = a[i];
      i++; k++;
    }
  }
  while (i <= mid) {                    //归并有序表1中的余下元素
    b[k] = a[i];
    i++; k++;
  }
  while (j <= high) {                   //归并有序表2中的余下元素
    b[k] = a[j];
    j++; k++;
  }
  for (i = low;i <= high;i++)           //将 tmp 复制回 a 中
    a[i] = b[i];
}
void MergeSort(int s,int t) {
```

```
    if (s < t) {                              //当 a[s..t]的长度为 0 或者 1 时返回
        int m = (s + t)/2;                    //取中间位置 m
        MergeSort(s,m);                       //对左子表排序
        MergeSort(m + 1,t);                   //对右子表排序
        Merge(s,m,t);                         //将两个有序子表合并成一个有序表
    }
}
int main() {
    int n;
    while(cin >> n && n) {
        for(int i = 0;i < n;i++)
            cin >> a[i];
        ans = 0;
        MergeSort(0,n - 1);
        cout << ans << endl;
    }
    return 0;
}
```

上述程序提交后通过,执行用时为 1313ms,内存消耗为 7228KB。

4.18 POJ2623——中位数

时间限制:1000ms,空间限制:65 536KB。

问题描述:给定一个含 n 个整数的序列求中位数,当 n 为奇数时中间位置的唯一元素就是中位数,当 n 为偶数时中位数是指中间位置的两个元素的平均值。

输入格式:输入的第一行是正整数 $n(1 \leqslant n \leqslant 250\,000)$,接下来是 n 个正整数,每个整数不大于 $2^{32} - 1$(含)。

输出格式:按定义输出中位数。

输入样例:

4
3 6 4 5

输出样例:

4.5

解:求中位数的方法很多,最简单的方法是在全部排序后求中位数,这里采用取中间位置元素为基准的快速排序方法。对应的程序如下:

```
# include < iostream >
using namespace std;
const int MAXN = 250005;
long long a[MAXN];
void partition2(int s,int t,int&i,int&j) {   //划分算法 2(递增排序)
    i = s; j = t;
    int base = a[(i + j)/2];                  //选择中间位置元素为基准
    while (i <= j) {
        while (i <= j && a[i] < base)         //从左向右跳过小于 base 的元素
            i++;                              //i 指向大于或等于 base 的元素
        while (i <= j && a[j] > base)         //从右向左跳过大于 base 的元素
            j--;                              //j 指向小于或等于 base 的元素
        if (i <= j) {
```

```
        swap(a[i],a[j]);                          //a[i]和a[j]交换
        i++; j--;
    }
  }
}
void quicksort21(int s,int t) {                    //对 a[s..t]快速排序(递增排序)
  if (s < t) {
    int i,j;                                       //a[s..t]中至少存在两个元素
    partition2(s,t,i,j);
    quicksort21(s,j);
    quicksort21(i,t);
  }
}
int main() {
  int n;
  cin >> n;
  for (int i = 0;i < n;i++)
    scanf(" % lld",&a[i]);
  quicksort21(0,n - 1);
  if(n % 2 == 1)
    printf(" % d.0\n", a[n/2]);
  else {
    double sum = (double)a[n/2 - 1] + (double)a[n/2];
    printf(" % .1lf\n", sum/2);
  }
  return 0;
}
```

上述程序提交后通过,执行用时为 282ms,内存消耗为 2124KB。

4.19 　　　POJ3104——烘干

时间限制:2000ms,空间限制:65 536KB。

问题描述:衣服很难晾干,尤其是在冬天,Jane 是一个非常聪明的女孩,她决定使用加热器烘干衣服,但是加热器很小,一次只能烘干一件衣服。Jane 希望在尽可能短的时间内烘干衣服,请编写一个程序帮她计算烘干给定衣服的最短时间。Jane 共洗了 n 件衣服,每件衣服的含水量为 a_i,每分钟每件衣服的含水量都会减少 1(在衣服还没有被完全烘干的情况下)。当含水量变为 0 时衣服就被烘干了。

Jane 每分钟都可以选择一件衣服放在加热器上烘干,加热器非常热,在烘干中衣服的含水量在这一分钟内减少 k(但含水量不小于 0,如果这件衣服的含水量少于 k,则一分钟烘干后含水量变为 0)。请通过有效地使用加热器来最大限度地减少烘干的总时间,当所有衣服都被烘干时,烘干过程结束。

输入格式:第一行包含一个整数 $n(1 \leqslant n \leqslant 100\,000)$,第二行包含由空格分隔的 $a_i(1 \leqslant a_i \leqslant 10^9)$,第三行包含 $k(1 \leqslant k \leqslant 10^9)$。

输出格式:输出一个整数,即烘干所有衣服所需的最小可能分钟数。

输入样例:

```
3
2 3 9
5
```

输出样例：

3

解：置 low＝0，求出 a 中的最大值 high，答案一定在[low, high]的范围内。采用二分查找求 mid，即减少烘干的总时间。

如果所有的 a[i]都小于 mid，那么肯定是可行的，此时不需要用加热器，放在那里风干的时间也不会超过 mid。

如果有的 a[i]大于 mid 呢？这些衣服不放在加热器中也会自动减少部分水分。设给衣服 i 用了 t 分钟的加热器，那么 mid 时间后，自然风干剩下的含水量是 a[i]－(mid－t)，这些水只能用加热器烘干，所以只需要看 a[i]＞mid 的衣服使用加热器烘干的总时间有没有超过 mid，如果超过了，肯定是不满足的。

剩下的问题就是如何得到这个 t，很简单，风干后剩下的水需要用加热器烘干，又知道用了 t 时间的加热器，可以推导出式子 $k * t = a[i] - (mid - t)$，即 $t = (a[i] - mid)/(k - 1)$，采用向上取整，也就是 $t = \text{ceil}(1.0 * (a[i] - mid)/(k - 1))$，累计所有 t 得到 ans，这样问题转换为求 mid≥cnt 的最小 mid，即：

$$\underset{\text{mid} \in [\text{low}, \text{high}]}{\text{MIN}} \{\text{mid} \mid \text{mid} \geq \text{cnt}\}$$

例如，$n = 3, a = \{2, 3, 9\}, k = 5$，置 low＝0，high＝9，mid 取 0～9 时对应的 cnt 如表 4.1 所示，其中 t_i 表示衣服 i 的 t 时间，从中看出满足 mid≥cnt 的最小 mid 为 3，所以最后的答案就是 3。

表 4.1　mid 取 0～9 时的 cnt 值

mid	0	1	2	3	4	5	6	7	8	9
t_0	1	1	0	0	0	0	0	0	0	0
t_1	1	1	1	0	0	0	0	0	0	0
t_2	3	2	2	2	2	1	1	1	1	0
cnt	5	4	3	2	2	1	1	1	1	0

对应的程序如下：

```cpp
#include <iostream>
#include <cmath>
using namespace std;
typedef long long LL;
LL a[100005];
int main() {
    int n;
    scanf("%d", &n);
    LL low = 0, high = 0;
    for(int i = 0; i < n; i++) {
        scanf("%lld", &a[i]);
        high = max(high, a[i]);
    }
    LL k;
    scanf("%lld", &k);
    if(k == 1) {
        printf("%lld\n", high);
        return 0;
    }
```

```
   while(low < = high) {
       LL mid = (low + high)/2;
       LL cnt = 0;
       for(int i = 0;i < n;i++) {
           if(a[i] > mid) {
               LL t = ceil(1.0 * (a[i] - mid)/(k - 1));//向上取整
               cnt += t;
           }
       }
       if(mid > = cnt)
           high = mid - 1;                              //向左逼近
       else
           low = mid + 1;
   }
   printf(" % lld",low);
   return 0;
}
```

上述程序提交后通过,执行用时为 1235ms,内存消耗为 896KB。

4.20   POJ3273——每月花费 ✳

时间限制:2000ms,空间限制:65 536KB。

问题描述:给出农夫 John 连续 n 天中每天的花费,现在把这 n 天分为 m 组,每组包含若干连续天,所分各组的花费之和应该尽可能小,输出各组花费之和中的最大值。

输入格式:第一行是用空格分隔的两个整数 $n(1 \leqslant n \leqslant 100\ 000)$ 和 $m(1 \leqslant m \leqslant n)$,在第 2 行~第 $n+1$ 行中,第 $i+1$ 行包含 John 在第 i 天花费的金额。

输出格式:输出一行,包含 John 可以承受的每月最小金额。

输入样例:

```
7 5
100
400
300
100
500
101
400
```

输出样例:

```
500
```

解:采用二分查找扩展方法。把所有天的总花费作为上界 high(相当于把 n 天分为一组),把 n 天中花费最多的那一天的花费作为下界 low(相当于把 n 天分为 n 组),那么答案 target 一定在[low,high]的范围内。将 money 按 target 分为 group 组,保证每组中元素的和最多是 target,其过程是先置 group=1,sum=0,i 从 1 开始遍历 money:

(1) 若 sum+money[i] $\leqslant$ target,将 money[i]分到当前组中。

(2) 否则新增一组,置 group++,sum=money[i]。

从中看出 target 越小 group 越大,反之 target 越大 group 越小。所以当分的组数 group $\leqslant m$ 时说明 mid 值作为 target 大了,否则说明 mid 值作为 target 小了,本题就是求分

组数 group 小于或等于 m 的最小的 mid,即:

$$\underset{mid \in [low, high]}{MIN} \{mid \mid 按每组和最多为 mid 分出的组数 \leqslant m\}$$

例如,$n=7, m=3$,money $= \{1,4,3,1,5,2,4\}$,求出 low $=5$,high $=20$,可以求出 mid 取 $5\sim20$ 时对应的 group 如表 4.2 所示,满足 group $\leqslant 3$ 的最小 mid 为 8,所以本例的答案是 8。

表 4.2　mid 取 5~20 时的 group 值

mid	5	6	7	8	9	10	11	12	13	14	15	16	17	18	19	20
group	5	4	4	3	3	3	2	2	2	2	2	2	2	2	2	1

对应的程序如下:

```cpp
#include <iostream>
using namespace std;
const int MAXN = 100005;
int money[MAXN];              //每天花费的金额
int n, m;
int Cnt(int target) {        //分为 group 组,每组的总金额小于或等于 target
    int sum = 0;
    int group = 1;
    for(int i = 0; i < n; i++)
        if(sum + money[i] <= target)
            sum += money[i];
        else {
            sum = money[i];
            group++;
        }
    return group;
}
int main() {
    while(cin >> n >> m) {
        int low = 0, high = 0;
        for(int i = 0; i < n; i++) {
            cin >> money[i];
            high += money[i];
            if(low < money[i])
                low = money[i];
        }
        while(low <= high) {
            int mid = (low + high) / 2;
            if(Cnt(mid) <= m)
                high = mid - 1;
            else
                low = mid + 1;
        }
        cout << low << endl;
    }
    return 0;
}
```

上述程序提交后通过,执行用时为 297ms,内存消耗为 564KB。

第5章 回溯法

5.1 LintCode1353——根结点到叶子结点求和 ★★

问题描述：给定仅包含数字 0～9 的二叉树,每个根结点到叶子结点的路径可以表示为数字。例如 root-to-leaf 路径 1->2->3,它代表数字 123。设计一个算法求所有根结点到叶子结点的数字的总和。要求设计如下成员函数：

```
int sumNumbers(TreeNode * root) { }
```

解：将二叉树看成一棵解空间树,从根结点开始搜索所有的结点,用 cursum 累计路径表示的数字,每次到达一个叶子结点时将 cursum 累计到 ans 中,最后返回 ans 即可。对应的回溯算法如下：

```cpp
class Solution {
  int ans;
public:
  int sumNumbers(TreeNode * root) {
    if(root == NULL) return 0;
    ans = 0;
    dfs(root, root -> val);
    return ans;
  }
  void dfs(TreeNode * root, int cursum) {
    if(root -> left == NULL && root -> right == NULL)
      ans += cursum;
    else {
      if(root -> left!= NULL) {
        cursum = cursum * 10 + root -> left -> val;
        dfs(root -> left, cursum);
        cursum = (cursum - root -> left -> val)/10;
      }
      if(root -> right!= NULL) {
        cursum = cursum * 10 + root -> right -> val;
        dfs(root -> right, cursum);
        cursum = (cursum - root -> right -> val)/10;
      }
    }
  }
};
```

上述程序提交后通过,执行用时为 41ms,内存消耗为 5.52MB。

5.2 LintCode802——数独 ★★★

问题描述：数独是一种逻辑性的数字填充游戏,玩家需将数字填进每一格,而每行、每列和每个宫(即 3×3 的大格)恰好有 1～9 的所有数字。游戏设计者会提供一部分的数字,使谜题只有一个答案。一个已解答的数独其实是一种多了宫的限制的拉丁方阵,因为同一个数字不可能在同一行、列或宫中出现多于一次。编写一个程序,通过填充空单元来解决数独谜题,空单元由数字 0 表示,可以认为只有一个唯一的解决方案。例如,给定的数独谜题如下：

```
{{0,0,9,7,4,8,0,0,0},
 {7,0,0,0,0,0,0,0,0},
 {0,2,0,1,0,9,0,0,0},
 {0,0,7,0,0,0,2,4,0},
 {0,6,4,0,1,0,5,9,0},
 {0,9,8,0,0,0,3,0,0},
 {0,0,0,8,0,3,0,2,0},
 {0,0,0,0,0,0,0,0,6},
 {0,0,0,2,7,5,9,0,0}}
```

返回结果如下：

```
{{5,1,9,7,4,8,6,3,2},
 {7,8,3,6,5,2,4,1,9},
 {4,2,6,1,3,9,8,7,5},
 {3,5,7,9,8,6,2,4,1},
 {2,6,4,3,1,7,5,9,8},
 {1,9,8,5,2,4,3,6,7},
 {9,7,5,8,6,3,1,2,4},
 {8,3,2,4,9,1,7,5,6},
 {6,4,1,2,7,5,9,8,3}}
```

要求设计如下成员函数：

void solveSudoku(vector < vector < int >> &b) { }

解法 1：从位置 (i,j) 为 $(0,0)$ 开始搜索，先搜索第 i 行的每个列，当 $j=9$ 时转向下一行，每个 $b[i][j]=0$ 的位置检测是否可以放置 $d(1 \leqslant d \leqslant 9)$，相当于每个位置 9 选择 1，当 $i=9$ 时说明找到一个解，返回 true。对应的程序如下：

```cpp
class Solution {
public:
    void solveSudoku(vector < vector < int >> &b) {
        dfs(b,0,0);
    }
    bool dfs(vector < vector < int >> &b, int i, int j) {
        if (i == 9) {
            return true;
        }
        if (j == 9) {
            return dfs(b, i + 1, 0);
        }
        if (b[i][j]!= 0) {
            return dfs(b, i, j + 1);
        }
        for ( int d = 1;d <= 9;d++) {
            if (!valid(b, i, j, d)) {
                continue;
            }
            b[i][j] = d;
            if (dfs(b, i, j + 1)) {
                return true;
            }
            b[i][j] = 0;
        }
        return false;
    }
    bool valid(vector < vector < int >> &b, int i, int j, int d) { //检测 b[i][j]是否能够放置 d
```

```
        for (int x = 0;x < 9;x++) {                          //检测同列是否有 d
            if (b[x][j] == d) {
                return false;
            }
        }
        for (int y = 0;y < 9;y++) {                          //检测同行是否有 d
            if (b[i][y] == d) {
                return false;
            }
        }
        int row = i - i % 3,col = j - j % 3;                 //大格的左上角(row,col)
        for (int x = 0;x < 3;x++) {                          //检测大格是否有 d
            for (int y = 0;y < 3;y++) {
                if (b[row + x][col + y] == d) {
                    return false;
                }
            }
        }
        return true;
    }
};
```

上述程序提交后通过,执行用时为 81ms,内存消耗为 5.49MB。

解法 2:采用一维序号,将 9×9 的棋盘方格按行/列编号为 $0 \sim 80$,即 (i,j) 的一维序号 $k = 9i + j$,反过来,$i = k/9,j = k\%9$。i 从 0 开始搜索,当 $i \geqslant 81$ 时得到一个解,存放在 ans 中,最后置 b=ans(如果不做这样的置换,返回时 b 仍为初始值)。对应的程序如下:

```
class Solution {
    vector < vector < int >> ans;
    bool flag;
public:
    void solveSudoku(vector < vector < int >> &b) {
        flag = false;
        dfs(b,0);
        b = ans;
    }
    void dfs(vector < vector < int >> &b,int k) {
        if(k > = 81) {
            ans = b;
            flag = true;
        }
        else if(!flag) {
            int i = k/9,j = k % 9;                           //序号 k 转换成行/列编号
            if(b[i][j]!= 0)
                dfs(b,k + 1);
            else {
                for(int d = 1;d < = 9;d++) {
                    if(valid(b,i,j,d)){
                        b[i][j] = d;
                        dfs(b,k + 1);
                        b[i][j] = 0;
                    }
                }
            }
        }
    }
    bool valid(vector < vector < int >> &b,int i,int j,int d) { //检测 b[i][j]是否能够放置 d
```

```
    for (int x = 0;x < 9;x++) {                        //检测同列是否有 d
        if (b[x][j] == d) {
            return false;
        }
    }
    for (int y = 0;y < 9;y++) {                        //检测同行是否有 d
        if (b[i][y] == d) {
            return false;
        }
    }
    int row = i - i % 3,col = j - j % 3;               //大格的左上角(row,col)
    for (int x = 0;x < 3;x++) {                        //检测大格是否有 d
        for (int y = 0;y < 3;y++) {
            if (b[row + x][col + y] == d) {
                return false;
            }
        }
    }
    return true;
    }
};
```

上述程序提交后通过,执行用时为 82ms,内存消耗为 5.45MB。

5.3 LintCode135——数字组合★★ ※

问题描述:给定一个候选整数的集合 candidates 和一个目标值 target,所有整数(包括 target)都是正整数,设计一个算法求 candidates 中所有和为 target 的组合,在同一个组合中,candidates 中的某个整数出现的次数不限,返回的每一个组合内的整数必须是非降序的,返回的所有组合之间可以是任意顺序,解集不能包含重复的组合。例如,candidates=$\{2,3,6,7\}$,target=7,答案是 $\{\{7\},\{2,2,3\}\}$。要求设计如下成员函数:

```
vector < vector < int > > combinationSum(vector < int > &candidates, int target) { }
```

解法 1:采用完全背包的求解思路,首先对 candidates 数组递增排序,用 i 遍历该数组,每个元素有 3 种选择,即不选择 candidates$[i]$、选择 candidates$[i]$后下一次仍然选择 candidates$[i]$、选择 candidates$[i]$后下一次不再选择 candidates$[i]$。对应的程序如下:

```
class Solution {
public:
    set < vector < int >> myset;
    vector < int > x;
    vector < int > a;
    int t,n;
    vector < vector < int >> combinationSum(vector < int > &candidates, int target) {
        a = candidates;
        t = target;
        n = a.size();
        sort(a.begin(),a.end());
        dfs(0,0);
        vector < vector < int >> ans;
        for(auto e:myset)
            ans.push_back(e);
        return ans;
```

```
        }
    void dfs(int cursum, int i) {                    //回溯算法
        if(i >= n) {
            if(cursum == t)                          //找到一个解
                myset.insert(x);
        }
        else {
            dfs(cursum, i + 1);                      //不选择 a[i]
            if(cursum + a[i] <= t) {                 //剪支
                x.push_back(a[i]);
                dfs(cursum + a[i], i);               //选择 a[i],然后继续选择 a[i]
                x.pop_back();
            }
            if(cursum + a[i] <= t) {                 //剪支
                x.push_back(a[i]);
                dfs(cursum + a[i], i + 1);           //选择 a[i],然后选择下一个元素
                x.pop_back();
            }
        }
    }
};
```

上述程序提交后通过,执行用时为 41ms,内存消耗为 5.74MB。

解法 2:由 candidates 去重得到数组 a,利用《教程》中 5.2.2 节求幂集的解法 2 的思路,在 a 中求子集和为 target 的序列。对应的回溯法程序如下:

```
class Solution {
public:
    vector < vector < int >> ans;
    vector < int > x;
    vector < int > a;
    int n;
    vector < vector < int >> combinationSum(vector < int > &candidates, int target) {
        if(candidates.size() == 0)
            return ans;
        sort(candidates.begin(), candidates.end());     //排序
        a.push_back(candidates[0]);
        for(int i = 1; i < candidates.size(); i++) {     //candidates 去重得到 a
            if(candidates[i] != a.back())
                a.push_back(candidates[i]);
        }
        n = a.size();
        dfs(target, 0);
        return ans;
    }
    void dfs(int rt, int i) {                            //回溯算法
        if(rt == 0) {
            ans.push_back(x);
        }
        else {
            for (int j = i; j < n; j++) {
                if(rt < a[j]) continue;                  //剪支
                x.push_back(a[j]);
                dfs(rt - a[j], j);
                x.pop_back();
            }
        }
    }
};
```

上述程序提交后通过,执行用时为 40ms,内存消耗为 4.14MB。

5.4 LintCode1915——举重★★★ ✳

问题描述:奥利第一次来到健身房,她正在计算她能举起的最大重量。杠铃所能承受的最大重量为 maxCapacity($1 \leqslant$ maxCapacity $\leqslant 10^6$),健身房里有 $n(1 \leqslant n \leqslant 42)$ 个杠铃片,第 i 个杠铃片的重量为 weights$[i](1 \leqslant$ weights$[i] \leqslant 10^6)$。奥利现在需要选一些杠铃片加到杠铃上,使得杠铃的重量最大,但是所选的杠铃片的重量总和又不能超过 maxCapacity,请计算杠铃的最大重量是多少。例如,$n=3$,weights$=\{1,3,5\}$,maxCapacity$=7$,答案是 6。要求设计如下成员函数:

```
int weightCapacity(vector < int > &weights, int maxCapacity) { }
```

解:该问题与简单装载问题类似,用 i 遍历 w(存放杠铃片的重量),tw 表示当前选择的杠铃片的重量和,rw 表示剩余杠铃片的重量和($w[i+1]+\cdots+w[n-1]$),左剪支是结束 tw$+w[i]>$W 的左分支的搜索,右剪支是结束 tw$+$rw$-w[i] \leqslant$ans 的右分支的搜索,当到达叶子结点时将 tw 的最大值存放在 ans 中,搜索完毕返回 ans 即可。采用回溯法求解的程序如下:

```cpp
class Solution {
    int ans;                                //存放答案
    vector < int > w;                       //存放杠铃片的重量
    int W;
public:
    int weightCapacity(vector < int > &weights, int maxCapacity) {
        w = weights;
        W = maxCapacity;
        ans = 0;
        int rw = 0;
        for(int e:w) rw += e;
        dfs(0,rw,0);
        return ans;
    }
    void dfs(int tw, int rw, int i) {        //回溯算法
        if(i >= w.size()) {
            ans = max(ans,tw);
        }
        else {
            if(tw + w[i] <= W)
                dfs(tw + w[i],rw - w[i],i + 1);
            if(tw + rw - w[i] > ans)
                dfs(tw,rw - w[i],i + 1);
        }
    }
};
```

上述程序提交后通过,执行用时为 41ms,内存消耗为 2.14MB。

5.5 LintCode680——分割字符串★★ ✳

问题描述:给定一个字符串 s,设计一个算法可以选择在一个字符或两个相邻字符之后拆分字符串,使字符串仅由一个字符或两个字符组成,求所有可能的结果。例如,$s=$"123",

答案是{{"1","2","3"},{"12","3"},{"1","23"}}。要求设计如下成员函数：

```
vector < vector < string >> splitString(string& s) { }
```

解：采用回溯法求解，对于字符串 s，用解向量 r 表示它的一个分割字符串，用 t 表示当前处理的字符的序号（i 从 0 开始），对应的选择操作有两种，一是分割出 $s[i]$，二是分割出 $s[i]s[i+1]$，当 $i=n$ 时得到一个分割字符串 x，将其添加到答案 ans 中，最后返回 ans 即可。对应的程序如下：

```cpp
class Solution {
    vector < vector < string >> ans;
    vector < string > x;
public:
    vector < vector < string >> splitString(string& s) {
        dfs(s,0);
        return ans;
    }
    void dfs(string &s,int i) {                    //回溯算法
        if(i > s.size()) return;
        if(i == s.size()) ans.push_back(x);
        else {
            string str = s.substr(i,1);
            x.push_back(str);
            dfs(s,i+1);
            x.pop_back();
            str = s.substr(i,2);
            x.push_back(str);
            dfs(s,i+2);
            x.pop_back();
        }
    }
};
```

上述程序提交后通过，执行用时为 654ms，内存消耗为 16.66MB。

5.6 LintCode136——分割回文串★★ ✳

问题描述：给定字符串 s，设计一个算法将它分割成一些子串，使得每个子串都是回文串，返回所有可能的分割方案。不同方案之间的顺序可以是任意的。例如，$s=$"aab"，答案是{{"aa","b"},{"a","a","b"}}，注意单个字符构成的字符串是回文。要求设计如下成员函数：

```
vector < vector < string >> partition(string &s) { }
```

解：利用《教程》中 5.2.2 节求幂集的解法 2 的思路进行分割。对应的回溯法程序如下：

```cpp
class Solution {
    vector < vector < string >> ans;
    vector < string > x;
public:
    vector < vector < string >> partition(string &s) {
        if (s.empty()) return {};
        dfs(s,0);
        return ans;
    }
    void dfs(string& s,int i) {                    //回溯算法
```

```
            if (i == s.size()) {
                ans.push_back(x);
            }
            else {
                for (int j = i;j < s.size();j++) {
                    string tmp = s.substr(i,j - i + 1);
                    if (!isPali(tmp)) continue;
                    x.push_back(tmp);
                    dfs(s,j + 1);
                    x.pop_back();
                }
            }
        }
    bool isPali(string& s) {
        int i = 0;
        int j = s.size() - 1;
        while(i < j) {
            if (s[i++]!= s[j-- ]) return false;
        }
        return true;
    }
};
```

上述程序提交后通过,执行用时为 553ms,内存消耗为 5.59MB。

5.7 LintCode816——旅行商问题 ★★★ ✳

问题描述:给定 n 个城市,编号为 $1\sim n$,城市之间的无向道路用三元组[A,B,C]表示,即城市 A 和城市 B 之间有一条成本是 C 的无向道路,全部道路用 roads 数组存放。设计一个算法求从城市 1 开始旅行所有城市的最小成本,一个城市只能通过一次,可以假设一定能够到达所有的城市。例如,$n=3$,roads $=\{\{1,2,1\},\{2,3,2\},\{1,3,3\}\}$,答案是 3,对应的最短路径为 1-> 2-> 3。要求设计如下成员函数:

int minCost(int n, vector < vector < int >> &roads) { }

解: 为了简便,将 n 个城市的编号由 $1\sim n$ 改为 $0\sim n-1$,这样起点城市为 0,题目是求从顶点 0 开始经过其他全部顶点并且每个顶点仅经过一次的最短路径长度。该问题与 TSP 问题类似,但有以下几点区别:

(1) 这里的路径不需要回到起点 0。

(2) 图中两个顶点之间的道路是无向的,但两个顶点之间可能存在多条道路,应该取最小成本。

(3) 仅需要求最短路径长度,不必求一条最短路径。

采用基于排列树的回溯法对应的程序如下:

```
class Solution {
    const int INF = 0x3f3f3f3f;
    vector < vector < int >> A;
    int ans;
    vector < int > x;
public:
    int minCost( int n, vector < vector < int >> &roads) {
        if(n == 1) return 0;
```

```
    A = vector < vector < int >>(n, vector < int >(n, INF));
    for(int i = 0; i < roads.size(); i++) {          //建立邻接表 A
        int a = roads[i][0] - 1;
        int b = roads[i][1] - 1;
        int w = roads[i][2];
        A[a][b] = min(A[a][b], w);
        A[b][a] = A[a][b];
    }
    x = vector < int >(n);
    for(int i = 0; i < n; i++) x[i] = i;             //将 0~n-1 添加到 x 中
    ans = INF;
    int d = 0;
    dfs(d, n, 1);
    return ans;
}
void dfs(int d, int n, int i) {                      //回溯算法
    if(i >= n) {                                     //到达一个叶子结点
        ans = min(ans, d);
    }
    else {
        for(int j = i; j < n; j++) {                 //试探 x[i]走到 x[j]的分支
            if (A[x[i - 1]][x[j]] != INF) {          //若 x[i-1]到 x[j]有边
                if(d + A[x[i - 1]][x[j]] < ans) {    //剪支
                    swap(x[i], x[j]);
                    dfs(d + A[x[i - 1]][x[i]], n, i + 1);
                    swap(x[i], x[j]);
                }
            }
        }
    }
};
```

上述程序提交后通过,执行用时为 41ms,内存消耗为 5.57MB。

5.8 LeetCode784——字母大小写全排列★★

问题描述:给定一个含 $n(1 \leqslant n \leqslant 12)$ 个字符的字符串 s ,s 中仅含小写字母、大写字母和数字,通过将字符串 s 中的每个字母转变大小写可以获得一个新的字符串,设计一个算法求可能得到的所有字符串集合,以任意顺序返回输出。例如,$s = $ "a1b2",答案是{"a1b2","a1B2","A1b2","A1B2"}。要求设计如下成员函数:

vector < string > letterCasePermutation(string s) { }

解:用 x 表示解向量(一个可能得到的字符串),ans 存放答案。首先置 x 为 s 。用 i 遍历 x ,分为两种情况:

(1)若 $x[i]$ 为数字,只有不转变一种选择。

(2)若 $x[i]$ 为字母,有不转变和转变两种选择。

当 $i = n$ 时得到一个可能的字符串 x ,将其添加到 ans 中,最后返回 ans 即可。对应的程序如下:

```
class Solution {
    vector < string > ans;
    string x;
public:
    vector < string > letterCasePermutation(string s) {
        x = s;
        dfs(0);
        return ans;
    }
    void dfs(int i) {                               //回溯算法
        if (i == x.size())
            ans.push_back(x);
        else {
            dfs(i + 1);                             //不转变
            if (isalpha(x[i])) {                    //s[i]是字母
                x[i] ^= 32;                         //大小写转换
                dfs(i + 1);
                x[i] ^= 32;                         //回溯(恢复)
            }
        }
    }
};
```

上述程序提交后通过,执行用时为 8ms,内存消耗为 10.5MB。

5.9 LeetCode1079——活字印刷 ★★ ※

问题描述:给定一个含 $n(1 \leqslant n \leqslant 7)$ 个活字字模的 s,其中每个字模上都刻有一个字母 $s[i]$,设计一个算法求可以印出的非空字母序列的数目,注意每个活字字模只能使用一次。例如,$s=$"AAB",可能的序列为"A"、"B"、"AA"、"AB"、"BA"、"AAB"、"ABA"和"BAA",答案为 8。要求设计如下成员函数:

```
int numTilePossibilities(strings) { }
```

解法 1:用解向量 x 表示一个可以印出的非空字母序列,myset 存放所有可以印出的非空字母序列,为了达到去重(例如,$s=$"AA"时避免在可以印出的非空字母序列中出现两个"AA")的目的,将 myset 设计为 set < string >类型的容器,用数组 used 表示每个位置的字母是否使用过。与其他回溯算法不同的是,这里每一个非空的 x 都是一个解。对应的程序如下:

```
class Solution {
    int ans = 0;
    vector < int > used;
    set < string > myset;                           //用 myset 来去重
    string x;
public:
    int numTilePossibilities(string s) {
        used = vector < int >(s.size(),0);
        x = "";
        dfs(s);
        return ans;
    }
    void dfs(string &s){                            //回溯算法
        if(x!= "") {
            if(myset.count(x) == 0) {
```

```
        myset.insert(x);
        ans++;
    }
}
for(int i = 0;i < s.size();i++) {
    if(used[i] == 0){
        x.push_back(s[i]);
        used[i] = 1;
        dfs(s);
        used[i] = 0;
        x.pop_back();
    }
}
}
};
```

上述程序提交后通过，执行用时为 116ms，内存消耗为 14.9MB。

解法 2：题目不必求所有可以印出的非空字母序列，仅需要求数目 ans(初始为 0)。采用回溯法，假设直接在 s 上操作得到可以印出的非空字母序列，每次变动则递增一次 ans。这样的关键是去重，这里采用对 s 排序的方法，用数组 used 表示每个位置的字母是否使用过，当处理字母 $s[i]$ 时跳过($i>0$ && $s[i]==s[i-1]$ && used$[i-1]==0$)的情况，从而保证原字符数组的前一个字符(例如'A')永远放在后一个相同字符(例如'A')的前面。对应的程序如下：

```
class Solution {
public:
    int ans = 0;
    vector < int > used;
    int numTilePossibilities(string s) {
        used = vector < int >(s.size(),0);
        sort(s.begin(),s.end());
        dfs(s);
        return ans;
    }
    void dfs(string &s){                            //回溯算法
        for (int i = 0;i < s.size();i++) {
            if (i > 0 && s[i] == s[i-1] && used[i-1] == 0)
                continue;
            if(used[i] == 0) {
                used[i] = 1;
                ans++;
                dfs(s);
                used[i] = 0;
            }
        }
    }
};
```

上述程序提交后通过，执行用时为 4ms，内存消耗为 6MB。

5.10 LeetCode93——复原 IP 地址★★ ✳

问题描述：给定一个只包含数字的字符串 s(0≤s. length≤3000，s 仅由数字组成)，用于表示一个 IP 地址，返回所有可能从 s 获得的有效 IP 地址，可以按任何顺序返回答案。有效 IP 地址正好由 4 个整数(每个整数位于 0～255)组成,且不能含有前导零,整数之间用'.'分隔,如"0.1.2.201"和"192.168.1.1"是有效 IP 地址,但是"0.011.255.245"、"192.168.1.312"和"192.168@1.1"是无效 IP 地址。例如,s＝"010010",结果为{"0.10.0.10","0.100.1.0"}。要求设计如下成员函数:

```
vector < string > restoreIpAddresses(string s) { }
```

解:假设 s 中含 n 个数字符,用数组 x 存放一个 IP 地址的 4 个整数,用 i 遍历 s(初始 $i=0$ 对应解空间中的根结点),cnt 累计找到的有效整数的个数。对于解空间中第 i 层的结点,考虑 $s[i]$ 的决策,剩余的数字个数为 $n-i$,若 $n-i>(4-cnt)\times 3$,说明剩余的数字个数太多了,若 $n-i<4-cnt$,说明剩余的数字个数太少了。如果 cnt$=4$ 且 $i=n$,说明找到一个解 x,将 x 转换为 IP 字符串 tmp 添加到结果 ans 中。

在其他情况下,若遇到 $s[i]=$'0',由于 IP 中的各个整数不能有前导零,那么这段 IP 地址只能为 0;否则扩展 $s[i..i+2]$ 的每个位置 j 作为分割点,求出对应的整数 d,若 d 有效则作为 IP 地址的一段,从 $j+1$ 开始继续向下搜索,若 d 无效则返回。对应的程序如下:

```
class Solution {
    vector < string > ans;                    //存放答案
    int x[4];
public:
    vector < string > restoreIpAddresses(string s) {
        dfs(s,0,0);
        return ans;
    }
    void dfs(string& s,int cnt,int i) {    //回溯算法
        int n = s.size();
        if(n - i >(4 - cnt) * 3)              //找到4段IP地址并且s遍历完
            return;
        if(n - i <(4 - cnt))
            return;
        if (cnt == 4 && i == n) {
            string tmp = "";
            for(int j = 0;j < 4;j++) {
                tmp += to_string(x[j]);
                if(j!= 3) tmp += '.';
            }
            ans.push_back(tmp);
        }
        else {
            if (s[i] == '0') {                 //不能有前导零,若当前为'0',则这段IP地址只能为0
                x[cnt] = 0;
                dfs(s,cnt + 1,i + 1);
            }
            int d = 0;
            for (int j = i;j < min(i + 3,n);j++) {
                d = d * 10 + (s[j] - '0');
                if (d > 0 && d <= 255) {
                    x[cnt] = d;
                    dfs(s,cnt + 1,j + 1);
                }
                else return;                    //d无效时回溯
            }
        }
    }
};
```

上述程序提交后通过,执行用时为 4ms,内存消耗为 6.6MB。

5.11　LeetCode22——括号的生成★★ ※

问题描述:给定一个整数 $n(1 \leqslant n \leqslant 8)$ 表示要生成括号的对数,设计一个算法求生成的所有可能的并且有效的括号组合。例如,$n=3$,答案为 { "((()))","(()())","(())()","()(())","()()()" }。要求设计如下成员函数:

vector < string > generateParenthesis(int n) { }

解:用 x 表示当前解向量,从空串开始最多添加 $2n$ 个括号,$x[i]$ 要么选择 '(',要么选择 ')',用 left 累计 '(' 的个数,用 right 累计 ')' 的个数。对于解空间中的某个结点,左分支对应选择 '(',右分支对应选择 ')',叶子结点是满足条件 $x.size()=2n$ 的结点,若叶子结点同时满足 left==n && right==n,则 x 是一个有效括号串,将其添加到 ans 中。采用的剪支操作是终止满足 right > left || left > n || right > n 条件的结点继续扩展。对应的回溯法程序如下:

```
class Solution {
    vector < string > ans;            //存放全部结果串
    string x;                         //解向量(一个有效括号串)
public:
    vector < string > generateParenthesis( int n ) {
        if(n == 1)
            ans.push_back("()");
        else{
            x = "";
            dfs(n,0,0);
        }
        return ans;
    }
    void dfs( int n, int left, int right ) {   //回溯算法
        if (right > left || left > n || right > n)      //剪支
            return;
        if (x.size() == n * 2 && left == n && right == n) {
            ans.push_back(x);          //找到一个有效括号串,添加到 ans 中
        }
        else {
            x.push_back('(');          //选择'('
            dfs(n,left + 1,right);
            x.pop_back();              //回溯
            x.push_back(')');          //选择')'
            dfs(n,left,right + 1);
            x.pop_back();              //回溯
        }
    }
};
```

上述程序提交后通过,执行用时为 4ms,内存消耗为 11.5MB。

5.12　LeetCode89——格雷编码★★ ※

问题描述:格雷编码是一个二进制数字系统,n 位格雷编码序列是一个由 2^n 个整数组成的序列。

(1) 每个整数都在 $[0, 2^n - 1]$ 的范围内(含 0 和 $2^n - 1$)。

(2) 第一个整数是 0。

(3) 一个整数在序列中的出现不超过一次。

(4) 每对相邻整数的二进制表示恰好一位不同,且第一个和最后一个整数的二进制表示恰好一位不同。

给定一个整数 n($1 \leq n \leq 16$),设计一个算法求一个有效的 n 位格雷编码序列。例如,$n = 2$ 时答案为 $\{0, 1, 3, 2\}$ 或者 $\{0, 2, 3, 1\}$,前者的二进制数是 $\{00, 01, 11, 10\}$,后者的二进制数是 $\{00, 10, 11, 01\}$。要求设计如下成员函数:

vector < int > grayCode(int n) { }

解:用 ans 存放 n 位格雷编码序列,将 g 初始为 0(n 位格雷编码序列的第一个整数是 0),也就是将 g 看成 n 位二进制数,二进制位 0~二进制位 $n-1$ 均为 0,在此基础上做 0/1 翻转。例如,$n = 3$ 时,3 位格雷编码序列的产生过程如图 5.1 所示,答案为 $\{0, 1, 3, 7, 5, 2, 6, 4\}$。$i$ 对应 g 的二进制起始位,j 从 i 到 $n-1$ 位翻转,每一个结点值都是 ans 的一个元素,其顺序恰好是深度优先搜索顺序,最后返回 ans 即可。对应的程序如下:

```
class Solution {
    vector < int > ans;
public:
    vector < int > grayCode( int n) {
        ans. push_back(0);
        dfs(0,0,n);
        return ans;
    }
    void dfs( int g, int i, int n) {         //依次翻转 g 的第 i 到 n-1 位
        if (i > = n) return;
        for (int j = i;j < n;j++) {
            int k = g^(1 << j);              //翻转 g 的二进制位 j 得到 k
            ans. push_back(k);
            dfs(k, j + 1, n);                //k 自动回溯
        }
    }
};
```

上述程序提交后通过,执行用时为 12ms,内存消耗为 12.2MB。

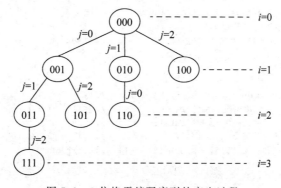

图 5.1 3 位格雷编码序列的产生过程

5.13 LeetCode301——删除无效的括号★★★

问题描述：给定一个由 $n(1 \leqslant n \leqslant 25)$ 个括号和字母组成的字符串 s，删除最小数量的无效括号，使得输入的字符串有效，设计一个算法求所有可能的结果，答案可以按任意顺序返回。例如，$s=$ "(a())()"，答案是{"(a())()","(a)()()"}。要求设计如下成员函数：

vector < string > removeInvalidParentheses(string s) { }

解：若一个字符串中的括号匹配，必须满足两点，一是任意前缀中右括号的个数不少于左括号的个数，二是总的左、右括号个数相同。采用回溯法求解。首先通过遍历 s 求出剩余左、右括号的个数 left 和 right(初始均为 0)，其过程是在遍历中遇到左括号时 left 增 1，遇到右括号时如果 left $\neq$ 0 则将 right 减 1，否则 right 增 1。

再尝试遍历所有可能的去掉非法括号的方案，即尝试在原字符串 s 中去掉 left 个左括号和 right 个右括号，然后检测剩余的字符串是否为合法匹配，如果是合法匹配，则得到一个可能的结果。需要注意的是，这样得到的结果字符串可能存在重复，可以利用哈希集合实现去重。对应的程序如下：

```cpp
class Solution {
public:
    set < string > ans;                          //存放结果字符串
    vector < string > removeInvalidParentheses(string s) {
        int left = 0;
        int right = 0;
        for(int i = 0;i < s.size();i++) {
            if (s[i] == '(') left++;
            else if (s[i] == ')') {
                if (left == 0) right++;
                else left -- ;
            }
        }
        dfs(s,0,left,right);
        vector < string > anss;
        for(auto e:ans) anss.push_back(e);
        return anss;
    }
    void dfs(string s,int i,int left,int right) {    //回溯算法
        if (left == 0 && right == 0) {
            if (valid(s)) ans.insert(s);             //自动去重
        }
        else {
            for (int j = i;j < s.size();j++) {
                if (left + right > s.size() - j) return;   //剪支
                if (left > 0 && s[j] == '(')               //尝试去掉一个左括号
                    dfs(s.substr(0,j) + s.substr(j + 1),j,left - 1,right);
                if (right > 0 && s[j] == ')')              //尝试去掉一个右括号
                    dfs(s.substr(0,j) + s.substr(j + 1),j,left,right - 1);
            }
        }
    }
    bool valid(string& s) {                          //判断 s 中的括号是否匹配
        int cnt = 0;
```

```
        for (int i = 0;i < s.size();i++) {
            if (s[i] == '(') cnt++;
            else if(s[i] == ')') {
                cnt -- ;
                if (cnt < 0) return false;
            }
        }
        return cnt == 0;
    }
};
```

上述程序提交后通过,执行用时为 36ms,内存消耗为 8.3MB。可以改为这样去重,在每次进行搜索时,如果遇到连续相同的括号只需要搜索一次即可。例如当前遇到的字符串为"(((()))",去掉前 4 个左括号中的任意一个生成的结果字符串是一样的,均为"((()))",因此在这样的情况下只需要去掉一个左括号后进入下一轮搜索,不需要将前 4 个左括号都尝试一遍。对应的程序如下:

```
class Solution {
public:
    vector < string > ans;                              //存放答案
    vector < string > removeInvalidParentheses(string s) {
        int left = 0;
        int right = 0;
        for(int i = 0;i < s.size();i++) {
            if (s[i] == '(') left++;
            else if (s[i] == ')') {
                if (left == 0) right++;
                else left -- ;
            }
        }
        dfs(s,0,left,right);
        return ans;
    }
    void dfs(string s,int i,int left,int right) {      //回溯算法
        if (left == 0 && right == 0) {
            if (valid(s))
                ans.push_back(s);
        }
        else {
            for (int j = i;j < s.size();j++) {
                if (j > i && s[j] == s[j - 1])          //去重
                    continue;
                if (left + right > s.size() - j)        //剪支
                    return;
                if (left > 0 && s[j] == '(')            //尝试去掉一个左括号
                    dfs(s.substr(0,j) + s.substr(j + 1),j,left - 1,right);
                if (right > 0 && s[j] == ')')           //尝试去掉一个右括号
                    dfs(s.substr(0,j) + s.substr(j + 1),j,left,right - 1);
            }
        }
    }
    bool valid(string& s) {                             //判断 s 中的括号是否匹配
        int cnt = 0;
        for (int i = 0;i < s.size();i++) {
            if (s[i] == '(') cnt++;
            else if(s[i] == ')') {
                cnt -- ;
```

```
            if (cnt < 0) return false;
        }
    }
    return cnt == 0;
    }
};
```

上述程序提交后通过,执行用时为 4ms,内存消耗为 7.4MB。

5.14 POJ3050——跳房子

时间限制:1000ms,空间限制:65 536KB。

问题描述:奶牛玩跳房子游戏,不是要跳入一组线性编号的方格,而是跳入一个 5×5 的网格,其中每个方格有一个数字。奶牛熟练地跳到网格中的任何数字上,并向前、向后、向右或向左(不能斜向)跳到网格中的另一个数字,这样跳过 6 个方格,这些方格的数字合并起来得到一个 6 位数的整数(可能有前导零,例如 000201)。求可以用这种方式创建的不同整数的数量。

输入格式:共 5 行,每行 5 个整数表示一个网格。

输出格式:输出可以创建的不同整数的数量。

输入样例:

```
1 1 1 1 1
1 1 1 1 1
1 1 1 1 1
1 1 1 2 1
1 1 1 1 1
```

输出样例:

15

解:网格中的每个方格最多有上、下、左、右相邻方格,从网格中的每个位置出发搜索,走 5 步得到一个整数,将其添加到 ans 中,由于添加的整数可能重复,需要去重,为此将 ans 设计为 set 容器。对应的程序如下:

```cpp
# include < iostream >
# include < set >
using namespace std;
int a[5][5];
set < int > ans;                          //存放结果整数
int dx[4] = { -1, 1, 0, 0};
int dy[4] = {0, 0, -1, 1};
void dfs(int x, int y, int k, int d) {     //回溯算法
    if(k == 6) {
        ans.insert(d);
    }
    else {
        for(int i = 0; i < 4; i++) {
            int nx = x + dx[i];
            int ny = y + dy[i];
            if(nx >= 0 && nx < 5 && ny >= 0 && ny < 5) {
                k++;
                d = d * 10 + a[nx][ny];
```

```
            dfs(nx,ny,k,d);
            d = (d - a[nx][ny])/10;              //回溯
            k--;
        }
    }
}
int main() {
    for(int i = 0; i < 5; i++) {
        for(int j = 0; j < 5; j++)
            scanf("%d", &a[i][j]);
    }
    for(int i = 0; i < 5; i++) {                  //将每个位置作为起点试探
        for(int j = 0; j < 5; j++)
            dfs(i,j,1,a[i][j]);
    }
    printf("%d\n", ans.size());
    return 0;
}
```

上述程序提交后通过,执行用时为 32ms,内存消耗为 448KB。

5.15 POJ1724——道路

时间限制:1000ms,空间限制:65 536KB。

问题描述:编号为 $1 \sim N$ 的 N 个城市之间通过单向道路相连,每条道路都有两个与之相关的参数,即道路长度和过路费。现在 Bob 在城市 1,Alice 在城市 N,Bob 有 K 元钱,请帮助 Bob 选择可以找到 Alice 并且能够负担的最短路径。

输入格式:输入的第一行包含整数 K($0 \leqslant K \leqslant 10\,000$),第二行包含整数 N($2 \leqslant N \leqslant 100$),表示城市总数,第三行包含整数 R($1 \leqslant R \leqslant 10\,000$),表示道路总数。以下 R 行中的每一行由单个空格分隔的整数 S、D、L 和 T 来表示一条道路,其中 S 是源城市($1 \leqslant S \leqslant N$),$D$ 是目的地城市($1 \leqslant D \leqslant N$),$L$ 是道路长度($1 \leqslant L \leqslant 100$),$T$ 是过路费($0 \leqslant T \leqslant 100$),注意不同的道路可能具有相同的源城市和目的地城市。

输出格式:输出一行,包含从城市 1 到城市 N 的最短路径的总长度,其总费用小于或等于 K。如果这样的路径不存在,则输出 −1。

输入样例:

```
5
6
7
1 2 2 3
2 4 3 3
3 4 2 4
1 3 4 1
4 6 2 1
3 5 2 0
5 4 3 2
```

输出样例:

11

解：由输入数据建立图的邻接表存储结构，用 ans 存放答案（初始为∞）。从顶点 1 开始搜索，curlen 和 curcost 分别表示从顶点 1 到达当前顶点 s 的最短路径长度和费用，找到顶点 s 的相邻顶点 v，若顶点 v 已经访问，或者 curcost＋$<s,v>$边的费用$>K$ 或者 curlen＋$<s,v>$边长度$>=$ans 时均跳过顶点 v 的试探，否则从顶点 v 出发继续搜索，当 $s＝N$ 时说明找到了一条从顶点 1 到达顶点 N 的路径，置 ans＝min(ans,curlen)。最后返回 ans 即可。对应的回溯算法如下：

```cpp
#include <iostream>
#include <vector>
#include <cstring>
using namespace std;
const int MAXN = 110;
const int INF = 0x3f3f3f3f;
struct Edge {                              //边类型
    int v;
    int len;
    int cost;
    int next;
};
int head[MAXN];                            //图的邻接表
Edge edg[100 * MAXN];
int cnt;
int K, N, R;
int visited[MAXN];
int ans;                                   //存放答案
int curlen, curcost;
void addedge(int S, int D, int L, int T) {  //增加一条边
    edg[cnt].v = D;
    edg[cnt].len = L;
    edg[cnt].cost = T;
    edg[cnt].next = head[S];
    head[S] = cnt++;
}
void dfs(int s) {                          //回溯算法
    if(s == N) {
        ans = min(ans, curlen);            //更新步数最小值
    }
    else {
        for(int j = head[s]; j != -1; j = edg[j].next) {
            int v = edg[j].v;
            int len = edg[j].len;
            int cost = edg[j].cost;
            if(visited[v] == 1) continue;
            if(curcost + cost > K) continue;  //总费用剪支
            if(curlen + len >= ans) continue; //路径长度剪支
            curlen += len;
            curcost += cost;
            visited[v] = 1;
            dfs(v);
            visited[v] = 0;
            curcost -= cost;
            curlen -= len;
        }
    }
}
int main() {
```

```
    scanf("%d%d%d",&K,&N,&R);
    int S,D,L,T;
    memset(head,0xff,sizeof(head));
    cnt = 0;
    for(int i = 0;i < R;i++) {
        scanf("%d%d%d%d",&S,&D,&L,&T);
        addedge(S,D,L,T);
    }
    memset(visited,0,sizeof(visited));
    ans = INF;
    curlen = 0; curcost = 0;
    dfs(1);
    if(ans == INF)
        printf("-1\n");
    else
        printf("%d\n",ans);
    return 0;
}
```

上述程序提交后通过，执行用时为 63ms，内存消耗为 272KB。

5.16 POJ1699——最佳序列

时间限制：1000ms，空间限制：10 000KB。

问题描述：基因是由 DNA 组成的，组成 DNA 的核苷酸碱基是 A（腺嘌呤）、C（胞嘧啶）、G（鸟嘌呤）和 T（胸腺嘧啶）。给定一个基因的几个片段，要求从它们构造一个最短序列，该序列应使用所有段，并且不能翻转任何片段。

例如，给定"TCGG"、"GCAG"、"CCGC"、"GATC"和"ATCG"，可以采用如图 5.2 所示的方式滑动基因片段构造出一个长度为 11 的序列，它是最短序列（但可能不是唯一的）。

输入格式：第一行是一个整数 $T(1 \leqslant T \leqslant 20)$，表示测试用例的数量。然后是 T 个测试用例。每个测试用例的第一行包含一个整数 $n(1 \leqslant n \leqslant 10)$，它表示基因片段的数量，下面的 n 行分别表示 n 个基因片段，假设基因片段的长度为 1～20。

输出格式：对于每个测试用例，输出一行包含可以从这些基因片段构造的最短序列的长度。

图 5.2 构造最短序列的过程

输入样例：

```
1
5
TCGG
GCAG
CCGC
GATC
ATCG
```

输出样例：

```
11
```

解法 1：题目是求 n 个基因片段去掉最大相同前、后缀重叠部分后得到的字符串的最小长度。用 ans 存放答案，字符串数组 gen 存放 n 个基因片段，glen 数组存放 n 个基因片段的长度，设计二维数组 addlen，其中 addlen[i][j]表示基因片段 i 合并基因片段 j（去掉基因片段 i 的后缀和基因片段 j 的前缀的最大重叠部分）得到的字符串相对基因片段 i 增加的长度。例如，gen[i] = "TCGG"，gen[j] = "GCAG"，前者的后缀和后者的前缀的最大相同部分是"G"，两者合并后为"TCGGCAG"，是在 gen[i] 的基础上增加了 3 个字符，所以 addlen[i][j] = 3，注意 addlen 数组不是对称的。

采用基于子集树框架的回溯算法，从每个基因开始搜索，通过比较得到合并基因序列，求出最小长度 ans 并且输出。对应的程序如下：

```cpp
# include < iostream >
# include < cstring >
using namespace std;
const int INF = 0x3f3f3f3;
char gen[11][21];
int glen[11];
int addlen[11][11];
int ans;
int used[11];
int n;
void dfs(int pre, int curlen, int step) {          //回溯算法（子集树）
    if(curlen >= ans)                              //剪支
        return;
    if(step == n) {
        ans = min(ans,curlen);
    }
    else {
        for(int j = 0;j < n;j++) {
            if(used[j] == 0) {
                used[j] = 1;
                dfs(j,curlen + addlen[pre][j],step + 1);
                used[j] = 0;
            }
        }
    }
}
void add(int x,int y) {                            //求 addlen 数组
    int length = 0;
    for(int i = 1;i <= glen[x] && i <= glen[y];i++) {
        bool flag = true;
        for(int j = glen[x] - i,k = 0;k < i;k++,j++) {
            if(gen[x][j]!= gen[y][k]) {
                flag = false;
                break;
            }
        }
        if(flag) length = i;
    }
    addlen[x][y] = glen[y] - length;
}
int main() {
    int T;
    cin >> T;
    while(T-- ) {
```

```
        cin >> n;
        for(int i = 0;i < n;i++) {
            cin >> gen[i];
            glen[i] = strlen(gen[i]);
            used[i] = 0;
        }
        for(int i = 0;i < n;i++) {
            for(int j = 0;j < n;j++) {
                if(i!= j) add(i,j);
            }
        }
        ans = INF;
        for(int i = 0;i < n;i++) {                    //从每个基因片段 i 开始求解
            memset(used,0,sizeof(used));
            used[i] = 1;
            dfs(i,glen[i],1);
            used[i] = 0;
        }
        cout << ans << endl;
    }
    return 0;
}
```

上述程序提交后通过,执行用时为 47ms,内存消耗为 172KB。

解法 2:n 个基因片段的编号为 $0\sim n-1$,将每个基因看成一个顶点,addlen$[i][j]$表示顶点 i 到顶点 j 的权值,这样构成一个带权有向图,求经过全部顶点的最短路径的长度(路径的首结点值为该基因片段的长度)。类似于 TSP 问题,采用基于排列树框架的回溯法程序如下:

```
# include < iostream >
# include < cstring >
using namespace std;
const int INF = 0x3f3f3f3f;
char gen[11][21];
int glen[11];
int addlen[11][11];
int ans;
int n;
int x[11];                                            //解向量
void dfs(int curlen, int i) {                         //回溯算法(排列树)
    if (i >= n) {                                      //到达一个叶子结点
        ans = min(ans,curlen);
    }
    else {
        for (int j = i;j < n;j++) {
            swap(x[i],x[j]);                           //交换 x[i]与 x[j]
            if(i == 0) {
                dfs(glen[x[0]],i + 1);
            }
            else if(curlen + addlen[x[i - 1]][x[i]]< = ans) {//剪支
                dfs(curlen + addlen[x[i - 1]][x[i]],i + 1);
            }
            swap(x[i],x[j]);                           //交换 x[i]与 x[j]:恢复
        }
    }
}
void add(int x,int y) {                               //求 addlen 数组
```

```
        int length = 0;
        for(int i = 1;i <= glen[x] && i <= glen[y];i++) {
            bool flag = true;
            for(int j = glen[x] - i,k = 0;k < i;k++,j++) {
                if(gen[x][j]!= gen[y][k]) {
                    flag = false;
                    break;
                }
            }
            if(flag) length = i;
        }
        addlen[x][y] = glen[y] - length;
    }
    int main() {
        int T;
        cin >> T;
        while(T-- ) {
            cin >> n;
            for(int i = 0;i < n;i++) {
                cin >> gen[i];
                glen[i] = strlen(gen[i]);
            }
            for(int i = 0;i < n;i++) {
                for(int j = 0;j < n;j++)
                    if(i!= j) add(i,j);
            }
            for(int i = 0;i < n;i++)
                x[i] = i;
            ans = INF;
            dfs(0,0);
            cout << ans << endl;
        }
        return 0;
    }
```

上述程序提交后通过,执行用时为 32ms,内存消耗为 172KB。

5.17 POJ1564——求和

时间限制:1000ms,空间限制:10 000KB。

问题描述:给定一个指定的总和 t 和一个包含 n 个整数的序列,求该序列中加起来和为 t 的不同子序列的个数。例如,$t=4$,$n=6$,序列为 $\{4,3,2,2,1,1\}$,则有 4 个不同子序列之和等于 4,即 4、3+1、2+2 和 2+1+1。一个整数在序列中出现的次数可以与它在子序列中出现的次数一样多,并且单个数字算作总和。

输入格式:输入包含一个或多个测试用例,每行一个测试用例,每个测试用例包含 t(总数),后跟 n(序列中的整数个数),然后是 n 个整数 x_1、……、x_n。如果 $n=0$,则表示输入结束。否则,t 为小于 1000 的正整数,n 为 1~12(含)的整数,x_1、……、x_n 是小于 100 的正整数,所有整数之间由一个空格分隔。每个序列中的整数以非递增顺序出现,并且可能有重复。

输出格式:对于每个测试用例,首先输出一行包含"Sums of"、总数和一个冒号,然后每行输出一个和式子,如果没有(总数为 0)则输出"NONE"的行。每个和式子中的数字必须以非递增顺序出现,一个整数在和式子中的重复次数可能与在原始序列中的重复次数一样多,和式子本身必须根据出现的整数按降序排序,换句话说,和式子必须按其第一个整数排序,具有相同第一个整数的和式子必须按其第二个整数排序,以此类推。在每个测试用例中,所有的和式子必须是不同的。

输入样例:

```
4 6 4 3 2 2 1 1
5 3 2 1 1
400 12 50 50 50 50 50 50 25 25 25 25 25 25
0 0
```

输出样例:

```
Sums of 4:
4
3 + 1
2 + 2
2 + 1 + 1
Sums of 5:
NONE
Sums of 400:
50 + 50 + 50 + 50 + 50 + 50 + 25 + 25 + 25
50 + 50 + 50 + 50 + 50 + 25 + 25 + 25 + 25 + 25
```

解法 1:对于每个测试用例,用 ans 存放答案,其中每个元素为 vector < int >类型,存放一个和为 t 的子序列,由于最后的结果需要去重,所以将 ans 设计为 set 容器,set 中默认是递增排列,题目要求每个和式子中的整数必须以非递增顺序出现,所以得到 ans 后反向输出 ans 中的各个和式子即可。求和式子的过程与求幂集类似,用 x 作为解向量,解空间中根结点对应 $i=0$,当 $i=n$ 时判断当前子序列和 cursum $=t$ 是否成立,若成立将 x 添加到 ans 中。对应的回溯法程序如下:

```cpp
# include < iostream >
# include < vector >
# include < set >
using namespace std;
int t,n;
int a[20];
set < vector < int >> ans;
vector < int > x;                              //解向量
void dfs(int cursum,int i) {                   //回溯算法
    if(i > = n) {                              //到达一个叶子结点
        if(cursum == t) ans. insert(x);
    }
    else {
        if(cursum + a[i] < = t) {              //左剪支
            x. push_back(a[i]);
            dfs(cursum + a[i], i + 1);
            x. pop_back();
        }
        dfs(cursum, i + 1);                    //不选择 a[i]
    }
}
int main() {
    while(scanf(" % d % d",&t,&n)!= EOF) {
        if(!n) break;
        for(int i = 0;i < n; i++)
```

```
        scanf(" % d",&a[i]);
    ans.clear();
    printf("Sums of % d:\n",t);
    dfs(0,0);
    if(ans.size() == 0)
        printf("NONE\n");
    else {
        set < vector < int >>::reverse_iterator rit;
        for(rit = ans.rbegin();rit!= ans.rend();rit++) {
            vector < int > e = * rit;
            for(int i = 0;i < e.size();i++) {
                if(i!= 0) printf(" + ");
                printf(" % d",e[i]);
            }
            printf("\n");
        }
    }
}
```

上述程序提交后通过,执行用时为 0ms,内存消耗为 128KB。

解法 2:定义大问题 $f(\text{cursum},i)$ 是选择 $a[i]$ 后($\text{cursum}=a[i]$)在 $a[i+1..n-1]$ 中选择若干整数得到所有以 $a[i]$ 开头的和为 t 的子序列。求解过程是对于 $i+1\sim n-1$ 内的整数 j,当 $\text{cursum}+a[j]\leqslant t$ 时,小问题是 $f(\text{cursum}+a[j],j)$。递归出口是 $i\geqslant n$ 或者 $\text{cursum}=t$。例如,$t=7,n=5,a[\ ]=\{4,3,2,1,1\}$,调用 $\text{dfs}(4,0)$ 和 $\text{dfs}(3,1)$ 的过程如图 5.3 所示,得到 4 个解,其他调用没有解,这样的 4 个解中有两个存放,去重的结果是 $4+3$、$4+2+1$ 和 $3+2+1+1$。在求解向量 x 时需要回溯。

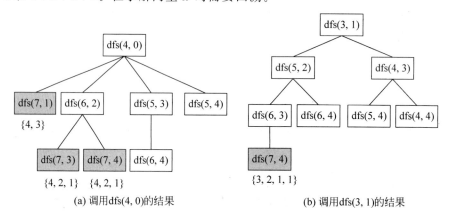

(a) 调用dfs(4,0)的结果   (b) 调用dfs(3,1)的结果

图 5.3　调用 dfs(4,0)和 dfs(3,1)的过程

对应的回溯法程序如下:

```
# include < iostream >
# include < vector >
# include < set >
using namespace std;
int t,n;
int a[20];
set < vector < int >> ans;
vector < int > x;                          //解向量
void dfs(int cursum,int i) {               //回溯算法
```

```
        if(i >= n) return;
        if(cursum == t) {
            ans.insert(x);
        }
        else {
            for(int j = i + 1;j < n;j++){
                if(cursum + a[j] <= t) {
                    x.push_back(a[j]);
                    dfs(cursum + a[j],j);
                    x.pop_back();
                }
            }
        }
    }
int main() {
    while(scanf("%d %d",&t,&n)!= EOF) {
        if(!n) break;
        for(int i = 0;i < n;i++)
            scanf("%d",&a[i]);
        ans.clear();
        printf("Sums of %d:\n",t);
        for(int i = 0;i < n;i++) {
            x.clear();
            x.push_back(a[i]);
            dfs(a[i],i);
        }
        if(ans.size() == 0)
            printf("NONE\n");
        else {
            set< vector< int >>::reverse_iterator rit;
            for(rit = ans.rbegin();rit!= ans.rend();rit++) {
                vector< int > e = * rit;
                for(int i = 0;i < e.size();i++) {
                    if(i!= 0) printf(" + ");
                    printf("%d",e[i]);
                }
                printf("\n");
            }
        }
    }
}
```

上述程序提交后通过,执行用时为 0ms,内存消耗为 128KB。

5.18　　　　POJ2245——组合

时间限制:1000ms,空间限制:65 536KB。

问题描述:给定由 k 个整数构成的集合 S,求其中所有 6 个整数的集合。

输入格式:输入包含一个或多个测试用例,每个测试用例由一行组成,其中包含多个用空格隔开的整数,第一个整数是 $k(6 < k < 13)$,然后 k 个整数指定集合 S,按照升序排列。输入以 $k = 0$ 终止。

输出格式:对于每个测试用例,输出 S 中所有 6 个整数的组合,每个组合按升序排列,全部的组合按字典序输出,每个测试用例输出后空一行,最后一个测试用例之后不空行。

输入样例：

```
7 1 2 3 4 5 6 7
0
```

输出样例：

```
1 2 3 4 5 6
1 2 3 4 5 7
1 2 3 4 6 7
1 2 3 5 6 7
1 2 4 5 6 7
1 3 4 5 6 7
2 3 4 5 6 7
```

解：用 a 存放输入的 k 个整数，设计回溯算法 dfs(cnt,i) 表示从 $a[i]$ 开始选择 6 个整数，用 ans 存放选择的整数。当 cnt＝6 时输出 ans。对应的程序如下：

```cpp
# include < iostream >
using namespace std;
const int MAXN = 14;
int a[MAXN],ans[6];
int k;
void dfs(int cnt,int i) {                    //回溯算法
    if(cnt == 6) {                           //已经组合了 6 个数就输出
        printf(" % d",ans[0]);
        for(int j = 1;j < 6;j++)
            printf(" % d",ans[j]);
        printf("\n");
    }
    else {
        for(int j = i;j < k;j++) {
            ans[cnt] = a[j];
            dfs(cnt + 1,j + 1);
        }
    }
}
int main() {
    bool first = true;
    while(scanf(" % d",&k)!= EOF && k) {
        for(int i = 0;i < k;i++)
            scanf(" % d",&a[i]);
        if(!first)
            printf("\n");                    //第一个测试之前不加空行,其他加空行
        first = false;
        dfs(0,0);
    }
    return 0;
}
```

上述程序提交后通过，执行用时为 16ms，内存消耗为 88KB。

5.19   POJ1321——棋盘问题

时间限制：1000ms，空间限制：10 000KB。

问题描述：在一个给定形状的棋盘(形状可能是不规则的)上面摆放棋子，棋子没有区别，要求摆放时任意的两个棋子不能放在棋盘中的同一行或者同一列，请编程求解对于给定

形状和大小的棋盘,摆放 k 个棋子的所有可行的摆放方案 C。

输入格式:输入含有多组测试数据。每组数据的第一行是两个正整数 n 和 $k(n \leqslant 8,$ $k \leqslant n)$,用一个空格隔开,表示将在一个 $n \times n$ 的矩阵内描述棋盘,以及摆放棋子的数目。当输入为 -1 -1 时表示输入结束,随后的 n 行描述了棋盘的形状:每行有 n 个字符,其中'#'表示棋盘区域,'.'表示空白区域(数据保证不出现多余的空白行或者空白列)。

输出格式:对于每组测试数据,给出一行输出,输出摆放的方案数目 C(数据保证 $C < 2^{31}$)。

输入样例:

```
2 1
# .
. #
4 4
... #
.. # .
. # ..
# ...
-1 -1
```

输出样例:

```
2
1
```

解:简化的皇后问题,采用回溯法求解,用二维数组 map 存放棋盘,used 数组中的 used$[j]$ 表示第 j 列是否已经放过棋子。对应的程序如下:

```
# include < iostream >
# include < cstring >
using namespace std;
# define MAXN 10
using namespace std;
char map[MAXN][MAXN];
bool used[MAXN];                        //记录一列是否已经放过棋子
int n, k, ans;
void dfs(int i, int num) {              //回溯算法
    if (num == k) {                     //找到一个解 ans 增 1
        ans++;
    }
    else if(i < n) {
        for (int j = 0; j < n; j++){    //搜索行 i 的每个列 j
            if (map[i][j] == '#' && used[j] == false) {
                used[j] = true;
                dfs(i + 1, num + 1);    //在行 i 的列 j 放置一个棋子
                used[j] = false;
            }
        }
        dfs(i + 1, num);                //行 i 不放置任何棋子
    }
}
int main() {
    while(scanf(" % d % d", &n, &k)) {
        if (n == -1 && k == -1) break;
        for(int i = 0; i < n; i++)
            scanf(" % s", map[i]);
        memset(used, false, sizeof(used));
        ans = 0;
```

```
        dfs(0,0);
        printf("%d\n",ans);
    }
    return 0;
}
```

上述程序提交后通过,执行用时为 47ms,内存消耗为 88KB。

5.20   POJ2488——骑士之旅

时间限制:1000ms,空间限制:65 536KB。

问题描述:骑士想要周游世界,可以将这个世界看成 p 列 q 行的棋盘,骑士只能向 8 个方向走"日"字,而且不能重复。问骑士可以在棋盘的任何方格上开始和结束吗?

输入格式:输入的第一行包含一个正整数 n,表示有 n 个测试用例。每个测试用例输入一行,包含两个正整数 p 和 q,表示一个 $p \times q$ 棋盘($1 \leqslant p \times q \leqslant 26$)。

输出格式:每个测试用例的输出以"Scenario #i:"开始,其中 i 是从 1 开始的测试用例编号,这里的路径是一条从起始位置经过棋盘中全部方格的路径,路径中的每个方格用"行字母+列数字"表示,行字母为以"A"开始的 q 个字母,列数字是 1~p,这样每条路径用一个序列表示,本题求一条按字典序排列最小的路径,如果不存在这样的路径,则输出"impossible"。每个测试用例输出之后空一行,最后一个测试用例的后面不空行。

输入样例:

```
3
1 1
2 3
4 3
```

输出样例:

```
Scenario #1:
A1

Scenario #2:
impossible

Scenario #3:
A1B3C1A2B4C2A3B1C3A4B2C4
```

解:题目中第 3 个测试用例的图示如图 5.4 所示,即棋盘的行号为'A'~'C'、列号为 1~4。从任意一个位置出发经过棋盘中全部方格的路径可能有多条,这些路径按题目规定的路径表示,即路径序列也不同,答案是一条按字典序排列最小的路径。

	1	2	3	4
A	(1)	(4)	(7)	(10)
B	(8)	(11)	(2)	(5)
C	(3)	(6)	(9)	(12)

图 5.4 第 3 个测试用例的图示

对于 p 列 q 行的棋盘,行号为'A'~'A'+q-1、列号为 1~p。为了保证找到的路径是按字典序排列最小的路径,必须从(A,1)位置开始搜索,另外,由于每个位置最多有 8 个相邻位置,所以搜索次序也应该遵循字典序,(x,y) 位置的 8 个相邻位置如图 5.5 所示,按字典序建立的偏移量数组如下:

```
int dx[8] = { - 2, - 2, - 1, - 1, 1, 1, 2, 2};
int dy[8] = { - 1, 1, - 2, 2, - 2, 2, - 1, 1};
```

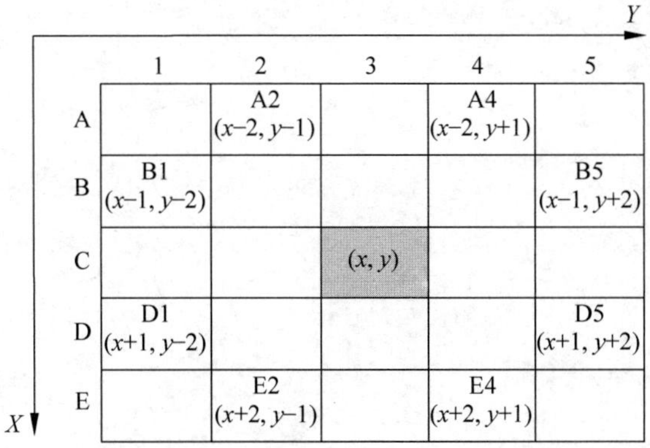

图 5.5 (x,y) 位置的 8 个相邻位置

可以看成 (x,y) 位置的 8 个方位,在搜索时 di 依次从 0 到 7 试探。用 path 数组存放找到的第一条路径,step 表示路径长度或者 path 数组的下标,当 step=p*q 时 path 即为所求,置 flag=true 结束搜索过程。如果搜索完毕 flag 仍然为 false,则说明找不到按字典序排列最小的路径(注意并不表示找不到其他路径)。对应的程序如下:

```
# include < iostream >
# include < cstring >
using namespace std;
const int MAXN = 30;
int visited[MAXN][MAXN];
int p,q;
int dx[8] = { - 2, - 2,  - 1, - 1,  1,  1,  2,  2};
int dy[8] = { - 1,  1,  - 2, 2,  - 2, 2,  - 1, 1};
struct Path {
    int x, y;
} path[MAXN];
bool flag;
void dfs( int x, int y, int step) {                        //回溯算法
    if(flag) return;
    path[step]. x = x;
    path[step]. y = y;
    if(step == p * q) {
        flag = true;
    }
    else {
        for( int di = 0;di < 8;di++) {
            int nx = x + dx[di];
            int ny = y + dy[di];
            if(nx > = 1 && nx < = q && ny > = 1 && ny < = p && ! visited[nx][ny]) {
                visited[nx][ny] = 1;
                dfs(nx,ny,step + 1);
                visited[nx][ny] = 0;
            }
        }
    }
}
int main() {
    int t;
```

```
        cin >> t;
        for(int cas = 1;cas <= t;cas++) {
            cin >> p >> q;
            memset(visited,0,sizeof(visited));
            flag = false;
            int x = 1,y = 1,step = 1;
            visited[x][y] = 1;
            dfs(x,y,step);
            cout << "Scenario #" << cas <<":" << endl;
            if(flag) {
                for(int i = 1;i <= p * q;i++) {
                    cout << char(path[i].x - 1 + 'A') << path[i].y;
                }
                cout << endl;
            }
            else cout << "impossible" << endl;
            if(cas!= t) cout << endl;
        }
        return 0;
}
```

上述程序提交后通过，执行用时为 $16ms$，内存消耗为 $180KB$。

第 **6** 章 分支限界法

6.1 LintCode1376——通知所有员工所需的时间 ★★

问题描述：公司里有 $n(1 \le n \le 10^5)$ 名员工，每名员工的 ID 都是独一无二的，编号从 0 到 $n-1$，公司的总负责人通过 headID 进行标识。在 manager 数组中每名员工都有一个直属负责人，其中 manager[i] 是员工 i 的直属负责人。对于总负责人，manager[headID]=-1。题目保证从属关系可以用树结构显示。公司总负责人想要向公司的所有员工通告一条紧急消息，他将会首先通知他的直属下属，然后由这些下属通知他们的下属，直到所有的员工都得知这条紧急消息。员工 i 需要 informTime[i] 分钟来通知他的所有直属下属（也就是说在 informTime[i] 分钟后，他的所有直属下属都可以开始传播这一消息）。设计一个算法求通知所有员工这一紧急消息所需要的分钟数。要求设计如下成员函数：

```
int numOfMinutes(int n, int headID, vector<int>& manager, vector<int>& informTime) {}
```

解：题目中给定员工之间的关系如图 6.1 所示，总负责人 headID 的 manager[headID]=-1，这样构成一棵树，采用 vector<vector<int>> 的邻接表 E 存储，其中 E[i] 表示员工 i 的所有直属下属员工。

例如，$n=6$，headID=2，manager=\{2,2,-1,2,2,2\}，informTime=\{0,0,1,0,0,0\}，其中 manager[2]=-1，也就是说 headID=2，从 manager 数组看出其他员工均是员工 2 的直属下属员工，informTime[2]=1，也就是说员工 2 到其他所有员工的通知时间均为 1，对应的一棵树如图 6.2 所示，题目就是求根结点到所有结点的总时间的最大值，本问题的答案是 1。

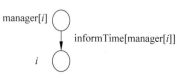

图 6.1 员工之间的关系

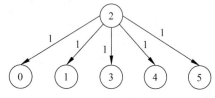

图 6.2 员工关系树

采用队列式分支限界法求解，从根结点开始搜索，对于每个叶子结点通过比较将总时间的最大值存放在 ans 中，最后返回 ans 即可。对应的程序如下：

```
struct QNode {                                  //队列的结点类型
    int id;                                     //员工 ID
    int length;                                 //到达当前员工的时间
};
class Solution {
public:
    int numOfMinutes(int n, int headID, vector<int>& manager, vector<int>& informTime) {
        vector<vector<int>> E(n);               //图的邻接表
        for (int i = 0; i < n; i++) {
            if(manager[i]!= -1)                 //i 不是总负责人，一定有直属负责人
                E[manager[i]].push_back(i);
        }
        QNode e, e1;
        queue<QNode> qu;
```

```
        e. id = headID;
        e. length = informTime[headID];
        qu. push(e);
        int ans = 0;                          //存放答案
        while (!qu.empty()) {
            e = qu. front(); qu. pop();
            int id = e. id;
            int length = e. length;
            for (int j = 0;j < E[id].size();j++) {
                e1. id = E[id][j];
                e1. length = length + informTime[E[id][j]];
                if(E[e1.id].size() == 0)        //e1 是叶子结点
                    ans = max(ans,e1.length);   //求 e1 总时间的最大值
                else
                    qu. push(e1);
            }
        }
        return ans;
    }
};
```

上述程序提交后通过,执行用时为 256ms,内存消耗为 122.1MB。

6.2 LintCode1504——获取所有钥匙的最短路径★★★

问题描述:给定一个 $m \times n(1 \leqslant m,n \leqslant 30)$ 的二维网格 grid,其中"."代表一个空房间,"♯"代表一堵墙,"@"是起点,("a","b",…)代表钥匙,("A","B",…)代表锁。现在从起点出发,一次移动是指向 4 个基本方向之一行走一个单位空间,不能在网格外面行走,也无法穿过一堵墙,如果途经一个钥匙,就把它捡起来,除非手里有对应的钥匙,否则无法通过锁。假设 $K(1 \leqslant K \leqslant 6)$ 为钥匙/锁的个数,字母表中的前 K 个字母在网格中都有自己对应的一个小写和一个大写字母,换而言之,每个锁有唯一对应的钥匙,每个钥匙也有唯一对应的锁。另外,代表钥匙和锁的字母互为大小写并按字母顺序排列。设计一个算法求获取所有钥匙所需要的移动的最少次数,如果无法获取所有钥匙,返回 -1。例如,grid $=\{$ "@.a.♯","♯♯♯.♯","b.A.B"$\}$,答案是8,移动序列是[0,0]->[0,1]->[0,2]->[0,3]->[1,3]->[2,3]->[2,2]->[2,1]->[2,0]。要求设计如下成员函数:

```
int shortestPathAllKeys(vector < string > &grid) { }
```

解:题目中样例网格如图 6.3 所示,从结果看出,先从起点"@"位置出发搜索,"."位置可以直接走,"♯"位置不能走,遇到'a'~'f'(钥匙)位置可以走并且捡起来对应的钥匙,遇到'A'~'F'(锁)位置只有当手里有对应的钥匙时才能走,否则不能走,每走一步计为1,求拿到全部钥匙所走的最少步数。采用多起点分层次的广度优先搜索方法,注意以下几点:

图 6.3 一个二维网格 grid

(1) 队列中的结点除了建立位置 (x,y) 外,还需要记录拿到的钥匙,这里采用压缩表示,用 int 类型的 keys 表示,将其看成二进制数,二进制位包含 0~5,二进制位 0 表示钥匙 a

是否拿到了(0 为没有拿到,1 为拿到了),二进制位 1 表示钥匙 *b* 是否拿到了,以此类推。

(2) 路径重复标记,这里的路径不仅考虑位置,还需要考虑钥匙的状态,所以采用三维数组 visited[MAXN][MAXN][64],第 3 维对应 keys。

对应的程序如下:

```cpp
struct QNode {                                        //队列的结点类型
    int x,y;                                          //当前方块位置
    int keys;                                         //标记钥匙是否拿了
};
class Solution {
    const int MAXN = 32;
    int dx[4] = {1,0,-1,0};                           //水平方向的偏移量
    int dy[4] = {0,1,0,-1};                           //垂直方向的偏移量
public:
    int shortestPathAllKeys(vector<string> &grid) {
        int m = grid.size();
        int n = grid[0].size();
        int K = 0;
        int visited[MAXN][MAXN][64];
        memset(visited,0,sizeof(visited));
        QNode e,e1;
        queue<QNode> qu;
        for(int i = 0;i < m;i++) {
            for(int j = 0;j < n;j++) {
                if(grid[i][j] == '@') {
                    e.x = i; e.y = j; e.keys = 0;
                    qu.push(e);                       //将所有起点进队
                    visited[i][j][0] = 1;
                }
                if(grid[i][j] >= 'A' && grid[i][j] <= 'F') K++;  //累计钥匙/锁的数量
            }
        }
        int ans = 0;
        while(!qu.empty()) {
            ans++;
            int cnt = qu.size();
            for(int i = 0;i < cnt;i++) {
                e = qu.front(); qu.pop();             //出队一个结点 e
                int x = e.x,y = e.y;
                int keys = e.keys;
                for(int di = 0;di < 4;di++) {
                    int nx = x + dx[di];
                    int ny = y + dy[di];
                    int nkeys = keys;
                    if(nx < 0 || nx >= m || ny < 0 || ny >= n)
                        continue;                     //跳过超界的位置
                    if(grid[nx][ny] == '#')
                        continue;                     //跳过障碍物的位置
                    if(grid[nx][ny] >= 'a' && grid[nx][ny] <= 'f') {
                        nkeys = keys | (1 <<(grid[nx][ny] - 'a'));  //拿起该位置的钥匙
                    }
                    else if(grid[nx][ny] >= 'A' && grid[nx][ny] <= 'F') {
                        if(!(keys & (1 <<(grid[nx][ny] - 'A'))))
                            continue;                 //跳过没有拿到钥匙的锁
                    }
                    if(nkeys == ((1 << K) - 1))       //拿到了全部钥匙
                        return ans;
```

```
            if(!visited[nx][ny][nkeys]) {
                e1.x = nx; e1.y = ny; e1.keys = nkeys;
                qu.push(e1);
                visited[nx][ny][nkeys] = 1;
            }
        }
      }
    }
    return - 1;
  }
};
```

上述程序提交后通过,执行用时为 41ms,内存消耗为 2.05MB。

6.3 LintCode1685——迷宫 IV★★

问题描述:给定一个地图 maps,其中'S'表示起点、'T'表示终点、'♯'代表墙壁(表示无法通过)、'.'表示路可以花一分钟通过。设计一个算法求出从起点到终点需要花费的最短时间。如果无法到达终点请输出-1。例如,maps={{'S','.'},{'♯','T'}},答案为2。要求设计如下成员函数:

```
int theMazeIV(vector < vector < char >> &maps) { }
```

解法 1:采用基本广度优先搜索方法。先遍历 maps 找到 S 和 T,定义队列 qu,其中队列结点包含对应方块的位置(x,y)和步数 steps。从 S 出发广度优先搜索到 T 为止,对应的步数就是花费的最短时间。如果整个广度搜索都没有遇到 T,则返回-1。对应的程序如下:

```
struct QNode {                                          //队列的结点类型
    int x, y;                                           //当前方块的位置
    int steps;                                          //从 S 到当前方块的步数
};
class Solution {
    int dx[4] = {1, 0, - 1, 0};                         //水平方向的偏移量
    int dy[4] = {0, 1, 0, - 1};                         //垂直方向的偏移量
    int m, n;
public:
    int theMazeIV(vector < vector < char >> &maps) {
        m = maps.size();
        n = maps[0].size();
        QNode S, T;
        for(int i = 0; i < m; i++) {
            for(int j = 0; j < n; j++) {
                if(maps[i][j] == 'S') {                 //找到 S
                    S.x = i; S.y = j; S.steps = 0;
                }
                else if(maps[i][j] == 'T') {            //找到 T
                    T.x = i; T.y = j; T.steps = 0;
                }
            }
        }
        return bfs(maps, S, T);                          //返回广度搜索的结果
    }
    int bfs(vector < vector < char >> &maps, QNode&S, QNode& T) {
        queue < QNode > qu;                              //定义一个队列 qu
        int visited[m][n];
```

```
        memset(visited, 0, sizeof(visited));
        qu.push(S);
        visited[S.x][S.y] = 1;
        QNode e, e1;
        while(!qu.empty()) {                              //队不空时循环
            QNode e = qu.front(); qu.pop();               //出队结点 e
            if(e.x == T.x && e.y == T.y)                  //第一次找到 T 时返回 e.steps
                return e.steps;
            for(int di = 0; di < 4; di++){
                e1.x = e.x + dx[di];
                e1.y = e.y + dy[di];
                e1.steps = e.steps + 1;
                if(e1.x < 0 || e1.x >= m || e1.y < 0 || e1.y >= n)
                    continue;                             //跳过超界的位置
                if(visited[e1.x][e1.y] == 1)
                    continue;
                if(maps[e1.x][e1.y] == '♯')              //跳过遇到的障碍物
                    continue;
                visited[e1.x][e1.y] = 1;
                qu.push(e1);                              //子结点 e1 进队
            }
        }
        return -1;                                        //没有找到 T 则返回 -1
    }
};
```

上述程序提交后通过，执行用时为 163ms，内存消耗为 4.45MB。

解法 2：采用分层次的广度优先搜索方法。队列的结点类型为 pair < int, int >，用于保存迷宫中方块的位置。设置 ans 表示答案，初始值为 -1，每搜索一层 ans 增 1，当第一次搜索到 T 时返回 ans。如果整个广度优先搜索都没有遇到 T 则返回 -1。对应的程序如下：

```
class Solution {
    int dx[4] = {1, 0, -1, 0};                            //水平方向的偏移量
    int dy[4] = {0, 1, 0, -1};                            //垂直方向的偏移量
    vector < vector < char >> maps;
    int m, n;
    pair < int, int > S, T;
public:
    int theMazeIV(vector < vector < char >> &maps) {
        this -> maps = maps;
        m = maps.size();
        n = maps[0].size();
        for(int i = 0; i < m; i++) {
            for(int j = 0; j < n; j++) {
                if(maps[i][j] == 'S')                     //找到 S
                    S = pair < int, int >(i, j);
                else if(maps[i][j] == 'T')                //找到 T
                    T = pair < int, int >(i, j);
            }
        }
        return bfs();                                     //返回广度优先搜索的结果
    }
    int bfs() {                                           //分层次广度优先搜索算法
        queue < pair < int, int >> qu;
        int visited[m][n];
        memset(visited, 0, sizeof(visited));
        qu.push(S);
```

```
        visited[S.first][S.second] = 1;
        pair < int, int > e, e1;
        int ans = -1;
        while(!qu.empty()) {
            ans++;
            int cnt = qu.size();
            for(int i = 0; i < cnt; i++) {
                e = qu.front(); qu.pop();
                if(e == T) return ans;                    //第一次找到T时返回ans
                for(int di = 0; di < 4; di++){
                    int nx = e.first + dx[di];
                    int ny = e.second + dy[di];
                    if(nx < 0 || nx >= m || ny < 0 || ny >= n)
                        continue;                         //跳过超界的位置
                    if(visited[nx][ny] == 1)
                        continue;
                    if(maps[nx][ny] == '#')
                        continue;                         //跳过遇到的障碍物
                    visited[nx][ny] = 1;
                    e1 = pair < int, int >(nx, ny);
                    qu.push(e1);
                }
            }
        }
        return -1;                                        //没有找到T返回-1
    }
};
```

上述程序提交后通过,执行用时为 162ms,内存消耗为 2.99MB。

解法 3:采用优先队列式分支限界法,用 ans 表示答案(初始置为∞),用 $\text{dist}[x][y]$ 表示从起始点 S 到 (x,y) 方块的距离(初始置为∞),设计结点的下界值 $\text{lb}=\text{steps}+$ 当前位置到达 T 的曼哈顿距离,两个方格 (x_1,y_1) 和 (x_2,y_2) 的曼哈顿距离定义为 $|x_1-x_2|+|y_1-y_2|$,优先队列按结点的 lb 值越小越优先出队。设出队的结点为 e,由上、下、左、右移动扩展出子结点 e1,剪支操作是仅扩展距离最小并且 $e1.\text{lb}<\text{ans}$ 的子结点 e1,若 e1 为 T 结点,将最小的 $e1.\text{steps}$ 存放在 ans 中,最后返回 ans。对应的程序如下:

```
struct QNode {                                           //优先队列的结点类型
    int x, y;                                            //当前方块的位置
    int steps;                                           //从S到当前方块的步数
    int lb;                                              //下界值
    bool operator <(const QNode &s) const {              //重载<关系函数
        return lb > s.lb;                                //lb越小越优先出队
    }
};
class Solution {
    const int INF = 0x3f3f3f3f;
    int dx[4] = {1, 0, -1, 0};                           //水平方向的偏移量
    int dy[4] = {0, 1, 0, -1};                           //垂直方向的偏移量
    vector < vector < char >> maps;
    int m, n;
    QNode S, T;
    int ans;
public:
    int theMazeIV(vector < vector < char >> &maps) {
        this -> maps = maps;
        m = maps.size();
```

```
        n = maps[0].size();
        for(int i = 0;i < m;i++) {
            for(int j = 0;j < n;j++) {
                if(maps[i][j] == 'S') {                          //找到 S
                    S.x = i; S.y = j; S.steps = 0;
                }
                else if(maps[i][j] == 'T'){                      //找到 T
                    T.x = i; T.y = j;T.steps = 0;
                }
            }
        }
        ans = INF;
        bfs();
        if(ans == INF) return -1;
        else return ans;
    }
    void bfs() {                                                 //优先队列式分支限界法
        priority_queue < QNode > pq;                             //定义优先队列 pq
        int dist[m][n];                                          //距离数组
        memset(dist,0x3f,sizeof(dist));                          //初始化所有元素为∞
        bound(S);
        pq.push(S);
        dist[S.x][S.y] = 0;
        QNode e,e1;
        while(!pq.empty()) {                                     //队不空时循环
            e = pq.top();pq.pop();                               //出队结点 e
            int x = e.x,y = e.y,steps = e.steps;
            for(int di = 0;di < 4;di++) {
                int nx = x + dx[di];
                int ny = y + dy[di];
                if(nx < 0 || nx > m || ny < 0 || ny > = n)       //跳过超界的位置
                    continue;
                if(maps[nx][ny] == '#')                          //跳过遇到的障碍物
                    continue;
                if(dist[x][y] + 1 < dist[nx][ny]) {              //剪支
                    dist[nx][ny] = dist[x][y] + 1;
                    e1.x = nx; e1.y = ny;
                    e1.steps = steps + 1;
                    bound(e1);
                    if(e1.lb > = ans) continue;                  //剪支
                    if(e1.x == T.x && e1.y == T.y)
                        ans = min(ans,e1.steps);
                    else
                        pq.push(e1);
                }
            }
        }
    }
    void bound(QNode &e) {                                       //求结点 e 的 lb 值
        e.lb = e.steps + abs(e.x - T.x) + abs(e.y - T.y);
    }
};
```

上述程序提交后通过，执行用时为 164ms，内存消耗为 5.46MB。

解法 4：采用 A^* 算法。设计启发式函数 $f = g + h$，其中 g 表示从初始位置（入口）到达当前位置的最小距离（因为一次移动花一分钟，最小距离与最短时间相同），h 表示从当前位置到目标位置（出口）的曼哈顿距离。采用优先队列实现 A^* 算法，f 越小越优先出队。由

出队结点 e 扩展出子结点 $e1$,一旦 $e1$ 为出口,则返回 $e1.g$。对应的程序如下:

```
struct QNode {                                  //优先队列的结点类型
    int x, y;                                   //位置
    int g, h, f;                                //启发式函数
    bool operator <(const QNode &s) const {
        if(f == s.f) return g > s.g;            //f 相同时按 g 越小越优先出队
        else return f > s.f;                    //f 不相同时 f 越小越优先出队
    }
};
class Solution {
    const int INF = 0x3f3f3f3f;
    int dx[4] = {1, 0, -1, 0};                  //水平方向的偏移量
    int dy[4] = {0, 1, 0, -1};                  //垂直方向的偏移量
    vector < vector < char >> maps;
    int m, n;
public:
    int theMazeIV(vector < vector < char >> &maps) {
        this -> maps = maps;
        m = maps.size();
        n = maps[0].size();
        QNode S, T;
        for(int i = 0; i < m; i++) {
            for(int j = 0; j < n; j++) {
                if(maps[i][j] == 'S') {         //找到 S
                    S.x = i; S.y = j;
                }
                else if(maps[i][j] == 'T') {    //找到 T
                    T.x = i; T.y = j;
                }
            }
        }
        return Astar(S, T);
    }
    int Astar(QNode S, QNode T) {               //A* 算法
        priority_queue < QNode > pq;            //定义一个优先队列 pq
        int visited[m][n];                      //方块访问标记数组
        memset(visited, 0, sizeof(visited));    //初始化所有元素为 0
        S.g = 0;
        S.h = geth(S, T);
        S.f = S.g + S.h;
        pq.push(S);                             //起始点进队
        visited[S.x][S.y] = 1;
        QNode e, e1;
        while(!pq.empty()) {                    //队不空时循环
            e = pq.top(); pq.pop();             //出队结点 e
            for(int di = 0; di < 8; di++) {
                int nx = e.x + dx[di];
                int ny = e.y + dy[di];
                if(nx == T.x && ny == T.y) {    //第一次找到 T 时返回其 steps
                    return e.g + 1;
                }
                if(nx < 0 || nx >= m || ny < 0 || ny >= n)  //跳过超界的位置
                    continue;
                if(maps[nx][ny] == '#')         //跳过遇到的障碍物
                    continue;
                if(visited[nx][ny] == 0) {
                    visited[nx][ny] = 1;
```

```
        e1.x = nx; e1.y = ny;
        e1.g = e.g + 1;
        e1.h = geth(e1,T);
        e1.f = e1.g + e1.h;
        pq.push(e1);                              //子结点 e1 进队
      ]
    }
  }
  return −1;
}
int geth(QNode a,QNode b) {                        //曼哈顿距离
  return abs(a.x − b.x) + abs(a.y − b.y);
}
};
```

上述程序提交后通过,执行用时为 143ms,内存消耗为 5.42MB。

6.4　LintCode1428——钥匙和房间★★

问题描述:有 n ($1 \leqslant n \leqslant 1000$)个房间,房间的编号是 $0 \sim n-1$,每个房间 i 都有一个钥匙列表 rooms$[i]$($0 \leqslant$ rooms$[i]$. length $\leqslant 1000$),每个钥匙 rooms$[i][j]$ 由 $0 \sim n-1$ 中的一个整数表示,钥匙 rooms$[i][j]=v$ 表示可以打开编号为 v 的房间,所有房间中的钥匙数量总计不超过 3000。开始时某人位于 0 号房间,除 0 号房间以外的其余所有房间都被锁住,设计一个算法判断此人能否进入每个房间,如果能返回 true,否则返回 false。例如,rooms＝{{1},{2},{3},{}},可以从 0 号房间开始拿到钥匙 1,进入 1 号房间拿到钥匙 2,然后进入 2 号房间拿到钥匙 3,最后进入 3 号房间,这样能够进入每个房间,返回 true。要求设计如下成员函数:

```
bool canVisitAllRooms(vector < vector < int >> &rooms) { }
```

解:采用基本广度优先搜索,用 sum 累计进队的房间个数,一旦 sum＝n 则说明能够进入每个房间,返回 true,若搜索完毕该式仍不成立则返回 false。对应的程序如下:

```
class Solution {
public:
    bool canVisitAllRooms(vector < vector < int >> &rooms) {
        int n = rooms.size();
        vector < int > visited(n,0);
        queue < int > qu;
        qu.push(0);
        visited[0] = 1;
        int sum = 1;
        while (!qu.empty()) {
            int u = qu.front();qu.pop();
            for (int v:rooms[u]) {
                if(visited[v] == 1) continue;
                visited[v] = 1;
                sum++;
                if(sum == n) return true;
                qu.push(v);
            }
        }
```

```
        return sum == n;
    }
};
```

上述程序提交后通过,执行用时为 40ms,内存消耗为 5.52MB。

6.5　LintCode531——六度问题★★

问题描述:六度分离是一个哲学问题,说的是每个人、每个东西可以通过6步或者更少的步数建立联系。现在给定一个友谊关系,设计一个算法查询任意两个人 s 和 t 可以通过多少步相连,如果它们不相连则返回 −1。友谊关系通过一个无向图表示,该无向图采用 vector < UndirectedGraphNode ∗ >类型的容器 graph 存储,其中 UndirectedGraphNode 类型声明如下:

```
struct UndirectedGraphNode {
    int label;
    vector < UndirectedGraphNode ∗ > neighbors;
    UndirectedGraphNode(int x): label(x) {};
};
```

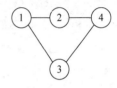

例如,一个友谊关系图如图 6.4 所示,s = 1,t = 4 时的答案为 2。
要求设计如下成员函数:

图 6.4　一个友谊关系图

```
int sixDegrees(vector < UndirectedGraphNode ∗ > graph,UndirectedGraphNode ∗ s,
    UndirectedGraphNode ∗ t) { }
```

解:采用分层次的广度优先搜索方法求解。用 ans 表示最短转换序列的长度(初始为 0),先将 s 进队,队不空时循环:求出当前层次中顶点的个数 cnt(即当前队列中元素的个数),出队每个结点,若找到顶点 t 则返回 ans,否则将其未访问的相邻点进队,一层处理完毕执行 ans++。对应的程序如下:

```
class Solution {
public:
    int sixDegrees(vector < UndirectedGraphNode ∗ > graph,
        UndirectedGraphNode ∗ s,UndirectedGraphNode ∗ t) {
    unordered_map < UndirectedGraphNode ∗ ,int > visited;    //顶点访问标记
    queue < UndirectedGraphNode ∗ > qu;                      //队列
    qu.push(s);
    visited[s] = 1;
    int ans = 0;
    while (!qu.empty()) {
        int cnt = qu.size();
        for(int i = 0;i < cnt;i++) {
            UndirectedGraphNode ∗ x = qu.front();qu.pop();
            if(x == t) return ans;                           //找到 t 则返回 ans
            for (UndirectedGraphNode ∗ y:x − > neighbors) {
                if (visited.find(y) == visited.end()) {
                    visited[y] = 1;
                    qu.push(y);
                }
            }
        }
        ans++;
    }
```

```
        return − 1;
    }
};
```

上述程序提交后通过,执行用时为 548ms,内存消耗为 5.64MB。

6.6 LintCode120——单词接龙 ★★★ ※

问题描述:给出两个非空并且不相同的单词 start 和 end(长度<5),以及一个字典 dict (长度≤5000),设计一个算法求从 start 到 end 的最短转换序列,输出最短序列的长度。变换规则如下:(1)每次只能改变一个字母;(2)变换过程中的中间单词必须在字典中出现(起始单词和结束单词不需要出现在字典中)。如果不存在这样的转换序列则返回 0。所有单词具有相同的长度,所有单词只由小写字母组成,字典中不存在重复的单词。例如,start= "hit",end="cog",dict={"hot","dot","dog","lot","log"},转换过程是"hit"->"hot"-> "dot"->"dog"->"cog",答案为 5。要求设计如下成员函数:

```
int ladderLength(string &start, string &end, unordered_set < string > &dict) { }
```

解:采用分层次的广度优先搜索方法求解。用 ans 表示最短转换序列的长度(初始为1),从 start 出发,用'a'～'z'置换每个位置的字母得到 word(每遍历一层 ans 增 1),若 word= end 则返回 ans,否则若 word 在 dict 中,将其进队。对应的程序如下:

```cpp
class Solution {
public:
    int ladderLength(string &start, string &end, unordered_set < string > &dict) {
        int n = start. size();
        queue < string > qu;
        qu. push(start);
        dict. erase(start);
        int ans = 1;
        while(!qu. empty()) {
            ans++;
            nt cnt = qu. size();
            for(int i = 0;i < cnt;i++) {
                string word = qu. front(); qu. pop();          //出队单词 word
                for(int i = 0;i < n;i++) {                     //置换 word[i]的每一个字母
                    char oldchar = word[i];
                    for(char c = 'a';c < = 'z';c++) {
                        word[i] = c;
                        if (word == end) return ans;
                        if(dict. find(word)!= dict. end()) {
                            qu. push(word);
                            dict. erase(word);
                        }
                    }
                    word[i] = oldchar;                         //恢复 word[i]
                }
            }
        }
        return 0;
    }
};
```

上述程序提交后通过,执行用时为 223ms,内存消耗为 5.4MB。

6.7 LintCode1888——矩阵中的最短路径★★

问题描述:给定 m 行 n 列($0 < m, n < 1000$)的矩阵 grid,在矩阵中 0 表示空地、-1 表示障碍、1 表示目标点(多个)。对于每个空地,标记出应该从该点向哪个方向出发才能以最短的距离到达目标点。如果向上出发则将该点标记为 2,如果向下出发则将该点标记为 3,如果向左出发则将该点标记为 4,如果向右出发则将该点标记为 5。方向的优先级从大到小为上、下、左、右,即如果从一个点向上或向下出发都能以最短距离到达目标点,则向上出发。设计一个算法返回完成标记之后的矩阵。例如,grid $=\{\{1,0,1\},\{0,0,0\},\{1,0,0\}\}$,答案为 $\{\{1,4,1\},\{2,2,2\},\{1,4,2\}\}$。要求设计如下成员函数:

```cpp
vector < vector < int >> shortestPath(vector < vector < int >> &grid) { }
```

解:采用多起点的广度优先搜索方法,设置二维数组 dist,dist$[i][j]$ 表示空地 (i,j) 到最近目标点的距离(初始时空地的 dist 值为 0,目标点的 dist 值为 1),先将所有 grid 为 1 的位置 (i,j) 进队,队不空时循环,出队 (x,y),扩展出相邻空地 (nx,ny),若该空地没有被访问将其进队,否则若它是重复最短路径,置 grid 值为最小方位值,最后返回 grid。对应的程序如下:

```cpp
class Solution {
    int up = 2, down = 3, left = 4, right = 5;
    int dr[4][3] = {{1,0,up},{-1,0,down},{0,1,left},{0,-1,right}};
public:
    vector < vector < int >> shortestPath(vector < vector < int >> &grid) {
        queue < pair < int, int >> qu;
        int m = grid.size(), n = grid[0].size();
        vector < vector < int >> dist(m, vector < int >(n,0));
        for(int i = 0; i < m; i++) {
            for(int j = 0; j < n; j++) {
                if(grid[i][j] == 1) {
                    qu.push(pair < int, int >(i,j));
                    dist[i][j] = 1;
                }
            }
        }
        while(!qu.empty()) {
            pair < int, int > e = qu.front(); qu.pop();
            for(int di = 0; di < 4; di++) {
                int x = e.first, y = e.second;
                int nx = x + dr[di][0];
                int ny = y + dr[di][1];
                if(nx < 0 || nx >= m || ny < 0 || ny >= n) continue;
                if(grid[nx][ny] == -1) continue;              //跳过障碍
                if(dist[nx][ny] == 0) {                        //空地
                    dist[nx][ny] = dist[x][y] + 1;            //路径长度加 1
                    grid[nx][ny] = dr[di][2];                 //修改方位
                    qu.push(pair < int, int >(nx,ny));
                }
                else if(dist[nx][ny] == dist[x][y] + 1) {      //重复路径 (x,y) -> (nx,ny)
```

```
                grid[nx][ny] = min(grid[nx][ny],dr[di][2]);   //取最小方位值(向上)
            }
          }
        }
        return grid;
    }
};
```

上述程序提交后通过,执行用时为 41ms,内存消耗为 5.68MB。

6.8 LintCode803——建筑物之间的最短距离 ★★★

问题描述:给定一个用二维数组表示的网格 grid,元素值为 0、1 或 2,0 标记一个空的土地,可以自由地通过,1 标记一个不能通过的建筑物,2 标记一个不能通过的障碍。现在想在一个空旷的土地上盖房屋,设计一个算法求在最短的距离内到达所有建筑物的最小距离,只能上、下、左、右移动。例如,grid={{1,0,2,0,1},{0,0,0,0,0},{0,0,1,0,0}},其中 3 个建筑物的位置是(0,0)、(0,4)、(2,2),一个障碍物的位置是(0,2),空地(1,2)是建造房屋的理想位置,因为 3+3+1=7 的总程距离最小,所以返回 7。要求设计如下成员函数:

```
int shortestDistance(vector < vector < int >> &grid) { }
```

解:设计两个全局二维数组 reach 和 dist,reach$[i][j]$ 表示空地(i,j)能够到达的建筑物的数目,dist$[i][j]$ 表示空地(i,j)到达所有建筑物的距离和。从每个建筑物出发采用分层次的广度优先搜索方法求出这两个数组,并且累计建筑物的数目 cnt,最后在所有 reach$[i][j]$= cnt 中求最小的 dist 值。对应的程序如下:

```
class Solution {
    const int INF = 0x3f3f3f3f;
    int dx[4] = {0,0,1, -1};                        //水平方向的偏移量
    int dy[4] = {1, -1,0,0};                        //垂直方向的偏移量
    vector < vector < int >> reach;
    vector < vector < int >> dist;
public:
    int shortestDistance(vector < vector < int >> &grid) {
        int m = grid. size();
        int n = grid[0]. size();
        dist = vector < vector < int >>(m, vector < int >(n,0));
        reach = vector < vector < int >>(m, vector < int >(n, 0));
        int cnt = 0;
        for (int i = 0;i < m;i++) {
            for (int j = 0;j < n;j++) {
                if (grid[i][j] == 1) {
                    cnt++;
                    bfs(grid,i,j);                   //从建筑物(i,j)出发搜索
                }
            }
        }
        int ans = INF;
        for (int i = 0;i < m;i++) {
            for (int j = 0;j < n;j++) {
                if (grid[i][j] == 0 && reach[i][j] == cnt) {
```

```
                    ans = min(ans, dist[i][j]);
                }
            }
        }
        return ans == INF ? -1 : ans;
    }
    void bfs(vector < vector < int >> &grid, int i, int j) {        //从建筑物(i,j)出发搜索所有空地
        int m = grid.size();
        int n = grid[0].size();
        vector < vector < bool >> visited(m, vector < bool >(n, false));
        queue < pair < int, int >> qu, nextLevel;
        qu.emplace(i, j);
        int steps = 0;
        while(!qu.empty()) {
            steps++;
            int cnt = qu.size();
            for(int i = 0; i < cnt; i++) {
                pair < int, int > cur = qu.front(); qu.pop();
                int x = cur.first, y = cur.second;
                reach[x][y]++;
                for (int di = 0; di < 4; di++) {
                    int nx = x + dx[di];
                    int ny = y + dy[di];
                    if (nx < 0 || nx >= m || ny < 0 || ny >= n)
                        continue;
                    if (grid[nx][ny] != 0 || visited[nx][ny] == 1)
                        continue;
                    dist[nx][ny] += steps;
                    qu.emplace(nx, ny);
                    visited[nx][ny] = true;
                }
            }
        }
    }
};
```

上述程序提交后通过,执行用时为 41ms,内存消耗为 2.2MB。

6.9   LeetCode1020——飞地的数量★★ ✳

问题描述:给定一个大小为 $m \times n (1 \leqslant m, n \leqslant 500)$ 的二进制矩阵 grid,其中 0 表示一个海洋单元格,1 表示一个陆地单元格。一次移动是指从一个陆地单元格走到另一个相邻(上、下、左、右)的陆地单元格或跨过 grid 的边界。设计一个算法求网格中无法在任意次数的移动中离开网格边界的陆地单元格的数量。例如,grid={{0,0,0,0},{1,0,1,0},{0,1,1,0},{0,0,0,0}},对应的网格图如图 6.5 所示,答案是 3,其中有 3 个 1 被 0 包围,一个 1 没有被包围,因为它在边界上。

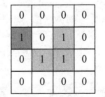

图 6.5   一个网格图

要求设计如下成员函数:

```
int numEnclaves(vector < vector < int >> & grid) { }
```

解:采用多起点的广度优先搜索方法。先将网格中边界上所有 grid 值为 1 的陆地单元格进队,从这些位置广度搜索所有 grid 值为 1 的陆地单元格,将能够到达的陆地单元格的

grid 值改为 0,最后统计 grid 中所有为 1 的陆地单元格的个数 ans,返回 ans 即可。对应的程序如下:

```cpp
class Solution {
    int dx[4] = {0,0,1, -1};                        //水平方向的偏移量
    int dy[4] = {1, -1,0,0};                         //垂直方向的偏移量
public:
    int numEnclaves(vector < vector < int >> & grid) {
        int m = grid.size();
        int n = grid[0].size();
        queue < pair < int,int >> qu;
        for (int i = 0;i < m;i++) {
            for (int j = 0;j < n;j++) {
                if (i == 0 || j == 0 || i == m - 1 || j == n - 1) {
                    if (grid[i][j] == 1) {
                        grid[i][j] = 0;
                        qu.push(pair < int,int >(i,j));
                    }
                }
            }
        }
        while (!qu.empty()) {
            pair < int,int > e = qu.front(); qu.pop();
            int x = e.first,y = e.second;
            for(int di = 0;di < 4;di++) {
                int nx = x + dx[di];
                int ny = y + dy[di];
                if(nx < 0 || nx >= m || ny < 0 || ny >= n)
                    continue;
                if(grid[nx][ny] == 1) {
                    grid[nx][ny] = 0;
                    qu.push(pair < int,int >(nx,ny));
                }
            }
        }
        int ans = 0;
        for (int i = 1;i < m - 1;i++) {
            for (int j = 1;j < n - 1;j++) {
                if (grid[i][j] == 1)
                    ans++;
            }
        }
        return ans;
    }
};
```

上述程序提交后通过,执行用时为 48ms,内存消耗为 21.5MB。

6.10 LeetCode752——打开转盘锁 ★★ ✳

问题描述:有一个带有 4 个圆形拨轮的转盘锁。每个拨轮都有 10 个数字,即 '0'~'9',每个拨轮都可以自由旋转,例如把 '9' 变为 '0',把 '0' 变为 '9',每次旋转都只能旋转一个拨轮的一位数字。锁的初始数字为 '0000',是一个代表 4 个拨轮的数字字符串。在列表 deadends 中包含了 $n(1 \leqslant n \leqslant 500)$ 个死亡数字,一旦拨轮的数字和列表中的任何一个元素

相同,这个锁将会被永久锁定,无法再被旋转。字符串 target 代表可以解锁的数字,设计一个算法求出解锁需要的最少旋转次数,如果无论如何都不能解锁,返回-1。例如,deadends＝{"0201","0101","0102","1212","2002"},target＝"0202",答案为 6,一个可能的拨动序列如下:

"0000"→"1000"→"1100"→"1200"→"1201"→"1202"→"0202"

注意以下序列是不能解锁的,因为当拨动到"0102"时这个锁就会被锁定:

"0000"→"0001"→"0002"→"0102"→"0202"

要求设计如下成员函数:

int openLock(vector < string > & deadends, string target) { }

解法 1:采用分层次的广度优先搜索方法,先将"0000"进队,表示将最少旋转次数 ans 置为 0。出队字符串 s,由 s 旋转产生字符串集合 ret,即由 s 可能扩展出 ret 的任意字符串,若扩展出的字符串是 target 则返回 ans,否则若扩展出的字符串未被访问过并且不属于列表 deadends,将其进队。每扩展一层 ans 增 1。对应的程序如下:

```cpp
class Solution {
public:
    int openLock(vector < string > & deadends, string target) {
        if (target == "0000")
            return 0;
        unordered_set < string > dead(deadends.begin(), deadends.end());
        if (dead.count("0000") == 1)
            return -1;
        queue < string > qu;
        qu.emplace("0000");
        unordered_set < string > visited = {"0000"};
        int ans = 0;
        while (!qu.empty()) {
            ans++;
            int cnt = qu.size();
            for(int i = 0; i < cnt; i++) {
                string s = qu.front(); qu.pop();
                for (string ns:getnexts(s)) {
                    if (visited.count(ns) == 0 && dead.count(ns) == 0) {
                        if (ns == target) {              //第一次找到 target 时返回 ans
                            return ans;
                        }
                        qu.emplace(ns);
                        visited.insert(ns);
                    }
                }
            }
        }
        return -1;
    }
    char prev(char x) {                                  //x 逆时针方向旋转
        return x == '0'?'9':x - 1;
    }
    char succ(char x) {                                  //x 顺时针方向旋转
        return x == '9'?'0':x + 1;
    }
    vector < string > getnexts(string& s) {              //枚举 s 通过一次旋转得到的数字串
        vector < string > ret;
```

```
        for (int i = 0; i < 4; i++) {          //旋转每个数字字符
            char num = s[i];
            s[i] = prev(num);                    //逆时针方向旋转 s[i]
            ret.push_back(s);                    //将旋转结果存入 ret
            s[i] = succ(num);                    //顺时针方向旋转 s[i]
            ret.push_back(s);                    //将旋转结果存入 ret
            s[i] = num;
        }
        return ret;
    }
};
```

上述程序提交后通过，执行用时为 236ms，内存消耗为 110.3MB。

解法 2：采用 A* 算法。设计启发式函数为 $f = g + h$，其中 g 为起始字符串"0000"到当前字符串 ns 的最少旋转次数，h 表示从 ns 到 target 的最少旋转次数，由于存在逆时针方向和顺时针方向两种旋转，所以有：

$$h = \sum_{i=0}^{3} (\text{ns}[i] \text{ 旋转为 target}[i] \text{ 的最少旋转次数}) = \sum_{i=0}^{3} \min(\text{dist}[i], 10 - \text{dist}[i])$$

其中 $\text{dist}[i] = |\text{ns}[i] - \text{target}[i]|$。一旦 ns＝target，返回 ns.g 即可。对应的程序如下：

```
struct QNode {                                   //优先队列的结点类型
    string s;
    int f, g, h;
    bool operator <(const QNode &s) const {
        return f > s.f;                          //f 越小越优先出队
    }
};
class Solution {
public:
    int openLock(vector < string > & deadends, string target) {
        if (target == "0000")
            return 0;
        unordered_set < string > dead(deadends.begin(), deadends.end());
        if (dead.count("0000") == 1)
            return -1;
        priority_queue < QNode > pq;
        QNode e, e1;
        e.s = "0000"; e.g = 0;
        e.h = geth(e.s, target);
        e.f = e.g + e.h;
        pq.push(e);
        unordered_set < string > visited = {"0000"};
        while (!pq.empty()) {
            e = pq.top(); pq.pop();
            string s = e.s;
            for (string ns:getnexts(s)) {
                if (visited.count(ns) == 0 && dead.count(ns) == 0) {
                    if (ns == target) {          //第一次找到 target 时返回 e.g + 1
                        return e.g + 1;
                    }
                    e1.s = ns; e1.g = e.g + 1;
                    e1.h = geth(ns, target);
                    e1.f = e1.g + e1.h;
                    pq.push(e1);
                    visited.insert(ns);
                }
```

```
        }
      }
      return - 1;
   }
   char prev(char x) {                            //x 逆时针方向旋转
      return x == '0'?'9':x - 1;
   }
   char succ(char x) {                            //x 顺时针方向旋转
      return x == '9'?'0':x + 1;
   }
   vector < string > getnexts(string& s) {        //枚举 s 通过一次旋转得到的数字串
      vector < string > ret;
      for (int i = 0;i < 4;i++) {                 //旋转每个数字字符
         char num = s[i];
         s[i] = prev(num);                        //逆时针方向旋转 s[i]
         ret.push_back(s);                        //将旋转结果存入 ret
         s[i] = succ(num);                        //顺时针方向旋转 s[i]
         ret.push_back(s);                        //将旋转结果存入 ret
         s[i] = num;
      }
      return ret;
   }
   int geth(string& s,string& target) {           // 计算启发函数值
      int ret = 0;
      for (int i = 0;i < 4;i++) {
         int dist = abs(int(s[i]) - int(target[i]));
         ret += min(dist,10 - dist);
      }
      return ret;
   }
};
```

上述程序提交后通过,执行用时为 76ms,内存消耗为 30.8MB。

6.11 LeetCode773——滑动谜题 ★★★

问题描述:在一个 2×3 的谜板 board 上有 5 个方块,用数字 1~5 来表示,以及一块空缺,用 0 来表示。将一次移动定义为选择 0 与一个相邻的数字(上、下、左、右)进行交换,最终当谜板 board 的结果是 $\{\{1,2,3\},\{4,5,0\}\}$ 时谜板被解开。给出一个谜板的初始状态 board,设计一个算法求最少可以通过多少次移动解开谜板,如果不能解开谜板,则返回 -1。例如,board = $\{\{1,2,3\},\{4,0,5\}\}$,如图 6.6 所示,答案是 1,只要交换 0 和 5 即可。要求设计如下成员函数:

| 1 | 2 | 3 |
| 4 | 0 | 5 |

图 6.6 一个谜板 board

```
int slidingPuzzle(vector < vector < int >> & board) { }
```

解法 1:将 board 按行列顺序转换为字符串,例如目标状态 $\{\{1,2,3\},\{4,5,0\}\}$ 对应的字符串 goal 为"123450"。采用分层次的广度优先搜索方法的程序如下:

```
struct QNode {                                    //队列的结点类型
   int x,y;                                        //0 的位置
   string grid;                                    //谜板字符串
};
class Solution {
```

```cpp
    int dx[4] = {0,0,1, - 1};                              //水平方向的偏移量
    int dy[4] = {1, - 1,0,0};                              //垂直方向的偏移量
    string goal = "123450";
public:
    int slidingPuzzle(vector < vector < int >> & board) {
        int m = 2,n = 3;
        string str;
        int x,y;
        for (int i = 0;i < m;i++) {                         //将 board 转换为 str 并找到 0 的位置
            for (int j = 0;j < n;j++) {
                str.push_back(board[i][j] + '0');
                if (board[i][j] == 0) {
                    x = i; y = j;
                }
            }
        }
        if (goal == str) return 0;
        unordered_set < string > visited;
        queue < QNode > qu;
        QNode e,e1;
        e.x = x; e.y = y;
        e.grid = str;
        visited.insert(e.grid);                            //标记初始状态已访问
        qu.push(e);                                        //初始状态进队
        int ans = 0;
        while (!qu.empty()) {
            ans++;
            int cnt = qu.size();
            for(int i = 0;i < cnt;i++) {
                e = qu.front(); qu.pop();
                x = e.x;y = e.y;str = e.grid;
                int p0 = x * n + y;
                for (int di = 0;di < 4;di++) {
                    int nx = x + dx[di];
                    int ny = y + dy[di];
                    if (nx >= 0 && nx < m && ny >= 0 && ny < n) {
                        int p1 = nx * n + ny;
                        swap(str[p0],str[p1]);
                        if (!visited.count(str)) {
                            if (goal == str) return ans;     //子结点与目标状态相同返回 true
                            visited.insert(str);
                            e1.x = nx; e1.y = ny; e1.grid = str;
                            qu.push(e1);
                        }
                        swap(str[p0],str[p1]);               //恢复 str
                    }
                }
            }
        }
        return - 1;                                         //没有找到返回 - 1
    }
};
```

上述程序提交后通过,执行用时为 4ms,内存消耗为 8MB。

解法 2:采用 A*算法。设计启发式函数为 $f = g + h$,其中 g 为从初始状态到当前位置的最小移动次数,h 为当前谜板状态 str 与目标状态(不计目标状态 0 位置)对应位置不同元素的个数。定义优先队列按 f 越小越优先出队扩展,当扩展的子结点 $e1$ 的谜板状态与

goal 相同时返回 e1.g。对应的程序如下：

```
struct QNode {                                        //优先队列的结点类型
    int x,y;                                          //0 的位置
    string grid;                                      //谜板字符串
    int f,g,h;                                        //启发式函数值
    bool operator <(const QNode &s) const {           //重载<关系函数
        return f > s.f;                               //f 越小越优先出队
    }
};
class Solution {
    int dx[4] = {0,0,1,-1};                           //水平方向的偏移量
    int dy[4] = {1,-1,0,0};                           //垂直方向的偏移量
    string goal = "123450";
public:
    int slidingPuzzle(vector < vector < int >> & board) {
        int m = 2,n = 3;
        string str;
        int x,y;
        for (int i = 0;i < m;i++) {                   //将 board 转换为 str 并找到 0 的位置
            for (int j = 0;j < n;j++) {
                str.push_back(board[i][j] + '0');
                if (board[i][j] == 0) {
                    x = i; y = j;
                }
            }
        }
        if (goal == str) return 0;
        unordered_set < string > visited;
        priority_queue < QNode > pq;
        QNode e,e1;
        e.x = x; e.y = y;
        e.grid = str;
        e.g = 0; e.h = geth(str);                     //或者 e.h = 0
        e.f = e.g + e.h;
        pq.push(e);                                   //初始状态进队
        visited.insert(e.grid);                       //标记初始状态已访问
        while (!pq.empty()) {
            e = pq.top(); pq.pop();
            x = e.x;y = e.y;str = e.grid;
            int p0 = x * n + y;
            for (int di = 0;di < 4;di++) {
                int nx = x + dx[di];
                int ny = y + dy[di];
                if (nx >= 0 && nx < 3 && ny >= 0 && ny < 3) {
                    int p1 = nx * n + ny;
                    swap(str[p0],str[p1]);
                    if (goal == str) {
                        return e.g + 1;
                    }
                    if (!visited.count(str)) {
                        visited.insert(str);
                        e1.x = nx; e1.y = ny; e1.grid = str;
                        e1.g = e.g + 1;
                        e1.h = geth(str);
                        e1.f = e1.g + e1.h;
                        pq.push(e1);
                    }
```

```
            swap(str[p0],str[p1]);                    //恢复 str
        }
      }
    }
    return - 1;                                        //没有找到返回 false
}
int geth(string &str) {                               //计算启发式函数值
    int h = 0;
    for(int i = 0;i < 6;i++) {
        if(goal[i]!= '0' && goal[i]!= str[i])
            h++;
    }
    return h;
}
};
```

上述程序提交后通过,执行用时为 12ms,内存消耗为 8MB。

6.12   POJ1724——道路

问题描述见《教程》中的 5.15 节。这里采用分支限界法求解。

解:由输入数据建立图的邻接表存储结构,定义结点类型为 QNode 的优先队列 pq。首先将起始点 1 的结点进队,队不空时循环:出队结点 e(对应顶点 u),若 u 为 N 返回其中的长度,否则扩展出相邻点 v,求出到达顶点 v 的总长度为 e.len + (u,v) 道路长度,总费用为 e.cost + (u,v) 道路费用,仅将总费用 $\leqslant K$ 的结点进队。由于所有权值为正数,而队列中不包括费用超过 K 的结点,所以第一次找到的 N 顶点对应的长度就是满足题目要求的答案。对应的程序如下:

```cpp
# include < iostream >
# include < vector >
# include < queue >
# include < cstring >
using namespace std;
const int MAXN = 110;
struct QNode {                                        //优先队列的结点类型
    int v;                                            //当前顶点
    int len;                                          //路径长度
    int cost;                                         //路径用
    bool operator <(const QNode &s) const {           //重载<关系函数
        return len > s.len;                           //len 越小越优先出队
    }
};
struct Edge {                                         //边类型
    int v;
    int len;
    int cost;
    int next;
};
int head[MAXN];                                       //图的邻接表
Edge edg[100 * MAXN];
int cnt;
int K,N,R;
void addedge( int S, int D, int L, int T) {           //增加一条边
    edg[cnt].v = D;
```

```
        edg[cnt].len = L;
        edg[cnt].cost = T;
        edg[cnt].next = head[S];
        head[S] = cnt++;
}
int bfs() {                                    //优先队列式分支限界法算法
    QNode e,e1;
    priority_queue<QNode> pq;                  //定义一个优先队列(小根堆)
    e.v = 1;
    e.len = 0;
    e.cost = 0;
    pq.push(e);                                //起始点进队
    while(!pq.empty()) {
        e = pq.top(); pq.pop();                //出队结点 e
        int u = e.v;
        if(u == N)                             //第一次搜索到终点返回对应的路径长度
            return e.len;
        for(int j = head[u];j!= -1;j = edg[j].next) { //找顶点 u 的所有相邻点 v
        int v = edg[j].v;
        int len = edg[j].len;
        int cost = edg[j].cost;
        if(e.cost + cost > K) continue;        //总费用剪支
        e1.v = v;
        e1.len = e.len + len;
        e1.cost = e.cost + cost;
        pq.push(e1);                           //相邻点进队
        }
    }
    return -1;
}
int main() {
    scanf("%d%d%d",&K,&N,&R);
    int S,D,L,T;
    memset(head,0xff,sizeof(head));
    cnt = 0;
    for(int i = 0;i < R;i++) {
        scanf("%d%d%d%d",&S,&D,&L,&T);
        addedge(S,D,L,T);
    }
    printf("%d\n",bfs());
    return 0;
}
```

上述程序提交后通过,执行用时为 47ms,内存消耗为 996KB。

思考题:为什么上述 bfs()算法中不需要路径判重。

6.13 POJ2449——第 K 条最短路径长度 ※

时间限制:4000ms,空间限制:65 536KB。

问题描述:某地区有 N 个车站(编号为 $1\sim N$)、M 条道路,每条单向道路有相应的长度,求从车站 S(指车站的编号为 S,下同)到达车站 T 的第 K 条最短路径的长度。

输入格式:第一行包含两个整数 N 和 $M(1\leqslant N\leqslant 1000,0\leqslant M\leqslant 100\,000)$,车站的编号从 1 到 N,以下 M 行中的每一行包含 3 个整数 A、B 和 $T(1\leqslant A,B\leqslant N,1\leqslant T\leqslant 100)$,表示

从车站 A 到车站 B 的有向道路长度为 T,最后一行包含 3 个整数 S、T 和 K($1 \leqslant S, T \leqslant N$,$1 \leqslant K \leqslant 1000$)。

输出格式:输出由单个整数组成的一行,表示第 K 条最短路径的长度,如果不存在第 K 条最短路径,则应输出 -1。

输入样例:

```
2 2
1 2 5
2 1 4
1 2 2
```

输出样例:

```
14
```

解:题中样例对应的带权有向图如图 6.7 所示,$K = 2$,1 到 2 的第一条最短路径是 $1 \rightarrow 2$,长度为 5;第二条最短路径是 $1 \rightarrow 2 \rightarrow 1 \rightarrow 2$,长度为 14。从中看出这里的路径不必是简单路径。另外,1 到 1 的第一条最短路径是 $1 \rightarrow 2 \rightarrow 1$,长度为 9;第二条最短路径是 $1 \rightarrow 2 \rightarrow 1 \rightarrow 2 \rightarrow 1$,长度为 18,以此类推,在后面设计的算法中将 $S = T$ 看成长度为 0 的路径,所以 $S = T$ 时改为求第 $K + 1$ 条最短路径的长度。

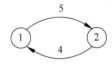

图 6.7 题中样例对应的带权有向图

采用 A* 算法。由输入图的数据建立两个邻接表,一个是正图邻接表 head1,另一个是反图邻接表 head2,使用 SPFA 算法利用反图以 T 为源点求出正图中每个顶点到达终点 T 的最短路径长度,用数组 dist 表示。再利用 A* 算法求起点 S 到终点 T 的前 K 条路径,使用的启发式函数为 $f = g + h$,其中 g 为从 S 到达当前顶点 v 的最短路径长度,h 为 $\text{dist}[v]$。当找到 S 到 T 的第 K 条最短路径长度的队结点 e 时,返回 e.g 即可。对应的程序如下:

```cpp
# include<cstdio>
# include<queue>
# include<cstring>
using namespace std;
const int INF = 0x3f3f3f3f;
const int MAXN = 1010;
int N,M,K;                              //顶点个数、边数和 K
int S,T;                                //起点和终点
int dist[MAXN];                         //当前顶点到终点的最短路径长度
struct SNode {                          //优先队列的结点类型
    int v;                              //顶点的编号
    int f,g;
    bool operator <(const SNode &s) const {   //运算符重载
        if(f == s.f)                    //f 相同时按 g 越小越优先出队
            return g > s.g;
        else                            //f 不相同时 f 越小越优先出队
            return f > s.f;
    }
};
int head1[MAXN],cnt1;                    //正图为(head1,edg1,cnt1)
int head2[MAXN],cnt2;                    //反图为(head2,edg2,cnt2)
struct Edge {                           //出边类型
    int v;
    int w;
    int next;
```

```
} edg1[MAXN * 100], edg2[MAXN * 100];
void addedge(int u, int v, int w) {                    //添加一条边
    edg1[cnt1].v = v; edg1[cnt1].w = w;                //在正图中添加一条边
    edg1[cnt1].next = head1[u];
    head1[u] = cnt1++;
    edg2[cnt2].v = u; edg2[cnt2].w = w;                //在反图中添加一条边
    edg2[cnt2].next = head2[v];
    head2[v] = cnt2++;
}
void SPFA() {                                          //反向求最短路径长度 dist
    int visited[MAXN];
    memset(visited, 0, sizeof(visited));
    memset(dist, 0x3f, sizeof(dist));                  //将 dist 中的全部元素初始化为 INF
    queue < int > qu;
    qu.push(T);                                        //终点进队
    visited[T] = 1;
    dist[T] = 0;
    while(!qu.empty()) {
        int u = qu.front(); qu.pop();
        visited[u] = 0;                                //表示 u 不在队列中
        for(int j = head2[u]; j!= -1; j = edg2[j].next) {   //存在边< u, v >:w
            int v = edg2[j].v;
            int w = edg2[j].w;
            if(dist[v] > dist[u] + w) {                //边松弛
                dist[v] = dist[u] + w;
                if (visited[v] == 0) {                 //顶点 v 不在队列中
                    qu.push(v);                        //将顶点 v 进队
                    visited[v] = 1;                    //表示 v 在队列中
                }
            }
        }
    }
}

int Astar(){                                           //A* 算法
    if(dist[S] == INF)                                 //不可能到达时返回 -1
        return -1;
    int cnt = 0;
    if(S == T) K++;                                    //特殊情况
    SNode e, e1;
    priority_queue < SNode > pq;
    e.v = S; e.g = 0; e.f = 0;
    pq.push(e);
    while(!pq.empty()) {
        e = pq.top(); pq.pop();
        int u = e.v;
        int g = e.g;
        if(u == T) {
            cnt++;
            if(cnt == K) return g;
        }
        for(int j = head1[u]; j!= -1; j = edg1[j].next) {
            int v = edg1[j].v;
            int w = edg1[j].w;
            e1.v = v;
            e1.g = g + w; e1.f = e1.g + dist[e1.v];
            pq.push(e1);
        }
    }
```

```
            return - 1;
    }
int main() {
    while(scanf(" % d % d",&N,&M)!= EOF) {
        cnt1 = 0; cnt2 = 0;
        memset(head1,0xff,sizeof(head1));    //将 head1 的全部元素初始化为 - 1
        memset(head2,0xff,sizeof(head2));    //将 head2 的全部元素初始化为 - 1
        int x,y,z;
        for(int i = 0;i < M;i++) {
            scanf(" % d % d % d",&x,&y,&z);
            addedge(x,y,z);
        }
        scanf(" % d % d % d",&S,&T,&K);
        SPFA();
        printf(" % d\n",Astar());
    }
    return 0;
}
```

上述程序提交后通过，执行用时为 344ms，内存消耗为 18 972KB。

6.14　POJ1376——机器人

时间限制：1000ms，空间限制：10 000KB。

问题描述：机器人在商店运输物品，求机器人从商店的一个地方移动到另一个地方花费的最少时间。机器人只能沿直线（轨道）移动，所有轨道形成一个矩形网格，相邻的轨道相距一米，商店是一个 $N \times M$ 米的长方形，完全被这个网格覆盖。距离商店一侧最近的轨道的距离正好是一米。该机器人是圆形的，直径等于 1.6 米，轨道穿过机器人的中心。机器人总是面向北方、南方、西方或东方，轨道在南北和东西方向，机器人只能在它所面对的方向上移动，可以在每个轨道交叉处改变方向。最初机器人站在轨道的交叉口。商店中的障碍物由地面上 1×1 米的碎片组成，恰好占用网格中的一个小正方形。机器人移动受两个指令（即 GO 和 TURN）控制。

GO n 指令命令机器人沿其面对的方向移动 n 米（$1 \leqslant n \leqslant 3$）。TURN 指令有一个参数，即 left 或 right，命令机器人按原来方位向左或者向右旋转 90 度。执行每个指令的时间是一秒钟。编写一个程序求机器人从给定起点移动到给定目标点的最短时间。

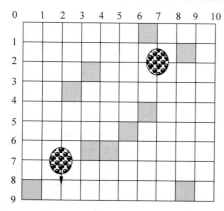

图 6.8　样例输入对应的矩形网格

输入格式：输入由多个测试用例组成。每个测试用例的第一行包含两个整数 M 和 N（M，$N \leqslant$ 50），由一个空格分隔；接下来 M 行，每行有 N 个 0 或者 1 或者它们的组合，由空格分隔，1 代表障碍物；0 代表空方块；最后一行包含 4 个正整数 B_1、B_2、E_1、E_2，以及一个空格和指示机器人在起点处方向的单词，B_1、B_2 是机器人的起点坐标，E_1、E_2 是机器人的目标点坐标，坐标系统的原点（0，0）为西北角，最东南方的坐标为（$M-1$，$N-1$）。没有规定机器人到达目标点时的方向。最后一个测试用例仅包含 $N=0$ 和 $M=0$ 的一行。如图 6.8 所示为样例输入对应的矩形网格。

输出格式：除了最后一个测试用例以外，每个测试用例的输出仅有一行，该行中包含机器人从起点到达目标点的最小秒数，如果从起点到目标点不存在任何路径，则该行将包含一1。

输入样例：

```
9 10
0 0 0 0 0 0 1 0 0 0
0 0 0 0 0 0 0 0 1 0
0 0 0 1 0 0 0 0 0 0
0 0 1 0 0 0 0 0 0 0
0 0 0 0 0 0 1 0 0 0
0 0 0 0 0 1 0 0 0 0
0 0 0 1 1 0 0 0 0 0
0 0 0 0 0 0 0 0 0 0
1 0 0 0 0 0 0 0 1 0
7 2 2 7 south
0 0
```

输出样例：

```
12
```

解法 1：采用基本广度优先搜索方法。坐标和方位设置如图 6.9 所示，设计队列结点类型为 QNode，包含位置 x 和 y、方位 dir 和从起始点到当前位置的步数 steps（时间），用 S 和 T 表示机器人的起始点和目标点。设置访问标记数组为 visited[MAXN][MAXN][4]，因为对于位置(x, y)，从不同方位走到该位置的路径是不同的。先将 S 进队，队不空时循环，出队结点 e，若 e 是目标点返回 e. steps，否则按各种指令进行处理。

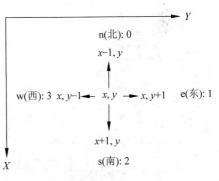

图 6.9 坐标和方位设置

（1）GO 1：向 e. dir 的方向移动一米，若对应的位置没有超界并且没有被访问过，则置 e1. steps＝e. steps＋1，将 e1 进队。

（2）GO 2：向 e. dir 方向移动两米，若对应的位置没有超界并且没有被访问过，则置 e1. steps＝e. steps＋1，将 e1 进队。如果（1）不能走，则（2）一定不能走。

（3）GO 3：向 e. dir 的方向移动 3 米，若对应的位置没有超界并且没有被访问过，则置 e1. steps＝e. steps＋1，将 e1 进队。如果（2）不能走，则（3）一定不能走。

（4）TURN left：向左旋转（逆时针方向）90 度，即改变方位，则置 e1. dir＝(e. dir－1＋4)％4，e1. steps＝e. steps＋1（旋转一次花费一分钟），将 e1 进队。

（5）TURN right：向右旋转（顺时针方向）90 度，即改变方位，则置 e1. dir＝(e. dir＋1＋4)％4，e1. steps＝e. steps＋1（旋转一次花费一分钟），将 e1 进队。

如果队列变空都没有找到目标点，说明从起点到目标点不存在任何路径，返回一1。对应的程序如下：

```
# include < iostream >
# include < queue >
# include < cstring >
using namespace std;
```

```
const int MAXN = 55;
int dx[4] = { - 1,0,1,0};
int dy[4] = {0,1,0, - 1};
int trn[] = { - 1,1};
struct QNode {                                     //队列结点类型
    int x,y;                                       //位置
    int dir;                                       //方位
    int steps;                                     //步数
};
QNode S,T;                                         //起始点和目标点
int m,n;
int grid[MAXN][MAXN];                              //网格数组
int visited[MAXN][MAXN][4];                        //访问标记数组
queue < QNode > qu;
int bfs() {                                        //广度优先搜索算法
    while (!qu.empty()) qu.pop();
    memset(visited,0,sizeof(visited));
    QNode e,e1;
    S.steps = 0;
    qu.push(S);                                    //起始点进队
    visited[S.x][S.y][S.dir] = 1;
    while (!qu.empty()) {                          //队不空时循环
        QNode e = qu.front(); qu.pop();           //出队结点 e
        if (e.x == T.x && e.y == T.y)             //第一次找到终点返回 e.g
            return e.steps;
        for (int sp = 1;sp < = 3;sp++) {          //处理 GO 1、GO 2 和 GO 3 指令
            e1.x = e.x + dx[e.dir] * sp;
            e1.y = e.y + dy[e.dir] * sp;
            e1.dir = e.dir;
            if (e1.x <= 0 || e1.x > = m || e1.y <= 0 || e1.y > = n || grid[e1.x][e1.y])
                break;                             //如果前面的指令出错,后面的指令一定出错
            if (visited[e1.x][e1.y][e1.dir] == 0) {
                e1.steps = e.steps + 1;
                qu.push(e1);
                visited[e1.x][e1.y][e1.dir] = 1;
            }
        }
        for (int i = 0;i < 2;i++) {               //处理 TURN left 或 TURN right 指令
            e1 = e;
            e1.dir = (e.dir + trn[i] + 4) % 4;    //left: - 1,right: + 1
            if (visited[e1.x][e1.y][e1.dir] == 0) {
                e1.steps = e.steps + 1;
                qu.push(e1);
                visited[e1.x][e1.y][e1.dir] = 1;
            }
        }
    }
    return - 1;
}
int main() {
    while (scanf(" % d % d",&m,&n) && m + n) {
        memset(grid,0,sizeof(grid));
        char str[10];
        for (int i = 0;i < m;i++) {
            for (int j = 0;j < n;j++) {
                int x;
                scanf(" % d",&x);
                if (x == 1)
```

```
            grid[i][j] = grid[i][j + 1] = grid[i + 1][j] = grid[i + 1][j + 1] = 1;
        }
    }
    scanf("% d % d",&S. x,&S. y);
    scanf("% d % d",&T. x,&T. y);
    scanf("% s",str);
    switch (str[0]) {
        case 'n':S. dir = 0; break;
        case 'e':S. dir = 1; break;
        case 's':S. dir = 2; break;
        case 'w':S. dir = 3; break;
    }
    cout << bfs() << endl;                       //输出求解结果
}
return 0;
}
```

上述程序提交后通过,执行用时为 47ms,内存消耗为 232KB。

解法 2:采用分层次的广度优先搜索方法,设计思路与解法 1 类似,用 ans 代替队列中的 steps 成员。对应的程序如下:

```
# include < iostream >
# include < queue >
# include < cstring >
using namespace std;
const int MAXN = 55;
int dx[4] = { - 1,0,1,0};
int dy[4] = {0,1,0, - 1};
int trn[] = { - 1,1};
struct QNode {                              //队列结点类型
    int x,y;                                //位置
    int dir;                                //方位
};
QNode S,T;                                  //起始点和目标点
int m,n;
int grid[MAXN][MAXN];                       //网格数组
int visited[MAXN][MAXN][4];                 //访问标记数组
queue < QNode > qu;
int bfs() {                                 //分层次广度优先搜索算法
    while (!qu. empty()) qu. pop();
    memset(visited,0,sizeof(visited));
    QNode e,e1;
    qu. push(S);                            //起始点进队
    visited[S. x][S. y][S. dir] = 1;
    int ans = - 1;
    while (!qu. empty()) {                   //队不空时循环
        ans++;
        int cnt = qu. size();
        for( int i = 0;i < cnt;i++) {
            QNode e = qu. front(); qu. pop();       //出队结点 e
            if (e. x == T. x && e. y == T. y)       //第一次找到终点返回 e.g
                return ans;
            for (int sp = 1;sp <= 3;sp++) {         //处理 GO 1、GO 2 和 GO 3 指令
                e1. x = e. x + dx[e. dir] * sp;
                e1. y = e. y + dy[e. dir] * sp;
                e1. dir = e. dir;
                if (e1. x <= 0 || e1. x >= m || e1. y <= 0 || e1. y >= n || grid[e1. x][e1. y])
                    break;                           //一旦前面的指令出错,后面的指令一定出错
```

```
                    if (visited[e1.x][e1.y][e1.dir] == 0) {
                        qu.push(e1);
                        visited[e1.x][e1.y][e1.dir] = 1;
                    }
                }
                for (int i = 0;i < 2;i++) {              //处理 TURN left 或 TURN right 指令
                    e1 = e;
                    e1.dir = (e.dir + trn[i] + 4) % 4;   //left: -1,right: +1
                    if (visited[e1.x][e1.y][e1.dir] == 0) {
                        qu.push(e1);
                        visited[e1.x][e1.y][e1.dir] = 1;
                    }
                }
            }
        }
    }
    return -1;
}
int main() {
    while (scanf(" % d % d",&m,&n) && m + n) {
        memset(grid,0,sizeof(grid));
        char str[10];
        for (int i = 0;i < m;i++) {
            for (int j = 0;j < n;j++) {
                int x;
                scanf(" % d",&x);
                if (x == 1)
                    grid[i][j] = grid[i][j + 1] = grid[i + 1][j] = grid[i + 1][j + 1] = 1;
            }
        }
        scanf(" % d % d",&S.x,&S.y);
        scanf(" % d % d",&T.x,&T.y);
        scanf(" % s",str);
        switch (str[0]) {
            case 'n':S.dir = 0; break;
            case 'e':S.dir = 1; break;
            case 's':S.dir = 2; break;
            case 'w':S.dir = 3; break;
        }
        cout << bfs() << endl;                          //输出求解结果
    }
    return 0;
}
```

上述程序提交后通过,执行用时为 32ms,内存消耗为 232KB。

解法 3:采用 A* 算法。设计启发式函数为 $f = g + h$,g 为从起始点到当前点的移动时间,h 表示从当前点到目标点的最少移动时间。通过优先队列实现,结点的优先级是 f 相同时按 g 越小越优先,f 不相同时按 f 越小越优先。对应的程序如下:

```
# include < iostream >
# include < queue >
# include < cstring >
using namespace std;
const int MAXN = 55;
int dx[4] = { -1,0,1,0};
int dy[4] = {0,1,0, -1};
int trn[] = { -1,1};
struct QNode {                                          //优先队列的结点类型
```

```
    int x,y;                                        //位置
    int dir;                                        //方位
    int f,g,h;                                      //启发式函数
    bool operator <(const QNode &s) const {
        if (f == s.f) return g > s.g;               //f 相同时按 g 越小越优先
        else return f > s.f;                        //f 不相同时按 f 越小越优先
    }
};
QNode S,T;                                          //起始点和目标点
int m,n;
int grid[MAXN][MAXN];                               //网格数组
int visited[MAXN][MAXN][4];                         //访问标记数组
priority_queue < QNode > pq;
int geth(QNode& e) {                                //计算 h 函数的值
    int xx = abs(e.x - T.x);                        //x 方向的差
    int yy = abs(e.y - T.y);                        //y 方向的差
    if (xx == 0 && yy == 0)                         //相同位置返回 0
        return 0;
    int h = xx/3 + yy/3;                            //执行 GO 3 的次数
    if (xx % 3!= 0)                                 //x 方向执行 GO xx % 3 一次
        h++;
    if (yy % 3!= 0)                                 //y 方向执行 GO yy % 3 一次
        h++;
    if (xx!= 0 || yy!= 0)                           //至少改变一次方向
        h++;
    return h;
}
int Astar() {                                       //A* 算法
    while (!pq.empty()) pq.pop();
    memset(visited,0,sizeof(visited));
    QNode e,e1;
    S.g = 0;
    S.h = geth(S);
    S.f = S.g + S.h;
    pq.push(S);                                     //起始点进队
    visited[S.x][S.y][S.dir] = 1;
    while (!pq.empty()) {                           //队不空时循环
        QNode e = pq.top(); pq.pop();              //出队结点 e
        if (e.x == T.x && e.y == T.y)              //第一次找到终点返回 e.g
            return e.g;
        for (int sp = 1;sp <= 3;sp++) {            //处理 GO 1、GO 2 和 GO 3 指令
            e1.x = e.x + dx[e.dir] * sp;
            e1.y = e.y + dy[e.dir] * sp;
            e1.dir = e.dir;
            if (e1.x <= 0 || e1.x >= m || e1.y <= 0 || e1.y >= n || grid[e1.x][e1.y])
                break;                              //一旦前面的指令出错,后面的指令一定出错
            if (visited[e1.x][e1.y][e1.dir] == 0) {
                e1.g = e.g + 1;
                e1.h = geth(e1);
                e1.f = e1.g + e1.h;
                pq.push(e1);
                visited[e1.x][e1.y][e1.dir] = 1;
            }
        }
        for (int i = 0;i < 2;i++) {                 //处理 TURN left 或 TURN right 指令
            e1 = e;
            e1.dir = (e.dir + trn[i] + 4) % 4;     //left: - 1,right: + 1
            if (visited[e1.x][e1.y][e1.dir] == 0) {
```

```
                    e1.g = e.g + 1;
                    e1.h = geth(e1);
                    e1.f = e1.g + e1.h;
                    pq.push(e1);
                    visited[e1.x][e1.y][e1.dir] = 1;
                }
            }
        }
    return - 1;
}
int main() {
    while (scanf(" % d % d",&m,&n) && m + n) {
        memset(grid,0,sizeof(grid));
        char str[10];
        for (int i = 0;i < m;i++) {
            for (int j = 0;j < n;j++) {
                int x;
                scanf(" % d",&x);
                if (x == 1)
                    grid[i][j] = grid[i][j + 1] = grid[i + 1][j] = grid[i + 1][j + 1] = 1;
            }
        }
        scanf(" % d % d",&S.x,&S.y);
        scanf(" % d % d",&T.x,&T.y);
        scanf(" % s",str);
        switch (str[0]) {
            case 'n':S.dir = 0; break;
            case 'e':S.dir = 1; break;
            case 's':S.dir = 2; break;
            case 'w':S.dir = 3; break;
        }
        cout << Astar() << endl;              //输出求解结果
    }
    return 0;
}
```

上述程序提交后通过,执行用时为 32ms,内存消耗为 240KB。

第 7 章 动态规划

7.1 LintCode41——最大子数组 ★ ※

问题描述：给定一个整数数组，找到一个具有最大和的子数组，返回其最大和。每个子数组的数字在数组中的位置应该是连续的，子数组最少包含一个数。例如，nums={−2,2,−3,4,−1,2,1,−5,3}，答案为6。要求设计如下成员函数：

```
int maxSubArray(vector < int > &nums) { }
```

解：原理参见《教程》中7.2节的求最大连续子序列和问题，采用空间优化算法maxsubsum1()的思路，用 ans 表示答案，由于这里最大子数组中至少包含一个元素，所以将 ans 初始化为 nums[0]。对应的动态规划程序如下：

```cpp
class Solution {
public:
    int maxSubArray(vector < int > &nums) {
        int n = nums.size();
        if(n == 1) return nums[0];
        int dp = nums[0];
        int ans = dp;
        for(int j = 1; j < n; j++) {
            dp = max(dp + nums[j], nums[j]);
            ans = max(ans, dp);
        }
        return ans;
    }
};
```

上述程序提交后通过，执行用时为41ms，内存消耗为4.09MB。

7.2 LintCode110——最小路径和 ★ ※

问题描述：给定一个只含非负整数的 $m \times n$ 网格 grid，设计一个算法找到一条从左上角到右下角的可以使数字和最小的路径。注意在同一时间只能向下或者向右移动一步。例如，grid={{1,3,1},{1,5,1},{4,2,1}}，输出为7，对应的路径是 1→3→1→1→1。要求设计如下成员函数：

```
int minPathSum(vector < vector < int >> &grid) { }
```

解：原理参见《教程》中7.4节的三角形最小路径问题。设计二维动态规划数组 dp，其中 $dp[i][j]$ 表示从 $(0,0)$ 到位置 (i,j) 的最小路径和。位置 (i,j) 的前驱位置如图7.1所示，则有 $dp[i][j] = \min(dp[i-1][j], dp[i][j-1]) + grid[i][j]$。考虑两种特殊情况：

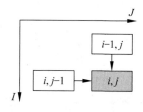

图 7.1 位置 (i,j) 的前驱位置

(1) 第0列 $(j=0)$ 有 $dp[i][0] = dp[i-1][0] + grid[i][0]$。

(2) 第0行 $(i=0)$ 有 $dp[0][j] = dp[0][j-1] + grid[0][j]$。

对应的动态规划程序如下：

```cpp
class Solution {
```

```
public:
    int minPathSum(vector < vector < int >> &grid) {
        int m = grid.size();
        if(m == 0) return 0;
        int n = grid[0].size();
        vector < vector < int >> dp(m, vector < int >(n));
        dp[0][0] = grid[0][0];
        for (int i = 1; i < m; i++) {
            dp[i][0] = dp[i - 1][0] + grid[i][0];
        }
        for (int j = 1; j < n; j++) {
            dp[0][j] = dp[0][j - 1] + grid[0][j];
        }
        for (int i = 1; i < m; i++) {
            for (int j = 1; j < n; j++) {
                dp[i][j] = min(dp[i - 1][j], dp[i][j - 1]) + grid[i][j];
            }
        }
        return dp[m - 1][n - 1];
    }
};
```

上述程序提交后通过,执行用时为 61ms,内存消耗为 5.41MB。

7.3　LintCode118——不同的子序列★★ ※

问题描述:给定字符串 s (s 的长度≤200)和 t (t 的长度≤200),求字符串 s 中有多少个子序列和字符串 t 相同。例如,$s =$ "rabbbit",$t =$ "rabbit",答案为 3,s 中对应的 3 个子序列是"ra b bbit"、"rab b bit"和"rabb b it"。要求设计如下成员函数:

int numDistinct(string &s, string &t) { }

解:设计二维动态规划数组 dp,其中 dp$[i][j]$ 表示 t 的前 j 个字符在 s 的前 i 个字符中出现的最大次数。当 t 为空串时其在 s 中出现一次,即置 dp$[i][0]=1(0≤i≤m)$,当 s 为空串时 t 在其中出现 0 次,即 dp$[0][j]=0(1≤j≤n)$,求 dp$[i][j]$ 分为两种情况:

(1) 若 $s[i-1]≠t[j-1]$,则 dp$[i][j]=$dp$[i-1][j]$。

(2) 若 $s[i-1]=t[j-1]$,$s[i-1]$ 与 $t[j-1]$ 不匹配时出现的次数为 dp$[i-1][j]$,$s[i-1]$ 与 $t[j-1]$ 匹配时出现的次数为 dp$[i-1][j-1]$,则 dp$[i][j]=$dp$[i-1][j]+$dp$[i-1][j-1]$。

在求出 dp 数组后,dp$[m][n]$ 就是答案,返回该元素即可。对应的动态规划程序如下:

```
class Solution {
public:
    int numDistinct(string &s, string &t) {
        int m = s.size();
        int n = t.size();
        vector < vector < int >> dp(m + 1, vector < int >(n + 1));
        for(int i = 0; i <= m; i++)
            dp[i][0] = 1;                    //当 t 是空串时,出现一次
        for(int j = 1; j <= n; j++)
            dp[0][j] = 0;                    //当 s 是空串时,出现 0 次
        for(int i = 1; i <= m; i++) {
```

```
        for( int j = 1; j < = n; j++) {
            dp[ i ][ j ] = dp[ i − 1 ][ j ];          //不匹配
            if( s[ i − 1 ] == t[ j − 1 ])             //匹配
                dp[ i ][ j ] += dp[ i − 1 ][ j − 1 ];
        }
    }
    return dp[ m ][ n ];
    }
};
```

上述程序提交后通过,执行用时为 41ms,内存消耗为 4.67MB。

7.4 LintCode1147——工作安排 ★★ ✳

问题描述:小美是团队的负责人,需要为团队制定工作计划来帮助团队产生最大的价值。每周团队都会有两项候选的任务,其中一项为简单任务,一项为复杂任务,两项任务都能在一周内完成。在第 i 周团队完成简单任务的价值为 low_i,完成复杂任务的价值为 $high_i$(low 和 high 数组的长度在 1~10 000 的范围内,low_i 和 $high_i$ 的值在 1~10 000 的范围内)。由于复杂任务本身的技术难度较高,团队如果在第 i 周选择执行复杂任务,需要在第 $i-1$ 周不做任何任务来专心准备,如果团队在第 i 周选择执行简单任务,不需要提前做任何准备。现在小美的团队收到了未来 n 周的候选任务列表,请帮助小美确定每周的工作安排使得团队产生的工作价值最大。例如,low={4,2,3,7},hard={3,5,6,9},答案为 17,小美在第一周挑选简单任务,价值为 4,在第二周做准备,在第三周挑选复杂任务,价值为 6,在第四周挑选简单任务,价值为 7,总价值为 4+6+7=17。要求设计如下成员函数:

```
int workPlan( vector < int > &low, vector < int > &high) { }
```

解:设计一维动态规划数组 dp,其中 dp[i] 表示做完第 i 周的任务后获得的最大价值。先置 dp 中的所有元素为 0,第一周只能做简单任务,即 dp[1]=low[0],当 $i \geq 2$ 时有两种选择:

(1) 第 i 周做简单任务,dp[i]=dp[$i-1$]+low[$i-1$]。

(2) 第 i 周做复杂任务,则第 $i-1$ 周不能做任务,即 dp[i]=dp[$i-2$]+high[$i-1$]。

在两种选择中取最大值,即 dp[i]=max(dp[$i-1$]+low[$i-1$],dp[$i-2$]+high[$i-1$])。在求出 dp 数组后返回 dp[n] 即可。对应的动态规划程序如下:

```
class Solution {
public:
    int workPlan( vector < int > &low, vector < int > &high) {
        int n = low. size();
        int dp[ n + 1 ];
        for ( int i = 0; i < = n; i++){
            dp[ i ] = 0;
        }
        dp[ 1 ] = low[ 0 ];
        for ( int i = 2; i < = n; i++) {
            dp[ i ] = max( dp[ i − 1 ] + low[ i − 1 ], dp[ i − 2 ] + high[ i − 1 ]);
        }
        return dp[ n ];
    }
};
```

上述程序提交后通过,执行用时为 61ms,内存消耗为 5.5MB。

7.5 LintCode553——炸弹袭击★★

问题描述:给定一个二维矩阵 grid,每个格子中有一个字符值,'W'表示墙,'E'表示敌人,'0'表示空。玩家可以在空地方放置炸弹,求可以用一颗炸弹杀死的最多敌人数。炸弹会杀死所有在同一行和同一列没有墙阻隔的敌人,由于墙比较坚固,所以墙不会被摧毁。例如,grid={"0E00","E0WE","0E00"},答案为 3,把炸弹放在(1,1)能杀死 3 个敌人。要求设计如下成员函数:

```
int maxKilledEnemies(vector < vector < char >> &grid) { }
```

解:一颗炸弹可以向 4 个方向爆炸,可以先求出一个方向爆炸炸死的最多敌人数,其他 3 个方向同理。以从 (i,j) 位置向上爆炸为例,设计二维动态规划数组 dp,其中 $dp[i][j]$ 表示向上爆炸炸死的最多敌人数,先初始化 dp 中的所有元素为 0,转移情况如下:

(1) 如果 (i,j) 位置是墙'W',则跳过。

(2) 如果 (i,j) 位置是敌人'E',则 $dp[i][j]=dp[i-1][j]+1$。

(3) 如果 (i,j) 位置是空地'0',则 $dp[i][j]=dp[i-1][j]$。

同时设计一个二维数组 A,其中 $A[i][j]$ 用于累计 (i,j) 爆炸时在全部方向炸死的敌人数。当求出 A 数组后,求出 $grid[i][j]=$'E'的最大 $A[i][j]$ 元素 ans,则 ans 就是从 (i,j) 位置放置炸弹杀死的最多敌人数。对应的动态规划程序如下:

```
class Solution {
public:
    int maxKilledEnemies(vector < vector < char >> &grid) {
        int m = grid. size();
        if(m == 0) return 0;
        int n = grid[0]. size();
        int dp[m][n];
        int A[m][n];
        memset(A, 0, sizeof(A));
        memset(dp, 0, sizeof(dp));
        for (int i = 0; i < m; i++) {              //考虑向上方向
            for (int j = 0; j < n; j++) {
                if (grid[i][j] == 'W')             //墙
                    continue;
                if (grid[i][j] == 'E')             //敌人
                    dp[i][j] = 1;
                if (i - 1 >= 0)                    //向上位置有效
                    dp[i][j] += dp[i - 1][j];      //累计该方向炸死的敌人数
                A[i][j] += dp[i][j];               //累计全部方向炸死的敌人数
            }
        }
        memset(dp, 0, sizeof(dp));
        for (int i = m - 1; i >= 0; i--) {         //考虑向下方向
            for (int j = 0; j < n; j++) {
                if (grid[i][j] == 'W')
                    continue;
                if (grid[i][j] == 'E')
                    dp[i][j] = 1;
                if (i + 1 < m)                     //向下位置有效
```

```
                dp[i][j] += dp[i + 1][j];
                A[i][j] += dp[i][j];
            }
        }
        memset(dp, 0, sizeof(dp));
        for (int i = 0; i < m; i++) {                    //考虑向左方向
            for (int j = 0; j < n; j++) {
                if (grid[i][j] == 'W')
                    continue;
                if (grid[i][j] == 'E')
                    dp[i][j] = 1;
                if (j - 1 >= 0)                          //向左位置有效
                    dp[i][j] += dp[i][j - 1];
                A[i][j] += dp[i][j];
            }
        }
        memset(dp, 0, sizeof(dp));
        for (int i = 0; i < m; i++) {                    //考虑向右方向
            for (int j = n - 1; j >= 0; j--) {
                if (grid[i][j] == 'W')
                    continue;
                if (grid[i][j] == 'E')
                    dp[i][j] = 1;
                if (j + 1 < n)                           //向右位置有效
                    dp[i][j] += dp[i][j + 1];
                A[i][j] += dp[i][j];
            }
        }
        int ans = 0;
        for (int i = 0; i < m; i++) {
            for (int j = 0; j < n; j++) {
                if (grid[i][j] == '0')
                    ans = max(ans, A[i][j]);
            }
        }
        return ans;
    }
};
```

上述程序提交后通过,执行用时为 325ms,内存消耗为 4.66MB。

7.6 LintCode107——单词拆分 I ★★ ※

问题描述:给定字符串 s(s 的长度≤100 000)和单词字典 dict(dict 的长度≤100 000),确定 s 是否可以被分成一个或多个以空格分隔的子串,并且这些子串都在字典中存在。例如,s = "lintcode",dict = {"lint","code"},答案为 true。要求设计如下成员函数:

```
bool wordBreak(string &s, unordered_set < string > &wordSet) { }
```

解:设计二维动态规划数组 dp,其中 dp[i]表示 s 的前 i 个字符组成的字符串是否能被拆分成若干字典中出现的单词。首先初始化 dp 中的所有元素为 false,置 dp[0] = true。求 dp[i]的过程如下:取出以 $s[i-1]$ 结尾的长度为 len(1≤len≤maxlen,其中 maxlen 为 dict 中最大单词的长度)的子串 tmp,若 tmp 出现在 dict 中并且 dp[i−len]为 true,则说明可以将 $s[0..i-1]$ 分为 $s[0..i-\text{len}-1]$ 和 $s[i-\text{len}..i-1]$ 两个单词,若只出现一次这样的情况,则置 dp[i]为 true。

按照上述过程求出 dp 数组后,dp[n]就是答案,返回该元素即可。对应的动态规划程序如下:

```
class Solution {
public:
    bool wordBreak(string &s, unordered_set < string > &wordSet) {
        int n = s.size();
        vector < bool > dp(n + 1, false);
        dp[0] = true;
        int maxlen = getmaxlen(wordSet);
        for (int i = 1; i <= n; i++) {
            for (int len = 1; len <= maxlen && len <= i; len++) {
                string tmp = s.substr(i - len, len);
                if (dp[i - len] && wordSet.find(tmp) != wordSet.end()) {
                    dp[i] = true;
                    break;
                }
            }
        }
        return dp[n];
    }
    int getmaxlen(unordered_set < string > &dict) {
        int maxLength = 0;
        for (auto it = dict.begin(); it != dict.end(); it++) {
            maxLength = max(maxLength, (int)it -> size());
        }
        return maxLength;
    }
};
```

上述程序提交后通过,执行用时为 901ms,内存消耗为 16.54MB。

7.7 LintCode436——最大正方形 ★★

问题描述:在一个二维 0/1 矩阵 matrix 中找到全为 1 的最大正方形,返回它的面积。例如,matrix={{1,0,1,0,0},{1,0,1,1,1},{1,1,1,1,1},{1,0,0,1,0}},答案为 4。要求设计如下成员函数:

```
int maxSquare(vector < vector < int >> &matrix) { }
```

解:设计二维动态规划数组 dp,其中 dp[i][j]表示以(i,j)为右下角且只包含 1 的正方形的边长的最大值。在求 dp[i][j]时,若 matrix[i][j]=0 不影响最大正方形,可以不考虑,当 matrix[i][j]=1 时的各种情况如下:

(1) 若 $i=0$ 或者 $j=0$,显然对应的最大全 1 正方形仅包含 matrix[i][j],则置 dp[i][j]=1。

(2) 否则,与(i,j)相关的 3 个位置如图 7.2 所示,假设 dp[$i-1$][j]、dp[i][$j-1$]和 dp[$i-1$][$j-1$]均为 x,则合并 matrix[i][j]=1,即在(i,j)位置会得到一个边长增加 1 的全 1 正方形,该正方形的边长恰好等于 $x+1$。可以推导出包含 matrix[i][j]

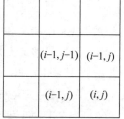

图 7.2 与(i,j)相关的 3 个位置

（或者说以 (i,j) 为右下角）的全 1 正方形的边长应该等于 $dp[i-1][j]$、$dp[i][j-1]$ 和 $dp[i-1][j-1]$ 的最小值加 1，即 $dp[i][j] = \min(\min(dp[i-1][j], dp[i][j-1]), dp[i-1][j-1]) + 1$。

按照上述过程求出 dp 数组后，其中最大元素 ans 就是最大的全 1 正方形的边长，返回 ans * ans 即可。对应的动态规划程序如下：

```cpp
class Solution {
public:
    int maxSquare(vector < vector < int >> &matrix) {
        int m = matrix.size();
        if(m == 0) return 0;
        int n = matrix[0].size();
        if(n == 0) return 0;
        int ans = 0;
        vector < vector < int >> dp(m, vector < int >(n));
        for (int i = 0; i < m; i++) {
            for (int j = 0; j < n; j++) {
                if (matrix[i][j] == 1) {
                    if (i == 0 || j == 0) {
                        dp[i][j] = 1;
                    }
                    else {
                        dp[i][j] = min(min(dp[i-1][j], dp[i][j-1]), dp[i-1][j-1]) + 1;
                    }
                    ans = max(ans, dp[i][j]);
                }
            }
        }
        return ans * ans;
    }
};
```

上述程序提交后通过，执行用时为 123ms，内存消耗为 5.6MB。

7.8 LintCode394——硬币排成线 ★★ ※

问题描述：有 n 个硬币排成一条线。两个参赛者轮流从右边依次拿走一个或者两个硬币，直到没有硬币为止。拿到最后一枚硬币的人获胜。请判定先手玩家 A 必胜还是必败？若必胜返回 true，否则返回 false。例如，$n = 4$，A 必胜，答案为 true，A 在第一轮拿走一个硬币，此时还剩 3 个硬币，这时无论后手玩家拿一个还是两个，下一次 A 都可以把剩下的硬币拿完。要求设计如下成员函数：

```cpp
bool firstWillWin(int n) { }
```

解：设计一维动态规划数组 dp，其中 $dp[i]$ 表示剩余 i 个硬币时先手玩家 A 是否必胜。显然 $dp[0] = false$，$dp[1] = dp[2] = true$。求 $dp[i]$ 的两种情况如下：

（1）A 拿走一个硬币，若 $dp[i-1]$ 为 false 则 A 才能胜，即 $dp[i] = !dp[i-1]$。

（2）A 拿走两个硬币，若 $dp[i-2]$ 为 false 则 A 才能胜，即 $dp[i] = !dp[i-2]$。

合并起来，只要有一种情况 A 胜就置 $dp[i] = true$，即 $dp[i] = !dp[i-1] \,||\, !dp[i-2]$。按照该过程求出 dp 数组后，返回 $dp[n]$ 即可。对应的动态规划程序如下：

```
class Solution {
public:
  bool firstWillWin(int n) {
    bool dp[n + 1];
    dp[0] = false;
    dp[1] = true;
    dp[2] = true;
    for (int i = 1; i <= n; i++) {
      dp[i] = !dp[i - 1] || !dp[i - 2];
    }
    return dp[n];
  }
};
```

上述程序提交后通过,执行用时为 41ms,内存消耗为 5.53MB。可以采用滚动数组,将 $dp[n+1]$ 改为 $dp[3]$ 进行优化,对应的程序如下:

```
class Solution {
public:
  bool firstWillWin(int n) {
    bool dp[3];
    dp[0] = false;
    dp[1] = true;
    dp[2] = true;
    for (int i = 3; i <= n; i++) {
      dp[i % 3] = !dp[(i - 1) % 3] || !dp[(i - 2) % 3];
    }
    return dp[n % 3];
  }
};
```

上述程序提交后通过,执行用时为 41ms,内存消耗为 5.52MB。

7.9　LintCode125——背包问题Ⅱ ★★ ※

问题描述:有 $n(n<100)$ 个物品和一个大小为 $m(m<1000)$ 的背包,给定数组 A 表示每个物品的大小和数组 V 表示每个物品的价值,求最多能装入背包的总价值是多少。每个物品只能取一次,不能将物品进行切分,所挑选的要装入背包的物品的总大小不能超过 m。例如,$m=10,A=\{2,3,5,7\},V=\{1,5,2,4\}$,答案为 9。要求设计如下成员函数:

```
int backPackII(int m, vector < int > &A, vector < int > &V) { }
```

解:采用动态规划方法求解,原理参见《教程》中 7.7 节的 0/1 背包问题。对应的程序如下:

```
class Solution {
public:
  int backPackII(int m, vector < int > &A, vector < int > &V) {
    int n = A.size();
    vector < vector < int >> dp(n + 1, vector < int >(m + 1));
    for (int i = 0; i <= n; i++)          //置边界条件 dp[i][0] = 0
      dp[i][0] = 0;
    for (int r = 0; r <= m; r++)          //置边界条件 dp[0][r] = 0
      dp[0][r] = 0;
    for (int i = 1; i <= n; i++) {
      for (int r = 0; r <= m; r++) {
```

```
          if (r < A[i - 1])
              dp[i][r] = dp[i - 1][r];
          else
              dp[i][r] = max(dp[i - 1][r], dp[i - 1][r - A[i - 1]] + V[i - 1]);
      }
    }
    return dp[n][m];
  }
};
```

上述程序提交后通过,执行用时为 61ms,内存消耗为 5.39MB。若采用滚动数组方式,将 dp 改为一维数组,对应的程序如下:

```
class Solution {
public:
  int backPackII(int m, vector < int > &A, vector < int > &V) {
      int n = A.size();
      vector < int > dp(m + 1, 0);                    //一维动态规划数组
      for (int i = 1; i <= n; i++) {
          for (int r = m; r >= A[i - 1]; r-- )        //r 为 A[i - 1]到 m 的逆序(重点)
              dp[r] = max(dp[r], dp[r - A[i - 1]] + V[i - 1]);
      }
      return dp[m];
  }
};
```

上述程序提交后通过,执行用时为 41ms,内存消耗为 5.59MB。

7.10　LintCode440——背包问题Ⅲ★★ ※

问题描述:给定 n 种物品,每种物品都有无限个。第 i 个物品的体积为 $a[i]$,价值为 $v[i]$。再给定一个容量为 m 的背包,不能将一个物品分成小块,装入背包的物品的总大小不能超过 m。求可以装入背包的最大价值是多少。例如,$a = \{2, 3, 5, 7\}$,$v = \{1, 5, 2, 4\}$,$m = 10$,答案为 15。要求设计如下成员函数:

```
int backPackIII(vector < int > &a, vector < int > &v, int m) { }
```

解:本题是完全背包问题,原理参见《教程》中 7.8.1 节的完全背包问题。采用三重循环对应的动态规划程序如下:

```
class Solution {
public:
  int backPackIII(vector < int > &a, vector < int > &v, int m) {
      int n = a.size();
      vector < vector < int >> dp(n + 1, vector < int >(m + 1, 0));
      for (int i = 1; i <= n; i++) {
          for (int r = 0; r <= m; r++) {
              for (int k = 0; k * a[i - 1] <= r; k++) {
                  if (dp[i][r] < dp[i - 1][r - k * a[i - 1]] + k * v[i - 1])
                      dp[i][r] = dp[i - 1][r - k * a[i - 1]] + k * v[i - 1];    //物品 i - 1 取 k 件
              }
          }
      }
      return dp[n][m];
  }
};
```

上述程序提交后通过,执行用时为 346ms,内存消耗为 5.55MB。消除第 3 重循环对应的动态规划程序如下:

```
class Solution {
public:
    int backPackIII(vector < int > &a, vector < int > &v, int m) {
        int n = a.size();
        vector < vector < int >> dp(n + 1, vector < int >(m + 1, 0));
        for (int i = 1; i <= n; i++) {
            for (int r = 0; r <= m; r++) {
                if (r < a[i - 1])                     //物品 i - 1 放不下
                    dp[i][r] = dp[i - 1][r];
                else                                  //在不选择和选择物品 i - 1(多次)中求最大值
                    dp[i][r] = max(dp[i - 1][r], dp[i][r - a[i - 1]] + v[i - 1]);
            }
        }
        return dp[n][m];                              //返回总价值
    }
};
```

上述程序提交后通过,执行用时为 62ms,内存消耗为 4.93MB。采用滚动数组方式,将 dp 改为一维数组,对应的程序如下:

```
class Solution {
public:
    int backPackIII(vector < int > &a, vector < int > &v, int m) {
        int n = a.size();
        vector < int > dp(m + 1, 0);                  //一维动态规划数组
        for (int i = 1; i <= n; i++) {
            for (int r = a[i - 1]; r <= m; r++)       //r 从 a[i - 1]到 m 遍历
                dp[r] = max(dp[r], dp[r - a[i - 1]] + v[i - 1]);
        }
        return dp[m];
    }
};
```

上述程序提交后通过,执行用时为 23ms,内存消耗为 5.41MB。

7.11 LintCode563——背包问题 V ★★ ✳

问题描述:给出 n 个物品以及一个数组 nums(nums[i]代表物品 i 的重量,保证重量均为正数),另外给出一个正整数 target 表示背包的容量。设计一个算法求出能填满背包的方案数,在一种方案中每一个物品只能使用一次并且不能被分割。例如,nums = {1,2,3,3,7},target = 7,方案的集合是{7}和{1,3,3},答案是 2。要求设计如下成员函数:

```
int backPackV(vector < int > &nums, int target) { }
```

解:设计二维动态规划数组 dp,其中 dp[i][r]表示在物品 0~$i-1$(共 i 个物品)中选择总重量为 $r(0 \leqslant r \leqslant W)$ 的物品的方案数。首先初始化 dp 的所有元素为 0。采用 i 从 1 到 n 的顺序(正序)求 dp[i][r]。

(1) 若 $r <$ nums[$i-1$],不能装入物品 $i-1$,则 dp[i][r] = dp[$i-1$][r]。

(2) 若 $r \geqslant$ nums[$i-1$],可以不装入物品 $i-1$,求方案数为 dp[$i-1$][r],也可以装入物品 $i-1$,求方案数为 dp[$i-1$][$r-$nums[$i-1$]],则 dp[i][r] = dp[i][r] + dp[$i-1$][r] +

$\text{dp}[i-1][r-\text{nums}[i-1]]$。

在求出 dp 数组后，$\text{dp}[n][\text{target}]$ 就是能填满背包的方案数，返回该元素即可。对应的动态规划程序如下：

```
class Solution {
public:
    int backPackV(vector < int > &nums, int target) {
        int n = nums.size();
        vector < vector < int >> dp(n + 1, vector < int >(target + 1,0));
        dp[0][0] = 1;
        for(int i = 1;i <= n;i++) {
            for(int r = 0;r <= target;r++) {
                if(r < nums[i - 1])
                    dp[i][r] = dp[i - 1][r];
                else
                    dp[i][r] += dp[i - 1][r] + dp[i - 1][r - nums[i - 1]];
            }
        }
        return dp[n][target];
    }
};
```

上述程序提交后通过，执行用时为 243ms，内存消耗为 35.77MB。另外也可以采用 i 从 n 到 1 的顺序（反序）求 $\text{dp}[i][r]$，对应的动态规划程序如下：

```
class Solution {
public:
    int backPackV(vector < int > &nums, int target) {
        int n = nums.size();
        vector < vector < int >> dp(n + 1, vector < int >(target + 1,0));
        dp[n][0] = 1;
        for(int i = n;i >= 1;i--) {
            for(int r = 0;r <= target;r++) {
                if(r < nums[i - 1])
                    dp[i - 1][r] = dp[i][r];
                else
                    dp[i - 1][r] += dp[i][r] + dp[i][r - nums[i - 1]];
            }
        }
        return dp[0][target];
    }
};
```

上述程序提交后通过，执行用时为 223ms，内存消耗为 35.63MB。对于前面的正序算法采用滚动数组方式，将 dp 改为一维数组，对应的动态规划程序如下：

```
class Solution {
public:
    int backPackV(vector < int > &nums, int target) {
        int n = nums.size();
        vector < int > dp(target + 1,0);              //一维动态规划数组
        dp[0] = 1;
        for (int i = 1;i <= n;i++) {
            for (int r = target;r >= nums[i - 1];r--)  //r 按 nums[i - 1] 到 target 的逆序(重点)
                dp[r] += dp[r - nums[i - 1]];
        }
        return dp[target];
    }
};
```

上述程序提交后通过,执行用时为 121ms,内存消耗为 5.49MB。

7.12 LintCode669——换硬币★★

问题描述:给出 $n(n \leqslant 500)$ 个不同面额的硬币 coins 以及一个总金额 amount(amount$\leqslant$ 10 000),计算给出的总金额可以换取的最少硬币数量。如果已有硬币的任意组合均无法与总金额面额相等,那么返回 -1。可以假设每种硬币均有无数个。例如,coins$=\{1,2,5\}$,amount$=11$,答案为 3,即 $11=5+5+1$。要求设计如下成员函数:

```
int coinChange(vector < int > &coins, int amount) { }
```

解:原理参见《教程》中 7.8.1 节的完全背包问题,这里做两点修改,一是将每个硬币的价值看成 1,二是将求最大价值改为求最小价值。对应的动态规划程序如下:

```
class Solution {
    const int INF = 0x3f3f3f3f;                    //表示∞
public:
    int coinChange(vector < int > &coins, int amount) {
        int n = coins. size();
        if (amount == 0) return 0;
        vector < vector < int >> dp(n + 1, vector < int >(amount + 1, INF));
        for(int i = 0; i <= n; i++) dp[i][0] = 0;
        for (int i = 1; i <= n; i++) {
            for (int r = 0; r <= amount; r++) {
                if (r < coins[i - 1])                  //面额 i-1 大了
                    dp[i][r] = dp[i - 1][r];
                else                                   //在不选择和选择(多次)中求最小值
                    dp[i][r] = min(dp[i - 1][r], dp[i][r - coins[i - 1]] + 1);
            }
        }
        return dp[n][amount] == INF? - 1:dp[n][amount];
    }
};
```

上述程序提交后通过,执行用时为 81ms,内存消耗为 4.67MB。采用滚动数组方式,将 dp 改为一维数组,对应的动态规划程序如下:

```
class Solution {
    const int INF = 0x3f3f3f3f;                    //表示∞
public:
    int coinChange(vector < int > &coins, int amount) {
        int n = coins. size();
        if (amount == 0)return 0;
        int dp[amount + 1];                            //一维动态规划数组
        memset(dp, 0x3f, sizeof(dp));                  //置边界情况:将全部元素初始化为∞
        dp[0] = 0;
        for (int i = 1; i <= n; i++) {
            for (int r = 1; r <= amount; r++) {
                if (r >= coins[i - 1])
                    dp[r] = min(dp[r], dp[r - coins[i - 1]] + 1);
            }
        }
        return dp[amount] == INF? - 1:dp[amount];
    }
};
```

上述程序提交后通过,执行用时为 61ms,内存消耗为 5.48MB。

7.13 LintCode94——二叉树中的最大路径和★★

问题描述:给出一棵二叉树,寻找一条路径使其路径和最大,路径可以在任一结点开始和结束(路径和为两个结点所在路径上的结点的权值之和)。例如,对于如图 7.3 所示的二叉树,答案为 6,最大路径和的路径为 3→2→1。要求设计如下成员函数:

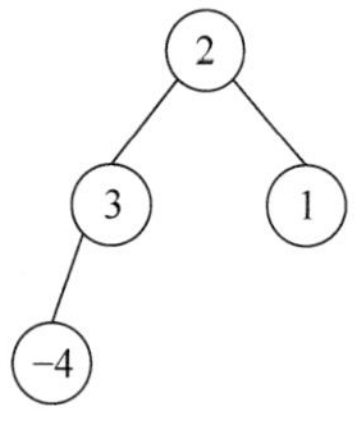

图 7.3 一棵二叉树

```
int maxPathSum(TreeNode * root) { }
```

解:采用树形动态规划方法,设计一维动态规划数组 dp,其中 $dp[r]$ 表示从结点 r 出发的最大路径和,显然有 3 种情况。

(1) 该路径包含左子树中的结点($dp[r$-> $left]>0$),则 $dp[r]=dp[r$-> $left]+r$-> val。

(2) 该路径包含右子树中的结点($dp[r$-> $right]>0$),则 $dp[r]=dp[r$-> $right]+r$-> val。

(3) 该路径仅包含结点 r,则 $dp[r]=r$-> val。

合并起来有 $dp[r]=\max(dp[r$-> $left],dp[r$-> $right],0)+r$-> val。实际上对于结点 r,包含它的最大路径和为 $\max(dp[r$-> $left]+dp[r$-> $right],0)+r$-> val,所以在递归深度优先搜索 dfs 求出 dp 数组后通过比较求出其最大值即可。

实际上可以不使用 dp 数组,当求出左、右孩子结点的 dp 值(即 left 和 right)后直接用单个变量 ans 保存最大的 $\max(left+right,0)+r$-> val,最后返回 $\max(dp,dfs(root))$ 即可。对应的动态规划程序如下:

```cpp
class Solution {
    const int INF = 0x3f3f3f3f;
    int ans;
public:
    int maxPathSum(TreeNode * root) {
        ans = - INF;
        return max(ans,dfs(root));
    }
    int dfs(TreeNode * r){
        if(r == NULL) return 0;
        int left = dfs(r -> left);
        int right = dfs(r -> right);
        if(max(left + right,0) + r -> val > ans)
            ans = max(left + right,0) + r -> val;
        return max(max(left,right),0) + r -> val;
    }
};
```

上述程序提交后通过,执行用时为 65ms,内存消耗为 5.37MB。

7.14 LintCode1306——旅行计划Ⅱ★★★

问题描述:有 $n(n≤15)$ 个城市,给出邻接矩阵 arr 代表任意两个城市的距离,$arr[i][j]$($arr[i][j]≤10\,000$)代表从城市 i 到城市 j 的距离。Alice 在周末制定了一个游玩计划,她从所在的城市 0 开始,游玩其他的 $1 \sim n-1$ 个城市,最后回到城市 0。Alice 想知道她能完成游玩计划需要行走的最小距离,返回这个最小距离。除了城市 0 以外每个城市只能经过一次。例如,arr=$\{\{0,1,2\},\{1,0,2\},\{2,1,0\}\}$,答案为 4,该 TSP 路径有两条,即 $0 \rightarrow 1 \rightarrow 2 \rightarrow 0$(路径长度为 5),$0 \rightarrow 2 \rightarrow 1 \rightarrow 0$(路径长度为 4)。要求设计如下成员函数:

```
int travelPlanII(vector < vector < int >> &arr) {}
```

解:该问题描述与《教程》中的例 3.9(LintCode1891)完全相同,不同之处是本题的测试数据比 LintCode1891 的大一些,LintCode1891(穷举法和分治法超时)可以采用各种算法策略求解,但本题采用回溯法。

```cpp
class Solution {
    const int INF = 0x3f3f3f3f;                          //表示∞
public:
    int travelPlanII(vector < vector < int >> &arr) {
        return TSP(arr);
    }
    bool inset(int V, int j) {                           //判断顶点 j 是否在 S 中
        return (V & (1 <<(j - 1)))!= 0;
    }
    int delj(int V, int j) {                             //返回从 S 中删除顶点 j 的集合
        return V^(1 <<(j - 1));
    }
    int TSP(vector < vector < int >> &A) {               //求 TSP 问题(起始点为 0)
        int n = A. size();
        vector < vector < int >> dp;                     //二维动态规划数组
        dp = vector < vector < int >>(1 << n, vector < int >(n, INF)); //均设置为∞
        dp[0][0] = 0;
        for(int V = 0; V <(1 <<(n - 1)); V++) {
            for(int i = 1; i < n; i++) {                 //顶点 i 从 1 到 n-1 循环
                if(inset(V, i)) {                        //顶点 i 在 S 中
                    if(V == (1 <<(i - 1))) {             //S 中只有一个顶点 i
                        dp[V][i] = min(dp[V][i], A[0][i]);
                    }
                    else {                               //S 中有多个顶点
                        int S1 = delj(V, i);             //从 S 中删除顶点 i 得到 S1
                        for(int j = 1; j < n; j++) {
                            if(inset(S1, j)) {           //顶点 j 在 S1 中
                                dp[V][i] = min(dp[V][i], dp[S1][j] + A[j][i]);
                            }
                        }
                    }
                }
            }
        }
        int ans = INF;
        for(int i = 1; i < n; i++)                       //求答案
            ans = min(ans, dp[(1 <<(n - 1)) - 1][i] + A[i][0]);
        return ans;
    }
};
```

上述程序提交后通过,执行用时为 122ms,内存消耗为 5.43MB。

7.15 LeetCode121——买卖股票的最佳时机★

问题描述：假设有一个数组 prices，它的第 i 个元素是一支给定的股票在第 i 天的价格。如果某人最多只允许完成一次交易（例如一次买或者卖股票），设计一个算法找出最大利润。例如，prices＝{3,2,3,1,2}，答案为1，在第3天买入，第4天卖出，利润是 $2-1=1$。要求设计如下成员函数：

```
int maxProfit(vector < int > &prices) {}
```

解：设计一维动态规划数组 dp，其中 $dp[i]$ 表示第 i 天卖出股票的最大利润，另外设计一个一维数组 minp，其中 $minp[i]$ 表示前 i 天（包含 i）该股票的最低买入价格。置 $minp[0]=prices[0]$，i 从1到 $n-1$ 循环：$dp[i]=prices[i]-minp[i-1]$，$minp[i]=\min(prices[i], minp[i-1])$。

按照上述过程求出 dp 数组后，其中最大元素就是答案，返回该元素即可。对应的动态规划程序如下：

```cpp
class Solution {
public:
    int maxProfit(vector < int > &prices) {
        int n = prices. size();
        if(n == 0) return 0;
        int ans = 0;
        vector < int > dp(n,0);
        vector < int > minp(n);
        minp[0] = prices[0];
        for (int i = 1; i < n; i++){
            dp[i] = prices[i] - minp[i - 1];
            ans = max(ans, dp[i]);
            minp[i] = min(prices[i], minp[i - 1]);
        }
        return ans;
    }
};
```

上述程序提交后通过，执行用时为 108ms，内存消耗为 98.8MB。由于 $dp[i]$ 仅与 $dp[i-1]$ 相关，minp 也是如此，将它们改为单个变量。对应的空间优化程序如下：

```cpp
class Solution {
public:
    int maxProfit(vector < int > &prices) {
        int n = prices. size();
        if(n == 0) return 0;
        int ans = 0;
        int dp = 0;
        int minp = prices[0];
        for (int i = 1; i < n; i++){
            dp = prices[i] - minp;
            ans = max(ans, dp);
            minp = min(prices[i], minp);
        }
        return ans;
    }
};
```

上述程序提交后通过,执行用时为 108ms,内存消耗为 90.9MB。

7.16 LeetCode122——买卖股票的最佳时机 II ★★

问题描述:给定一个含 n ($1 \leqslant n \leqslant 30\,000$) 个整数的数组 prices,其中 prices$[i]$ ($0 \leqslant$ prices$[i] \leqslant 10\,000$) 表示某只股票第 i 天的价格。在每一天都可以决定是否购买或出售股票,某人在任何时候最多只能持有一只股票。此人也可以先购买股票,然后在同一天出售。设计一个算法求此人能获得的最大利润。例如,prices=$\{7,1,5,3,6,4\}$,此人可以在第 2 天(股票价格=1)买入,在第 3 天(股票价格=5)卖出,获得的利润为 $5-1=4$。然后在第 4 天(股票价格=3)买入,在第 5 天(股票价格=6)卖出,获得的利润为 $6-3=3$,总利润为 $4+3=7$,答案为 7。要求设计如下成员函数:

```
int maxProfit(vector < int > & prices) { }
```

解:设计二维动态规划数组 dp,其中 dp$[i][j]$ 表示第 i 天持股状态为 j 时的最大现金数。其中 j 为 0 表示持有现金,j 为 1 表示持有股票。

dp$[0][0]=0$ 表示第 0 天的现金为 0(开始操作之前现金为 0),dp$[0][1]=-$prices$[0]$ 表示第 0 天买入股票时的现金为 $-$prices$[0]$。求 dp$[i][j]$ 的两种情况如下:

(1) $j=0$,第 i 天的两种子情况。

① 不操作,则有 dp$[i][0]=$dp$[i-1][0]$。

② 卖出股票,获得现金 prices$[i]$,则有 dp$[i][0]=$dp$[i-1][1]+$prices$[i]$。

合并起来,dp$[i][0]=\max($dp$[i-1][0]$,dp$[i-1][1]+$prices$[i])$。

(2) $j=1$,第 i 天的两种子情况。

① 不操作,则有 dp$[i][1]=$dp$[i-1][1]$。

② 买入股票,减少现金 prices$[i]$,则有 dp$[i][1]=$dp$[i-1][0]-$prices$[i]$。

合并起来,dp$[i][1]=\max($dp$[i-1][1]$,dp$[i-1][0]-$prices$[i])$。

按照上述过程求出 dp 数组后,dp$[n-1][0]$ 就是答案,返回该元素即可。对应的动态规划程序如下:

```cpp
class Solution {
public:
    int maxProfit(vector < int > & prices) {
        int n = prices. size();
        if (n < 2) return 0;
        int dp[n][2];
        memset(dp, 0, sizeof(dp));
        dp[0][0] = 0;
        dp[0][1] = - prices[0];
        for (int i = 1; i < n; i++) {
            dp[i][0] = max(dp[i - 1][0], dp[i - 1][1] + prices[i]);
            dp[i][1] = max(dp[i - 1][1], dp[i - 1][0] - prices[i]);
        }
        return dp[n - 1][0];
    }
};
```

上述程序提交后通过,执行用时为 12ms,内存消耗为 12.7MB。将 dp$[n][2]$ 改为 dp0$[n]$ 和 dp1$[n]$,对应的程序如下:

```
class Solution {
public:
    int maxProfit(vector < int > & prices) {
        int n = prices.size();
        if (n < 2) return 0;
        int dp0[n],dp1[n];
        memset(dp0,0,sizeof(dp0));
        memset(dp1,0,sizeof(dp1));
        dp0[0] = 0;
        dp1[0] = - prices[0];
        for (int i = 1;i < n;i++) {
            dp0[i] = max(dp0[i-1],dp1[i-1] + prices[i]);
            dp1[i] = max(dp1[i-1],dp0[i-1] - prices[i]);
        }
        return dp0[n-1];
    }
};
```

从上看出,dp0$[i]$ 仅与 dp0$[i-1]$ 和 dp1$[i-1]$ 相关,dp1$[i]$ 也仅与 dp0$[i-1]$ 和 dp1$[i-1]$ 相关,采用滚动数组方式,将它们均改为单个变量,对应的动态规划程序如下:

```
class Solution {
public:
    int maxProfit(vector < int > & prices) {
        int n = prices.size();
        if (n < 2) return 0;
        int dp0,dp1;
        dp0 = 0;
        dp1 = - prices[0];
        for (int i = 1;i < n;i++) {
            dp0 = max(dp0,dp1 + prices[i]);
            dp1 = max(dp1,dp0 - prices[i]);
        }
        return dp0;
    }
};
```

上述程序提交后通过,执行用时为 4ms,内存消耗为 12.5MB。

7.17 LeetCode123——买卖股票的最佳时机Ⅲ★★★

问题描述:给定一个数组 prices(长度在 $[1,100\,000]$ 的范围内),它的第 i 个元素是一只给定股票在第 i 天的价格。设计一个算法计算某人所能获得的最大利润。此人最多可以完成两笔交易。注意不能同时参与多笔交易(必须在再次购买前出售掉之前的股票)。例如,prices$=\{3,3,5,0,0,3,1,4\}$,答案为 6。解释如下,在第 4 天(股票价格$=0$)的时候买入,在第 6 天(股票价格$=3$)的时候卖出,这笔交易所能获得的利润为 $3-0=3$。随后,在第 7 天(股票价格$=1$)的时候买入,在第 8 天(股票价格$=4$)的时候卖出,这笔交易所能获得的利润为 $4-1=3$,获得的最大利润$=3+3=6$。要求设计如下成员函数:

```
int maxProfit(vector < int > & prices) { }
```

解：除了考虑持股状态以外，还需要考虑交易次数。每次交易分为买入和卖出，只有在卖出后才算一次交易完成。为此设置一个三维动态规划数组 dp，$dp[i][j][k]$ 表示第 i 天持股状态为 j 且完成第 k 次交易后的最大利润，j 的可能取值为 $0 \sim 1$（$j = 0$ 表示当前不持股，$j = 1$ 表示当前持股），k 的可能取值为 $0 \sim 2$，该数组的大小为 $dp[100005][2][3]$。

对于第 0 天有：

① $dp[0][0][0] = 0$：没有任何交易，最大利润为 0。

② $dp[0][1][0] = -prices[0]$：完成 0 次交易后且持股，也就是买入（属于第一次交易的买入），最大利润为 $-prices[0]$。

③ 其他情况：无论是否持股，如果存在交易，最大利润均为 $-prices[0]$。

对于第 i 天的各种情况（j、k 的所有情况有 $2 \times 3 = 6$ 种）如下：

① $dp[i][0][0] = 0$：没有任何交易且不持股，最大利润为 0。

② $dp[i][0][1] = \max(dp[i-1][1][0] + prices[i], dp[i-1][0][1])$：完成第一次交易后且不持股，要么昨天（第 $i-1$ 天）持股，今天（第 i 天）卖出（属于第一次交易的卖出，完成第一次交易），利润为 $dp[i-1][1][0] + prices[i]$；要么昨天不持股，今天不做操作，利润为 $dp[i-1][0][1]$。

③ $dp[i][0][2] = \max(dp[i-1][1][1] + prices[i], dp[i-1][0][2])$：完成第二次交易后且不持股，要么昨天持股，今天卖出（属于第二次交易的卖出，完成第二次交易），利润为 $dp[i-1][1][1] + prices[i]$；要么昨天不持股，今天不做操作，利润为 $dp[i-1][0][2]$。

④ $dp[i][1][0] = \max(dp[i-1][1][0], -prices[i])$：完成 0 次交易后且持股，要么昨天持股，今天不做操作，利润为 $dp[i-1][1][0]$；要么今天买入（属于第一次交易的买入，第一次交易尚未结束），利润为 $-prices[i]$。

⑤ $dp[i][1][1] = \max(dp[i-1][1][1], dp[i-1][0][1] - prices[i])$：完成第一次交易后且持股，要么昨天持股，今天不做操作，利润为 $dp[i-1][1][1]$；要么昨天不持股，今天买入（属于第二次交易的买入，第二次交易尚未结束），利润为 $dp[i-1][0][1] - prices[i]$。

⑥ $dp[i][1][2] = 0$：完成两次交易且持股，这是不满足题目要求的操作，设置最大利润为 0。

最后返回 0（不做任何交易）、$dp[n-1][0][1]$（做一次交易）和 $dp[n-1][0][2]$（做两次交易）中的最大值就是最多完成两笔交易的最大利润。对应的动态规划程序如下：

```cpp
class Solution {
public:
    int maxProfit(vector < int > & prices) {
        int n = prices.size();
        if(n < = 1) return 0;
        int dp[100005][2][3];
        dp[0][0][0] = 0;
        dp[0][1][0] = - prices[0];
        for(int j = 0;j < = 1;j++) {
            for(int k = 1;k < = 2;k++)
                dp[0][j][k] = - prices[0];
        }
        for(int i = 1;i < n;i++) {
            dp[i][0][0] = 0;
```

```
            dp[i][0][1] = max(dp[i-1][1][0] + prices[i], dp[i-1][0][1]);
            dp[i][0][2] = max(dp[i-1][1][1] + prices[i], dp[i-1][0][2]);
            dp[i][1][0] = max(dp[i-1][1][0], -prices[i]);
            dp[i][1][1] = max(dp[i-1][1][1], dp[i-1][0][1] - prices[i]);
            dp[i][1][2] = 0;
        }
        return max(0, max(dp[n-1][0][1], dp[n-1][0][2]));
    }
};
```

上述程序提交后通过，执行用时为 124ms，内存消耗为 75.9MB。前面 dp 为三维数组，而 dp[i][1][2] 是无效状态，可以将 dp 改为二维数组，大小为 dp[n][5]，n 表示天数，5 表示 5 种不同的状态，各种状态如下。

dp[i][0]：初始状态。

dp[i][1]：第一次买入。

dp[i][2]：第一次卖出。

dp[i][3]：第二次买入。

dp[i][4]：第二次卖出。

状态转移过程与前面的类似。对应的动态规划程序如下：

```
class Solution {
public:
    int maxProfit(vector<int>& prices) {
        int n = prices.size();
        if(n <= 1) return 0;
        int dp[100005][5];
        dp[0][0] = 0;
        dp[0][1] = -prices[0];
        dp[0][2] = 0;
        dp[0][3] = -prices[0];
        dp[0][4] = 0;
        for(int i = 1; i < n; i++) {
            dp[i][0] = dp[i-1][0];                          //初始状态
            dp[i][1] = max(dp[i-1][1], dp[i-1][0] - prices[i]); //处理第一次买入
            dp[i][2] = max(dp[i-1][2], dp[i-1][1] + prices[i]); //处理第一次卖出
            dp[i][3] = max(dp[i-1][3], dp[i-1][2] - prices[i]); //处理第二次买入
            dp[i][4] = max(dp[i-1][4], dp[i-1][3] + prices[i]); //处理第二次卖出
        }
        int a = max(0, dp[n-1][0]);
        int b = max(dp[n-1][1], dp[n-1][2]);
        int c = max(dp[n-1][3], dp[n-1][4]);
        return max(a, max(b, c));
    }
};
```

上述程序提交后通过，执行用时为 120ms，内存消耗为 75.5MB。处理每一天可以看成一个阶段，由于每个阶段仅与前一个阶段相关，采用滚动数组优化空间。对应的动态规划程序如下：

```
class Solution {
public:
    int maxProfit(vector<int>& prices) {
        int n = prices.size();
        if(n <= 1) return 0;
        int dp[5];
        dp[0] = 0;
```

```
        dp[1] = - prices[0];
        dp[2] = 0;
        dp[3] = - prices[0];
        dp[4] = 0;
        for(int i = 1;i < n;i++) {
            dp[0] = dp[0];                              //初始状态
            dp[1] = max(dp[1],dp[0] - prices[i]);       //处理第一次买入
            dp[2] = max(dp[2],dp[1] + prices[i]);       //处理第一次卖出
            dp[3] = max(dp[3],dp[2] - prices[i]);       //处理第二次买入
            dp[4] = max(dp[4],dp[3] + prices[i]);       //处理第二次卖出
        }
        int ans = 0;
        for(int i = 0;i < 5;i++)
            ans = max(ans,dp[i]);
        return ans;
    }
};
```

上述程序提交后通过,执行用时为 100ms,内存消耗为 73.3MB。

7.18 LeetCode188——买卖股票的最佳时机 IV ★★★

问题描述:给定一个整数数组 prices(长度在$[0,1000]$的范围内),它的第 i 个元素 prices$[i]$ 是一只给定股票在第 i 天的价格。设计一个算法来计算某人所能获得的最大利润。此人最多可以完成 $k(0 \leqslant k \leqslant 100)$ 笔交易。注意不能同时参与多笔交易(必须在再次购买前出售掉之前的股票)。例如,$k=2$,prices$=\{2,4,1\}$,答案为 2,在第一天(股票价格$=2$)的时候买入,在第二天(股票价格$=4$)的时候卖出,这笔交易所能获得的利润是 $4-2=2$。要求设计如下成员函数:

```
int maxProfit(int k, vector < int > & prices) { }
```

解:设置一个三维动态规划数组 dp,dp$[i][j][k]$表示第 i 天持股状态为 j 且完成第 k 次交易后的最大利润,j 的可能取值为 $0 \sim 1$($j=0$ 表示当前不持股,$j=1$ 表示当前持股),该数组的大小为 dp$[100005][2][k+1]$。

对于第 i 天,设 dp$[i][0][0]=0$ 表示第 i 天 0 次交易后手上无股票时的利润为 0。然后 K 从 1 到 k 循环处理:

(1)$i=0$ 的各种情况。

① dp$[0][0][K]=0$:第 0 天 K 次交易后手上无股票时的利润为 0。

② dp$[0][1][K]=-$prices$[0]$:第 0 天 K 次交易后手上有股票时的利润为$-$prices$[0]$。

(2)$i>0$ 的各种情况。

① dp$[i][0][K]=$max(dp$[i-1][1][K]+$prices$[i]$,dp$[i-1][0][K]$):完成第 K 次交易后且不持股,要么昨天持股,今天卖出(属于第 K 次交易的卖出,完成第 K 次交易),利润为 dp$[i-1][1][K]+$prices$[i]$;要么昨天不持股,今天不做操作,利润为 dp$[i-1][0][K]$。

② dp$[i][1][K]=$max(dp$[i-1][0][K-1]-$prices$[i]$,dp$[i-1][1][K]$):完成第 K 次交易后且持股,要么昨天不持股,今天买入(属于第 K 次交易的买入,第 K 次交易尚未结束),利润为 dp$[i-1][0][K]-$prices$[i]$;要么昨天持股,今天不做操作,利润为 dp$[i-1][1][K]$。

最后返回 0 和 dp$[n-1][0][1..K]$(最多做 K 次交易)中的最大值就是最多完成 K 笔交易的最大利润。对应的动态规划程序如下：

```
class Solution {
public:
  int maxProfit(int k, vector < int > & prices) {
      int n = prices. size();
      if(n < = 1) return 0;
      int dp[n][2][k + 1];
      for (int i = 0; i < n; i++) {
          dp[i][0][0] = 0;                    // 第 i 天 0 次交易后手上无股票时的利润为 0
          for (int K = 1; K < = k; K++) {
              if(i == 0) {
                  dp[0][0][K] = 0;           //第 0 天 j 次交易后手上无股票时的利润为 0
                  dp[0][1][K] = - prices[0]; //第 0 天 j 次交易后手上有股票时的利润为 - prices[0]
              }
              else {
                  dp[i][0][K] = max(dp[i - 1][1][K] + prices[i], dp[i - 1][0][K]);
                  dp[i][1][K] = max(dp[i - 1][0][K - 1] - prices[i], dp[i - 1][1][K]);
              }
          }
      }
      int ans = 0;
      for(int i = 1; i < = k; i++)
          ans = max(ans, dp[n - 1][0][i]);
      return ans;
  }
};
```

上述程序提交后通过,执行用时为 4ms,内存消耗为 11.3MB。

7.19 LeetCode309——买卖股票的最佳时机 (含冷冻期)★★

问题描述:给定一个整数数组 prices(长度在 $[1, 5000]$ 的范围内),其中第 i 个元素代表第 i 天的股票价格。设计一个算法计算出最大利润。在满足以下约束条件下,某人可以尽可能地完成更多的交易(多次买卖一只股票),即不能同时参与多笔交易(必须在再次购买前出售掉之前的股票),且卖出股票后无法在第二天买入股票(即冷冻期为一天)。例如,prices = $\{1, 2, 3, 0, 2\}$,答案为 3,对应的交易状态为[买入,卖出,冷冻期,买入,卖出]。要求设计如下成员函数:

```
int maxProfit(vector < int > & prices) { }
```

解:采用动态规划方法,与"LeetCode122——买卖股票的最佳时机Ⅱ"问题类似,设置二维动态规划数组 dp,dp$[i][j]$ 表示第 i 天持股状态为 j 时的最大利润,$j = 0$ 表示当前不持股,$j = 1$ 表示当前持股(最多持股数量为 1)。

显然 dp$[0][0] = 0$(第 0 天不持股的最大利润为 0),dp$[0][1] = -$prices$[0]$(第 0 天持股只能是买入股票,其最大利润为 $-$prices$[0]$,此时有股票但没有卖出时利润为负数)。

对于 dp$[i][0]$,表示今天(对应第 i 天)不持股,有以下两种情况:

① 昨天(对应第 $i - 1$ 天)不持股,今天什么都不做,利润与昨天相同,即 dp$[i][0] =$ dp$[i - 1][0]$。

② 昨天持股,今天卖出股票,利润为 $dp[i-1][1]+prices[i]$,即 $dp[i][0]=dp[i-1][1]+prices[i]$。

合起来有 $dp[i][0]=\max(dp[i-1][0],dp[i-1][1]+prices[i])$。

对于 $dp[i][1]$,表示今天(对应第 i 天)持股,有以下两种情况:

① 若 $i<2$,昨天持股,今天什么都不做,利润与昨天相同,此时 $dp[i][1]=dp[i-1][1]$;昨天不持股,今天一定是首次买入,利润为 $-prices[i]$,此时 $dp[i][1]=dp[i-1][1]$。合起来为 $dp[i][1]=\max(dp[i-1][1],-prices[i])$。

② 若 $i\geq2$,昨天持股,今天什么都不做,利润与昨天相同,即 $dp[i][1]=dp[i-1][1]$;昨天不持股,前天也一定是不持股的,这样昨天作为买入冷冻期(冷冻期不能买入),今天一定要买入,对应的利润为 $dp[i][1]=dp[i-2][0]-prices[i]$。合起来为 $dp[i][1]=\max(dp[i-1][1],dp[i-2][0]-prices[i])$。

对应的状态转移方程如下:

$$dp[0][0]=0$$
$$dp[0][1]=-prices[0]$$
$$dp[i][0]=\max(dp[i-1][0],dp[i-1][1]+prices[i]) \quad 当\ i>0\ 时$$
$$dp[i][1]=\max(dp[i-1][1],-prices[i]) \quad 当\ i<2\ 时$$
$$dp[i][1]=\max(dp[i-1][1],dp[i-2][0]-prices[i]) \quad 当\ i\geq2\ 时$$

求出 dp 数组后,最大利润就是 $dp[n-1][0]$,对应的动态规划程序如下:

```cpp
class Solution {
public:
    int maxProfit(vector < int > & prices) {
        int n = prices. size();
        if(n < = 1) return 0;
        int dp[n][2];
        dp[0][0] = 0;
        dp[0][1] = - prices[0];
        for (int i = 1;i < n;i++){
            dp[i][0] = max(dp[i-1][0],dp[i-1][1] + prices[i]);
            if(i < 2)
                dp[i][1] = max(dp[i-1][1], - prices[i]);
            else
                dp[i][1] = max(dp[i-1][1],dp[i-2][0] - prices[i]);
        }
        return dp[n-1][0];
    }
};
```

上述程序提交后通过,执行用时为 0ms,内存消耗为 10.7MB。

7.20 LeetCode714——买卖股票的最佳时机(含手续费)★★

问题描述:给定一个整数数组 prices(长度在[1,50 000]的范围内),其中第 i 个元素代表第 i 天的股票价格;非负整数 fee($0\leq$fee$<50\,000$)代表交易股票的手续费用。某人可以无限次地完成交易,但是每笔交易都需要付手续费。如果此人已经购买了一只股票,在卖出

它之前不能再继续购买股票了。返回获得的利润的最大值。注意这里的一笔交易指买入持有并卖出股票的整个过程,每笔交易只需要支付一次手续费。例如,prices＝{1,3,2,8,4,9},fee＝2,答案为8,也就是在 prices[0]＝1 处买入,在 prices[3]＝8 处卖出,在 prices[4]＝4 处买入,在 prices[5]＝9 处卖出,总利润为$((8-1)-2)+((9-4)-2)=8$。要求设计如下成员函数:

```
int maxProfit(vector < int > & prices, int fee) { }
```

解:采用动态规划方法,与"LeetCode122——买卖股票的最佳时机Ⅱ"问题类似,设置二维动态规划数组 dp,$dp[i][j]$ 表示第 i 天持股状态为 j 时的最大利润,$j=0$ 表示当前不持股,$j=1$ 表示当前持股(最多持股数量为 1),仅在卖出时利润需要减 fee。对应的状态转移方程如下:

$$dp[0][0]=0$$
$$dp[0][1]=-prices[0]$$
$$dp[i][0]=\max(dp[i-1][0],dp[i-1][1]+prices[i]-fee) \quad 当 i>0 时$$
$$dp[i][1]=\max(dp[i-1][1],dp[i-1][0]-prices[i])$$

求出 dp 数组后,最大利润就是 $dp[n-1][0]$,对应的动态规划程序如下:

```
class Solution {
public:
  int maxProfit(vector < int > & prices, int fee) {
     int n = prices.size();
     if(n <= 1) return 0;
     int dp[n][2];
     dp[0][0] = 0;
     dp[0][1] = - prices[0];
     for (int i = 1;i < n;i++){
        dp[i][0] = max(dp[i - 1][0],dp[i - 1][1] + prices[i] - fee);  //卖出需要手续费
        dp[i][1] = max(dp[i - 1][1],dp[i - 1][0] - prices[i]);
     }
     return dp[n - 1][0];
  }
};
```

上述程序提交后通过,执行用时为 84ms,内存消耗为 54.1MB。

7.21 LeetCode91——解码方法 ★★ ※

问题描述:一条包含字母 A～Z 的消息通过以下映射进行了编码。

```
'A' -> "1"
'B' -> "2"
…
'Z' -> "26"
```

要解码已编码的消息,所有数字必须基于上述映射的方法反向映射回字母(可能有多种方法)。例如,"11106" 可以映射为"AAJF"(将消息分组为 1,1,10,6)或者"KJF"(将消息分组为 11,10,6)。给定一个只含数字的非空字符串 s(s 的长度在[1,100]的范围内,可能包含前导零),请计算并返回解码方法的总数。要求设计如下成员函数:

```
int numDecodings(string s) { }
```

解：设计一维动态规划数组 dp，其中 dp[i] 表示解码 s 的前 i 个字符的方法数。首先初始化 dp 的所有元素为 0。置 dp[0]＝1。求 dp[i] 分为以下两种情况：

(1) 若 $s[i-1] \neq$ '0'，又分为两种子情况。

① 直接将 $s[i-1]$ 一个字符解码，对应有 dp[$i-1$] 种解码方法。

② 若 $i > 1$，将 $s[i-2]$、$s[i-1]$ 两个字符解码(需要满足转换成的整数小于或等于 26)，对应有 dp[$i-2$] 种解码方法。

合并起来有 dp[i]＝ dp[$i-1$]+dp[$i-2$]。

(2) 若 $s[i-1]$＝'0'，则只有 (1) 中的子情况②，即 dp[i]+＝dp[$i-2$]。

按照上述过程求出 dp 数组后，dp[n] 就是答案，返回该元素即可。对应的动态规划程序如下：

```cpp
class Solution {
public:
    int numDecodings(string s) {
        int n = s.size();
        int dp[n + 1];
        memset(dp, 0, sizeof(dp));
        dp[0] = 1;
        for (int i = 1; i <= n; i++) {
            if (s[i - 1] != '0') {
                dp[i] = dp[i - 1];
            }
            if (i > 1 && s[i - 2] != '0' && ((s[i - 2] - '0') * 10 + (s[i - 1] - '0') <= 26)) {
                dp[i] += dp[i - 2];
            }
        }
        return dp[n];
    }
};
```

上述程序提交后通过，执行用时为 0ms，内存消耗为 5.8MB。

7.22 LeetCode650——只有两个键的键盘★★

问题描述：最初记事本上只有一个字符 'A'。每次可以对这个记事本进行以下两种操作。

(1) Copy All(复制全部)：复制这个记事本中的所有字符(不允许仅复制部分字符)。

(2) Paste(粘贴)：粘贴上一次复制的字符。

给定一个数字 n，请使用最少的操作次数，在记事本上输出恰好 n 个 'A'，返回能够打印出 n 个 'A' 的最少操作次数。例如，$n = 3$，答案为 3，首先有一个字符 'A'，第 1 步使用 Copy All 操作，第 2 步使用 Paste 操作来获得 'AA'，第 3 步使用 Paste 操作来获得 'AAA'。要求设计如下成员函数：

```
int minSteps(int n) { }
```

解：设计二维动态规划数组 dp，其中 dp[i][j] 为经过最后一次操作后当前记事本上有

i 个字符、粘贴板上有 j 个字符的最少操作次数。由于粘贴板上的字符必然是经过 Copy All 操作而来,所以对于一个合法的 dp$[i][j]$ 而言,必然有 $j\leqslant i$。

(1) 最后一次操作是 Paste 操作:此时粘贴板上的字符数不会发生变化,即有 dp$[i][j] =$ dp$[i-j][j]+1$。

(2) 最后一次操作是 Copy All 操作:那么粘贴板上的字符数与记事本上的字符数相等(满足 $i=j$),此时有 dp$[i][j]=\min($dp$[i][x]+1)(0\leqslant x<i)$。最后一个合法的 dp$[i][j]$(满足 $i=j$)依赖于前面的 dp$[i][j]$(满足 $j<i$),因此可以使用一个变量 mind 保存前面转移的最小值,用来更新最后的 dp$[i][j]$。另外,如果 dp$[i][j]$ 的最后一次操作是由 Paste 而来,原来粘贴板上的字符数不会超过 $i/2$,因此在转移 dp$[i][j]$(满足 $j<i$)时只需要枚举 $[0,i/2]$ 即可。

按照上述过程求出 dp 数组后,dp$[n][i]$($0\leqslant i\leqslant n$)中的最小值就是答案,返回该值即可。对应的动态规划程序如下:

```
class Solution {
  const int INF = 0x3f3f3f3f;
public:
  int minSteps(int n) {
    int dp[n + 1][n + 1];
    memset(dp, 0x3f, sizeof(dp));
    dp[1][0] = 0;
    dp[1][1] = 1;
    for (int i = 2; i <= n; i++) {
      int mind = INF;
      for (int j = 0; j <= i / 2; j++) {
        dp[i][j] = dp[i - j][j] + 1;
        mind = min(mind, dp[i][j]);
      }
      dp[i][i] = mind + 1;
    }
    int ans = INF;
    for (int i = 0; i <= n; i++)
      ans = min(ans, dp[n][i]);
    return ans;
  }
};
```

上述程序提交后通过,执行用时为 36ms,内存消耗为 10MB。

7.23 LeetCode44——通配符的匹配 ★★★ ※

问题描述见第 2 章中的 2.10 节,这里采用动态规划方法求解。

解:设计二维动态规划数组 dp,其中 dp$[i][j]$ 表示 s 的前 i 个字符和 p 的前 j 个字符是否匹配。首先将 dp 的所有元素初始化为 false。求 dp$[i][j]$ 分为以下两种情况:

(1) 若 $p[j-1]\neq$ '*',又分为两种子情况。

① 如果 $p[j-1]=$ '?',可以与 $s[i-1]$ 匹配,如图 7.4(a)所示,则有 dp$[i][j]=$ dp$[i-1][j-1]$。

② 如果 $s[i-1]=p[j-1]$,两个字符匹配,如图 7.4(b)所示,则有 dp$[i][j]=$ dp$[i-1][j-1]$。

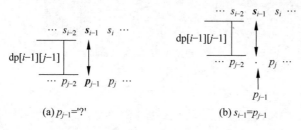

(a) p_{j-1}='?'　　　　　　　(b) $s_{i-1}=p_{j-1}$

图 7.4　$p_{j-1}\neq$ ' * '的两种子情况

（2）若 $p[j-1]=$ ' * '，又分为几种子情况。

① 让该' * '匹配 0 个字符（相当于' * '不匹配 s_{i-1}），如图 7.5(a)所示，则有 $dp[i][j]=dp[i][j-1]$。

② 让该' * '匹配一个或者多个字符，如图 7.5(b)所示，其中转换的子问题中仍然包含' * '，因为此时 $s[i-1]$ 与' * '匹配，该' * '可能会与 $s[i-1]$ 后面的字符匹配，所以有 $dp[i][j]=dp[i-1][j]$。

合并起来有 $dp[i][j]=dp[i][j-1]\ ||\ dp[i-1][j]$。

(a) "*"匹配 0 个字符　　　　　　　(b) "*"匹配一个或多个字符

图 7.5　$p_{j-1}=$ ' * '的两种子情况

下面考虑特殊情况：

（1）显然 s 和 p 均为空时是匹配的，即 $dp[0][0]=$ true。

（2）由于空模式 p 无法匹配非空字符串 s，所以 $dp[i][0]=$ false$(1\leqslant i\leqslant n)$。

（3）当 $s=$ ""时，只有' * '能匹配空字符串，所以当模式 p 的前 j 个字符均为' * '时，$dp[0][j]$ 才为真，其他均为假。

按照上述过程求出 dp 数组后，$dp[m][n]$ 就是答案，返回该元素即可。对应的动态规划程序如下：

```cpp
class Solution {
public:
    bool isMatch(string s, string p) {
        int m = s.size();
        int n = p.size();
        bool dp[m + 1][n + 1];
        memset(dp, false, sizeof(dp));
        dp[0][0] = true;
        for (int j = 1; j <= n; j++) {
            if (p[j - 1] == ' * ') {
                dp[0][j] = true;
            }
            else break;
        }
```

```
for (int i = 1; i < = m; ++i) {
    for (int j = 1; j < = n; ++j) {
        if(p[j-1]!= ' * ') {
            if (p[j-1] == '?' || s[i-1] == p[j-1]) {
                dp[i][j] = dp[i-1][j-1];
            }
        }
        else {
            dp[i][j] = dp[i][j-1] || dp[i-1][j];
        }
    }
}
return dp[m][n];
}
};
```

上述程序提交后通过,执行用时为 24ms,内存消耗为 7.4MB。

7.24 LeetCode10——正则表达式的匹配★★★

问题描述:实现支持'.'和' * '的正则表达式匹配。'.'匹配任意一个字母,' * '匹配零个或者多个前面的元素,' * '前保证是一个非' * '元素,匹配应该覆盖整个输入字符串,而不仅仅是一部分。需要实现的函数是 isMatch(string s,string p),例如:

```
isMatch("","*") → false
isMatch("","**") → true
isMatch("aa","a") → false
isMatch("aa","aa") → true
isMatch("aaa","aa") → false
isMatch("aa", "a * ") → true
isMatch("aa", ". * ") → true
isMatch("ab", ". * ") → true
```

要求设计如下成员函数:

```
bool isMatch(string &s,string &p) { }
```

解:设计二维动态规划数组 dp,其中 $dp[i][j]$ 表示 s 的前 i 个字符和 p 的前 j 个字符是否匹配。首先将 dp 的所有元素初始化为 false。求 $dp[i][j]$ 分为以下两种情况:

(1) 若 $p[j-1] \neq$ ' * ',分为两种子情况。

① $s[i-1]=p[j-1]$,如图 7.6(a)所示,则 $s[i-1]$ 与 $p[j-1]$ 匹配,$dp[i][j]=dp[i-1][j-1]$。

② $p[j-1]=$'.',如图 7.6(b)所示,$s[i-1]$ 也可以与 $p[j-1]$ 匹配,$dp[i][j]=dp[i-1][j-1]$。

从上看出,两个字符 $s[i]$ 和 $p[j]$ 满足 $p[j]=$'.'或者 $s[i]=p[j]$ 时称为是匹配的,用 match($s[i]$,$p[j]$)表示,进一步用 match($s[x..y]$,$p[j]$)表示 $s[x..y]$ 中的每一个字符与 $p[j]$ 均是匹配的。

(2) 若 $p[j-1]=$' * ',根据"$p[j-2]$ * "的重复次数分为如下子情况。

① 重复 0 次,如图 7.7(a)所示,则 $dp[i][j]=dp[i][j-2]$。

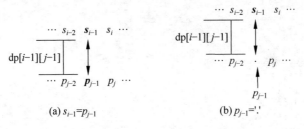

图 7.6　$p_{j-1} \neq$ '$*$'的两种子情况

② 重复 1 次,即 match($s[i-1]$,$p[j-2]$)为真,如图 7.7(b)所示,则 dp$[i][j]=$dp$[i-1][j-2]$。

③ 重复 2 次,即 match($s[i-2..i-1]$,$p[j-2]$)为真,如图 7.7(c)所示,则 dp$[i][j]=$dp$[i-2][j-2]$。

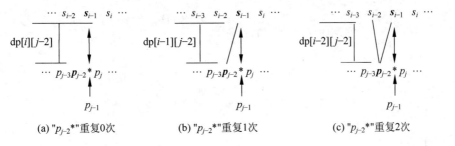

图 7.7　$p_{j-1} \neq$ '$*$'的各种子情况

以此类推,得到以下状态转移式:

$$dp[i][j]=dp[i][j-2] \ || \ (\text{match}(s[i-1],p[j-2]) \ \&\& \ dp[i-1][j-2]) \ ||$$
$$(\text{match}(s[i-2..i-1],p[j-2]) \ \&\& \ dp[i-2][j-2]) \ || \cdots$$

注意,其中 match($s[i-2..i-1]$,$p[j-2]$)为真则 match($s[i-1]$,$p[j-2]$)一定为真。

那么究竟需要枚举多少次重复呢?下面这样计算。令 $i=i-1$,代入上式:

$$dp[i-1][j]=dp[i-1][j-2] \ || \ (\text{match}(s[i-2],p[j-2]) \ \&\& \ dp[i-2][j-2]) \ ||$$
$$(\text{match}(s[i-3..i-2],p[j-2]) \ \&\& \ dp[i-3][j-2]) \ || \cdots$$

通过比较 dp$[i][j]$和 dp$[i-1][j]$发现每项都相差 match($s[i-1]$,$p[j-2]$),也就是说 dp$[i-1][j]$和 dp$[i][j]$相差 match($s[i-1]$,$p[j-2]$),即 dp$[i][j]=$match($s[i-1]$,$p[j-2]$)$\&\&$dp$[i-1][j]$。

下面考虑特殊情况:

(1) 显然 s 和 p 均为空时是匹配的,即 dp$[0][0]=$true。

(2) 依题意,$s=$""/$p=$"$*$"是不匹配的。$s=$""/$p=$"$**$"是匹配的,即将 p 中的"$**$"重复 0 次。$s=$""/$p=$"$***$"是不匹配的,因为 p 开头"$**$"重复 0 次,问题转换为 $s=$""/$p=$"$*$",它是不匹配的。简单地说,若 p 的所有字符均为'$*$',则有 dp$[0][j]=$true($j=0,2,4,\cdots$),dp$[0][j]=$false($j=1,3,5,\cdots$)。也就是说,若 $p[j-1]=$'$*$',则 dp$[0][j]=$dp$[0][j-2]$。

按照上述过程求出 dp 数组后,dp$[m][n]$就是答案,返回该元素即可。对应的动态规划程序如下：

```cpp
class Solution {
public:
    bool isMatch(string &s, string &p) {
        int m = s.size();
        int n = p.size();
        bool dp[m + 1][n + 1];
        memset(dp, false, sizeof(dp));
        dp[0][0] = true;
        for(int j = 1; j <= n; j++) {
            if(p[j - 1] == '*' && j - 2 >= 0 && dp[0][j - 2]) {
                dp[0][j] = true;
            }
        }
        for (int i = 1; i <= m; i++) {
            for (int j = 1; j <= n; j++) {
                if(p[j - 1] != '*') {
                    if (p[j - 1] == '.' || s[i - 1] == p[j - 1])
                        dp[i][j] = dp[i - 1][j - 1];
                }
                else {
                    dp[i][j] = dp[i][j - 2];
                    if (p[j - 2] == '.' || s[i - 1] == p[j - 2])
                        dp[i][j] = dp[i][j] || dp[i - 1][j];
                }
            }
        }
        return dp[m][n];
    }
};
```

上述程序提交后通过，执行用时为 4ms，内存消耗为 6.1MB。

7.25 LeetCode5——最长回文子串★★ ※

问题描述：给定一个字符串 s（s 仅由数字和英文大小写字母组成，长度为 1～1000 个字符），求 s 中最长的回文子串。例如，s = "babad"，最长的回文子串有"bab"和"aba"，求出任意一个均可。要求设计如下成员函数：

```cpp
string longestPalindrome(string s) { }
```

解：采用区间动态规划方法，设计二维动态规划数组 $dp[n][n]$，其中 $dp[i][j]$ 表示 $s[i..j]$ 子串是否为回文子串，求出 dp 就相当于求出了 s 的所有回文子串，再用 ans 存放 s 中最长的回文子串（初始为空串）。求 dp 也需要两重循环完成，这样就可以在求 dp 的同时求 ans。

初始时置 dp 的所有元素为 false。按长度 len 枚举 $s[i..j]$（i 从 0 开始递增，$j = i + $ len-1）子串时，len 从 1 开始递增：

（1）当 len=1 时，$s[i..j]$ 中只有一个字符，而一个字符的子串一定是回文子串，所以置 $dp[i][j]$ = true。

（2）当 len=2 时，$s[i..j]$ 中有两个字符，分为两种子情况，若 $s[i]$ == $s[j]$，说明 $s[i..j]$ 为回文子串，置 $dp[i][j]$ = true；否则说明 $s[i..j]$ 不是回文子串，置 $dp[i][j]$ = false。

（3）对于其他长度的 len，显然 $dp[i][j]$ = ($s[i]$ == $s[j]$ && $dp[i+1][j-1]$)，也就

是说若 $s[i+1..j-1]$ 为回文子串,并且 $s[i]==s[j]$,则 $s[i..j]$ 也是回文子串,其他情况说明 $s[i..j]$ 不是回文子串,置 $dp[i][j]=$ false。

对于每个 $s[i..j]$ 子串,若为回文子串,将最大长度的回文子串存放在 ans 中,最后返回 ans。对应的动态规划程序如下:

```cpp
class Solution {
public:
    string longestPalindrome(string s) {
        int n = s.size();
        if (n == 1) return s;
        bool dp[n][n];                        //二维动态规划数组
        memset(dp, false, sizeof(dp));
        int start = 0, maxlen = 0;            //用 s[start..start + maxlen - 1]表示最长回文子串
        for (int len = 1; len <= n; len++) {  //按长度 len 枚举区间[i,j]
            for (int i = 0; i + len - 1 < n; i++) {
                int j = i + len - 1;
                if (len == 1)                 //区间中只有一个字符时为回文子串
                    dp[i][j] = true;
                else if (len == 2)            //区间长度为 2 的情况
                    dp[i][j] = (s[i] == s[j]);
                else                          //区间长度大于 2 的情况
                    dp[i][j] = (s[i] == s[j] && dp[i + 1][j - 1]);
                if (dp[i][j] && len > maxlen) { //求最长的回文子串
                    start = i;
                    maxlen = len;
                }
            }
        }
        return s.substr(start, maxlen);
    }
};
```

上述程序提交后通过,执行用时为 440ms,内存消耗为 8MB。

7.26 LeetCode516——最长回文子序列★★ ※

问题描述:给定一个仅由小写英文字母组成的字符串 s(s 的长度在[1,1000]的范围内),找出其中最长的回文子序列,并返回该序列的长度。例如,$s=$ "bbbab",答案为 4,一个可能的最长回文子序列为"bbbb"。要求设计如下成员函数:

```cpp
int longestPalindromeSubseq(string s) { }
```

解:与上一题类似,也是采用区间动态规划方法,但有两点不同,一是这里是子序列而不是子串,二是这里是求长度而不是求最长子串。设计二维动态规划数组 $dp[n][n]$,其中 $dp[i][j]$ 表示 $s[i..j]$ 区间中最长回文子序列的长度,首先初始化 dp 的所有元素为 0。由于长度为 1 的子序列一定是回文,置 $dp[i][i]=1$。采用自底向上、每行从左向右的顺序枚举区间 $s[i..j]$:

(1) 若 $s[i]=s[j]$,则 $dp[i][j]=dp[i+1][j-1]+2$。

(2) 若 $s[i]\neq s[j]$,则 $dp[i][j]=\max(dp[i+1][j],dp[i][j-1])$。

按照上述过程求出 dp 数组后,$dp[0][n-1]$ 就是答案,返回该元素即可。对应的动态规划程序如下:

```
class Solution {
public:
    int longestPalindromeSubseq(string s) {
        int n = s.size();
        int dp[n][n];
        memset(dp,0,sizeof(dp));
        for(int i = 0;i < n;i++) dp[i][i] = 1;
        for (int i = n - 1;i > = 0;i -- ) {
            for (int j = i + 1;j < n;j++) {
                if (s[i] == s[j]) dp[i][j] = dp[i + 1][j - 1] + 2;
                else dp[i][j] = max(dp[i + 1][j],dp[i][j - 1]);
            }
        }
        return dp[0][n - 1];
    }
};
```

上述程序提交后通过,执行用时为 40ms,内存消耗为 10.5MB。

7.27　POJ2533——最长递增子序列

时间限制:2000ms,空间限制:65 536KB。

问题描述:给定一个整数序列 a,求其中最长的严格递增子序列的长度。

输入格式:输入文件的第一行包含序列 N($1 \leqslant N \leqslant 1000$)的长度;第二行包含序列的元素($N$ 个整数),每个整数的范围为 0~10 000,以空格分隔。

输出格式:输出文件包含一个整数,即给定序列的最长有序子序列的长度。

输入样例:

```
7
1 7 3 5 9 4 8
```

输出样例:

```
4
```

解:直接采用《教程》7.3 节中最长递增子序列的原理求解,对应的动态规划程序如下。

```
# include < iostream >
# include < vector >
using namespace std;
const int MAXN = 1010;
int n;
int a[MAXN];
int maxinclen() {                          //求最长递增子序列的长度
    vector < int > dp(n,0);
    for(int i = 0;i < n;i++) {
        dp[i] = 1;
        for(int j = 0;j < i;j++) {
            if (a[i] > a[j]) dp[i] = max(dp[i],dp[j] + 1);
        }
    }
    int ans = dp[0];
    for(int i = 1;i < n;i++)                //求 dp 中的最大元素 ans
        ans = max(ans,dp[i]);
    return ans;
```

```
}
int main() {
    scanf(" % d",&n);
    for(int i = 0;i < n;i++)
        scanf(" % d",&a[i]);
    printf(" % d\n",maxinclen());
    return 0;
}
```

上述程序提交后通过,执行用时为 0ms,内存消耗为 148KB。

7.28　POJ1458——公共子序列

时间限制:1000ms,空间限制:10 000KB。

问题描述:求两个字符串的最长公共子序列。

输入格式:程序输入来自标准输入,输入中的每个数据集都包含两个表示给定序列的字符串,序列由任意数量的空格分隔,输入数据正确。

输出格式:对于每组数据,程序输出一行,包含最大公共子序列的长度。

输入样例:

```
abcfbc        abfcab
programming   contest
abcd          mnp
```

输出样例:

```
4
2
0
```

解:直接采用《教程》中 7.5 节的最长公共子序列的动态规划原理求解,对应的动态规划程序如下。

```cpp
# include < iostream >
# include < string >
# include < vector >
using namespace std;
int LCSlength(string&a, string&b) {          //求 LCS 的长度
    int m = a. size();                        //m 为 a 的长度
    int n = b. size();                        //n 为 b 的长度
    vector < vector < int >> dp(m + 1, vector < int >(n + 1,0));
    dp[0][0] = 0;
    for (int i = 0;i <= m;i++) dp[i][0] = 0;   //将 dp[i][0] 置为 0,边界条件
    for (int j = 0;j <= n;j++) dp[0][j] = 0;   //将 dp[0][j] 置为 0,边界条件
    for (int i = 1;i <= m;i++) {
        for (int j = 1;j <= n;j++) {           //用两重 for 循环处理 a、b 的所有字符
            if (a[i - 1] == b[j - 1])          //情况(1)
                dp[i][j] = dp[i - 1][j - 1] + 1;
            else                               //情况(2)
                dp[i][j] = max(dp[i][j - 1],dp[i - 1][j]);
        }
    }
    return dp[m][n];
}
int main() {
```

```
        string a,b;
        while(cin >> a >> b)
            printf(" % d\n",LCSlength(a,b));
        return 0;
    }
```

上述程序提交后通过,执行用时为 0ms,内存消耗为 340KB。采用滚动数组的方式,将 dp 由二维数组改为一维数组,对应的动态规划程序如下:

```
# include < iostream >
# include < string >
# include < vector >
using namespace std;
int LCSlength(string&a,string&b) {          //求 LCS 的长度
int m = a. size();                          //m 为 a 的长度
    int n = b. size();                      //n 为 b 的长度
    vector < int > dp(n + 1,0);             //一维动态规划数组
    for (int i = 1;i <= m;i++) {
        int upleft = dp[0];                 //阶段 i 初始化 upleft
        for (int j = 1;j <= n;j++) {
            int tmp = dp[j];                //临时保存 dp[j]
            if (a[i - 1] == b[j - 1])
                dp[j] = upleft + 1;         //修改 dp[j]
            else
                dp[j] = max(dp[j - 1],dp[j]);
            upleft = tmp;                   //更新 upleft 为 dp[j]修改之前的值
        }
    }
    return dp[n];
}
int main() {
    string a,b;
    while(cin >> a >> b)
        printf(" % d\n",LCSlength(a,b));
    return 0;
}
```

上述程序提交后通过,执行用时为 0ms,内存消耗为 176KB。

7.29　POJ1837——平衡

时间限制:1000ms,空间限制:30 000KB。

问题描述:有一个天平,天平上有 C 个挂钩($2 \leqslant C \leqslant 20$)(位置范围为 $-15 \sim 15$,在左为负,在右为正),另有 G($2 \leqslant G \leqslant 20$)个砝码,求把所有砝码挂到挂钩上能使天平平衡的方案数。

输入格式:输入的第一行包含数字 C 和 G,下一行包含 C 个整数(这些数字是不同的,并按升序排列),每个数字表示一个挂钩在 X 轴上相对于天平中心的位置,然后在下一行有 G 个砝码,它们的质量各不相同,质量范围为 $1 \sim 25$,并按升序排列。

输出格式:输出包含数字 M,表示所有使天平平衡的方案数。

输入样例:

```
2 4
- 2 3
3 4 5 8
```

输出样例：

2

解：如图 7.8 所示为天平平衡示意图，其中有 4 个挂钩（位置分别是 -10、-3、4 和 8）和 4 个砝码（质量分别是 5、10、4 和 8），在每个挂钩上可以挂一个砝码，所谓平衡是指中心点两边的力矩的绝对值相同，在该图中左边力矩的绝对值为 $|(-10)\times 5+(-3)\times 10|=80$，右边力矩的绝对

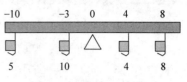

图 7.8　天平平衡示意图

值为 $4\times 4+8\times 8=80$，或者说总力矩为 0，即 $(-10)\times 5+(-3)\times 10+4\times 4+8\times 8=0$。

本题中挂钩和砝码的个数不一定相同，每个挂钩不一定挂砝码，有的挂钩可能挂多个砝码，下面采用总力矩为 0 来表示平衡。

设计二维动态规划数组 dp，其中 $dp[i][j]$ 表示放完第 i 个砝码后总力矩为 j 的方案数，初始化 dp 的所有元素为 0。由于挂钩最多有 20 个，其可能的位置有 30 个，砝码的最大质量为 25，力矩的绝对值最多为 $20\times 30\times 25=15\,000$，实际上总力矩或者说 j 的取值范围为 $-7500\sim 7500$，但数组的下标不能为负，为此将总力矩范围的两边同时加上 7500。初始时天平是平衡的，对应一种平衡方案，即 $dp[0][7500]=1$。$dp[i][j]$ 时砝码 i 可以挂在任意挂钩 $k(1\leqslant k\leqslant C)$ 上，对应的方案数是 $dp[i-1][j-g[i]*c[k]]$，将其累计到 $dp[i][j]$ 中，即 $dp[i][j]\mathrel{+}=dp[i-1][j-g[i]*c[k]]$。

按照上述过程求出 dp 数组后，$dp[G][7500]$ 就是答案，返回该元素即可。对应的动态规划程序如下：

```cpp
# include < iostream >
# include < cstring >
using namespace std;
int dp[25][15010];
int c[25];
int g[25];
int main() {
    int C,G;
    while(~scanf(" % d % d",&C,&G)){
        memset(dp,0,sizeof(dp));
        for(int i = 1;i < = C;i++)            //c 的有效下标从 1 开始
            scanf(" % d",&c[i]);
        for(int i = 1;i < = G;i++)            //g 的有效下标从 1 开始
            scanf(" % d",&g[i]);
        dp[0][7500] = 1;
        for(int i = 1;i < = G;i++) {
            for(int j = 1;j < = 15000;j++) {
                for(int k = 1;k < = C;k++)
                    dp[i][j] += dp[i-1][j - g[i] * c[k]];
            }
        }
        printf(" % d\n",dp[G][7500]);
    }
    return 0;
}
```

上述程序提交后通过，执行用时为 79ms，内存消耗为 1624KB。

7.30 POJ3624——手链

时间限制：1000ms，空间限制：65 536KB。

问题描述：贝西想买 N（$1 \leq N \leq 3402$）个链珠串成一条手链，每个链珠有一个重量 W_i（$1 \leq W_i \leq 400$）和一个魅力因子 D_i（$1 \leq D_i \leq 100$），贝西希望手链的重量不超过 M（$1 \leq M \leq 12\,880$）。给定相关数据，求手链的最大魅力因子和。

输入格式：第一行是用空格分隔的整数 N 和 M，接下来的 N 行，每一行是用空格分隔的整数 W_i 和 D_i。

输出格式：输出一行，包括一个表示可以实现的最大魅力因子和的整数。

输入样例：

```
4 6
1 4
2 6
3 12
2 7
```

输出样例：

```
23
```

解：本题属于典型的 0/1 背包问题，采用动态规划求解，参见《教程》中的 7.7 节。在使用二维动态规划数组时出现超空间的现象，利用空间优化（即一维动态规划数组）对应的程序如下：

```cpp
#include<iostream>
#include<vector>
using namespace std;
const int MAXN = 3403;
const int MAXM = 12881;
int dp[MAXM];
int w[MAXN],d[MAXN];
int n,m;
int knap() {
    vector<int> dp(m+1,0);
    for (int i=1;i<=n;i++) {
        for (int r=m;r>=w[i-1];r--) {
            dp[r]=max(dp[r],dp[r-w[i-1]]+d[i-1]);
        }
    }
    return dp[m];
}
int main() {
    while (~scanf("%d %d",&n,&m)) {
        for (int i=0;i<n;i++)
            scanf("%d %d",&w[i],&d[i]);
        printf("%d\n",knap());
    }
    return 0;
}
```

上述程序提交后通过,执行用时为391ms,内存消耗为248KB。

7.31 POJ1276——取款机

时间限制:1000ms,空间限制:10 000KB。

问题描述:一家银行计划安装一台取款机,该机器能够根据客户请求的金额提供适当的服务。这台机器正好使用 N 个不同面额的钞票,比如 $D_k(1 \leqslant k \leqslant N)$,并且对于每个面额 D_k,机器都有 n_k 张钞票供应。例如,$N=3$,$n_1=10$,$D_1=100$,$n_2=4$,$D_2=50$,$n_3=5$,$D_3=10$ 表示机器有 10 张每张 100 的钞票,4 张每张 50 的钞票和 5 张每张 10 的钞票供应。编写一个程序根据机器的可用钞票供应量计算小于或等于可以有效交付的现金的最大数量。

输入格式:程序输入来自标准输入。输入中的每个数据集代表一个特定的交易,并具有 cash N n_1 D_1 n_2 D_2 $\cdots$ n_N D_N 格式,其中 $0 \leqslant$ cash $\leqslant 100\,000$ 是要求的现金数量,$0 \leqslant N \leqslant 10$ 是钞票面额的数量,$0 \leqslant n_k \leqslant 1000$ 是 D_k 面额的钞票的可用数量,$1 \leqslant D_k \leqslant 1000$,$1 \leqslant k \leqslant N$。在输入中数字之间可以自由出现空格,以保证输入数据正确。

输出格式:对于每组数据,程序在单独一行中打印结果,如下面的示例所示。

输入样例:

```
735 3 4 125 6 5 3 350
633 4 500 30 6 100 1 5 0 1
735 0
0 3 10 100 10 50 10 10
```

输出样例:

```
735
630
0
0
```

解法1:本题是一个多重背包问题,只是每个物品只有重量,没有价值。题意是给出若干不同面额的钞票的数量,求能够凑成总金额不大于 cash 的最大金额。将多重背包问题转换为 0/1 背包问题,例如有 32 张面额为 1 的钞票,将其看成 32 个物品,每个物品的重量为 1,那么在重量数组 b 中出现 32 个 1,然后按照 0/1 背包问题求解即可。但这样做重量数组 b 中的元素个数 n 很大,会出现超时。若有 s 张面额为 w 的钞票,实际上只要 b 中包含若干这样的项,它们能够组合出 $1 \sim s$ 钞票金额即可,为此采用二进制方式,求出 $2^k < s$ 的最大 k,置 $r = s - (2^0 + 2^1 + \cdots + 2^k)$,只需要在 b 中添加 $w \times 2^0$、$w \times 2^1$、$w \times 2^2$、$w \times 2^4$、$\cdots\cdots$、$w \times 2^k$、$w \times 2^r$,这样就可以达到组合出 $1 \sim s$ 钞票金额的目的,显然 w 中添加的项数远小于 s,再按 0/1 背包问题求解。例如,$w = 1$,$s = 32$,求出 $k = 4$,在 w 中添加 1、2、4、8、16 和 1(r 为 32-1-2-4-8-16=1),只需要添加 6 个项而不是 32 个项,从而提高了 0/1 背包问题求解的性能。对应的动态规划程序如下:

```cpp
# include < iostream >
# include < vector >
# include < cstring >
using namespace std;
const int MAXW = 100010;
int W;
```

```
vector < int > b;
int dp[MAXW];                                    //一维动态规划数组
int solve() {
    int n = b. size();
    memset(dp, 0, sizeof(dp));
    for(int i = 1; i <= n; i++) {
        for(int r = W; r >= 0; r--) {
            if(r >= b[i - 1])
                dp[r] = max(dp[r], dp[r - b[i - 1]] + b[i - 1]);
        }
    }
    return dp[W];
}
int main() {
    int n, s, w;
    while(~scanf("%d", &W)) {
        scanf("%d", &n);
        b. clear();
        for(int i = 0; i < n; i++) {
            scanf("%d %d", &s, &w);
            for(int c = 1; c <= s; c *= 2) {
                s -= c;
                b. push_back(c * w);
            }
            if(s > 0) b. push_back(s * w);
        }
        printf("%d\n", solve());
    }
    return 0;
}
```

上述程序提交后通过，执行用时为 110ms，内存消耗为 560KB。

解法 2：采用《教程》中 7.8.2 节的多重背包问题的空间优化算法，设计一维动态规划数组 dp，其中 $dp[r]$ 表示凑成总金额不大于 r 的最大金额。用 W 表示输入的总金额，面额和数量分别用 w 和 s 数组表示。考虑钞票 $i-1$ 取 k 张的结果为 $dp[r]=\max(dp[r], dp[r-k*w[i-1]]+k*w[i-1])$。对应的动态规划程序如下：

```
# include < iostream >
# include < vector >
using namespace std;
const int MAXN = 12;
int n;
int W;                                           //用 W 表示 cash
int w[MAXN], s[MAXN];
int solve() {
    vector < int > dp(W + 1, 0);
    for (int i = 1; i <= n; i++) {
        for (int r = W; r >= 1; r--) {
            for (int k = 1; k * w[i - 1] <= r && k <= s[i - 1]; k++)
                dp[r] = max(dp[r], dp[r - k * w[i - 1]] + k * w[i - 1]);
        }
    }
    return dp[W];
}
int main(){
    while(~scanf("%d", &W)) {
        scanf("%d", &n);
```

第7章

动态规划

```
        for(int i = 0;i < n;i++)
            scanf("%d %d",&s[i],&w[i]);
        printf("%d\n",solve());
    }
    return 0;
}
```

上述程序提交后超时,改进的方法之一是消除第三重的 k 循环,设计一个一维数组 cnt,其中 cnt$[r]$ 表示考虑当前钞票 $i-1$ 在总金额为 r 时(最优解)选择钞票 $i-1$ 的张数,如果选择一张钞票 $i-1$,则状态转移为 dp$[r]=$dp$[r-w[i-1]]+w[i-1]$,对应的子问题为 dp$[r-w[i-1]]$,该子问题的钞票 $i-1$ 的张数为 cnt$[r-w[i-1]]$,所以只有在 cnt$[r-w[i-1]]+1\leqslant s[i-1]$ 时才满足钞票 $i-1$ 的数量限制,此时有两种选择:

(1) 不选择钞票 $i-1$,没有任何影响。

(2) 当 dp$[r-w[i-1]]+w[i-1]>$dp$[r]$(选择一张钞票 $i-1$ 的效果更好)时,选择一张钞票 $i-1$,更新操作是 dp$[r]=$dp$[r-w[i-1]]+w[i-1]$,cnt$[r]=$cnt$[r-w[i-1]]+1$。

按照上述过程求出 dp 数组,则 dp$[W]$ 就是答案,输出该元素即可。对应的动态规划程序如下:

```
#include <iostream>
#include <cstring>
using namespace std;
const int MAXN = 12, MAXW = 100010;
int n;
int W;
int s[MAXN],w[MAXN];
int dp[MAXW];
int cnt[MAXW];
int solve() {
    memset(dp,0,sizeof(dp));
    for(int i = 1;i <= n;i++){
        memset(cnt,0,sizeof(cnt));                //cnt记录当前钞票在不同总金额下的使用张数
        for(int r = w[i-1];r <= W;r++) {          //不能改为 r = W;r >= w[i-1];r--
            if(cnt[r-w[i-1]]+1 <= s[i-1]) {       //满足数量限制
                if(dp[r-w[i-1]]+w[i-1]>dp[r]) {//选择后总金额更大
                    dp[r] = dp[r-w[i-1]]+w[i-1];
                    cnt[r] = cnt[r-w[i-1]]+1;
                }
            }
        }
    }
    return dp[W];
}
int main(){
    while(~scanf("%d",&W)) {
        scanf("%d",&n);
        for(int i = 0;i < n;i++)
            scanf("%d %d",&s[i],&w[i]);
        printf("%d\n",solve());
    }
    return 0;
}
```

上述程序提交后通过,执行用时为 16ms,内存消耗为 916KB。

185

7.32 POJ1947——重建道路

时间限制：1000ms，空间限制：30 000KB。

问题描述：在一次地震之后，奶牛们重建了 FJ 的农场，农场中有 N 个谷仓（$1 \leqslant N \leqslant 150$，编号为 1～$N$）。奶牛们没有时间重建全部道路，现在只有一种方法可以从任何给定的谷仓到达其他谷仓，因此农场运输系统可以表示为一棵树。FJ 想知道最少需要摧毁多少条道路可以得到一个与其他谷仓隔离开来的恰好包含 P（$1 \leqslant P \leqslant N$）个谷仓的子树。

输入格式：输入的第一行包含两个整数，即 N 和 P，第二行到第 N 行（共 $N-1$ 行）中每行有两个整数 a 和 b，表示结点 a 是结点 b 在道路树中的父结点。

输出格式：输出一行，包含一个表示答案的整数。

输入样例：

```
11 6
1 2
1 3
1 4
1 5
2 6
2 7
2 8
4 9
4 10
4 11
```

输出样例：

```
2
```

解：采用树形动态规划求解。首先根据输入建立树的邻接表存储结构 G，n 个结点的编号为 1～n，根结点为 root。设计二维动态规划数组 dp，其中 dp$[r][k]$ 表示以 r 为根的子树中保留 k 个结点需要剪断的最少边数，初始化 dp 的所有元素为∞。另外设计一维数组 sum，其中 sum$[i]$ 表示以 r 为根的子树中的结点个数。

先置 dp$[i][1]$ 为结点 i 的孩子个数。采用递归深度优先搜索，求出结点 r 的 sum$[r]$，遍历结点 r 的每一个孩子 v，k 从 sum$[r]$ 到 1 循环，s 从 1 到 $k-1$ 循环，假设子树 v 中有 s 个结点（如果子树 v 中不是 s 个结点，对应的 dp 元素为∞，在求最小值时排除掉），试图剪断结点 r 和孩子结点 v 之间的边，则 dp$[r][k]=$dp$[r][k-s]+$dp$[v][s]-1$，如图 7.9 所示，这里的 dp$[r][k]$ 采用递减求值，如初始为结点 r 的子树中的全部结点个数，每剪断一条边，则该值减少 1。这里要在结点 r 的所有子树操作中求最小值，即 dp$[r][k]=\min($dp$[r][k]$,dp$[r][k-s]+$dp$[v][s]-1)$。

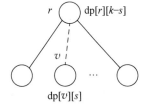

图 7.9 试图剪断结点 r 和结点 v 之间的边

按照上述过程求出 dp 数组，设 ans$=\infty$，用 i 遍历全部结点，若 $i=$root，则取 dp$[$root$][P]$，若为非根结点取 dp$[i][P]+1$（除根以外其他结点要想成为独立的子树，必须先与其双亲结点剪断，所以要加 1），求出最小值 ans，输出 ans 即可。对应的动态规划程序如下：

```cpp
#include<iostream>
#include<vector>
#include<cstring>
using namespace std;
const int INF = 0x3f3f3f3f;
const int MAXN = 155;
vector<int> G[MAXN];                           //邻接表 G
int sum[MAXN];                                  //sum[i]表示以结点 i 为根的子树的结点个数
int dp[MAXN][MAXN];
int parent[MAXN];
void dfs(int r) {
    sum[r] = 1;
    if(G[r].size() == 0) {                      //结点 r 为叶子结点
        sum[r] = 1;
        dp[r][1] = 0;
    }
    else {
        for(int j = 0;j < G[r].size();j++) {
            int v = G[r][j];                    //找到 r 的第 j 个孩子 v
            dfs(v);
            sum[r] += sum[v];                   //累计 r 子树的结点个数
            for(int k = sum[r];k > 0;k--) {     //用 k 枚举 r 子树的结点个数
                for(int s = 1;s < k;s++) {      //将 r 和结点 v 之间的边剪断
                    dp[r][k] = min(dp[r][k],dp[r][k-s] + dp[v][s] - 1);
                }
            }
        }
    }
}
int main() {
    int N,P;
    memset(parent, -1, sizeof(parent));
    scanf("%d%d",&N,&P);
    for(int i = 1;i < N;i++) {
        int a,b;
        scanf("%d%d",&a,&b);
        parent[b] = a;
        G[a].push_back(b);
    }
    memset(dp,0x3f,sizeof(dp));                  //初始化 dp 的所有元素为 INF
    for(int i = 1;i <= N;i++)                    //置 dp[i][1]为其孩子个数
        dp[i][1] = G[i].size();
    int root = 1;
    while(parent[root]!= -1) {                   //找到根结点的编号 root
        root = parent[root];
    }
    dfs(root);
    int ans = INF;
    for(int i = 1;i <= N;i++) {
        if(i == root)
            ans = min(ans,dp[root][P]);
        else
            ans = min(ans,dp[i][P] + 1);
    }
    printf("%d",ans);
    return 0;
}
```

上述程序提交后超时,执行用时 0ms,内存消耗 276KB。

7.33 POJ2904——邮箱制造商问题

时间限制:1000ms,空间限制:65 536KB。

问题描述:在复活节期间孩子们被允许放爆竹,一个爆竹和两个爆竹的爆炸力量是不一样的。一家小型邮箱制造商希望测试出他们的新邮箱可以承受多少个爆竹的爆炸,现在有 $k(1{\leqslant}k{\leqslant}10)$ 个完全相同的邮箱,每个邮箱可承受 $m(1{\leqslant}m{\leqslant}100)$ 个爆竹的爆炸。可以假设以下情况:

(1) 如果一个邮箱能承受 x 个爆竹爆炸,它也能承受 $x-1$ 个爆竹爆炸。

(2) 在发生爆炸时,邮箱要么被完全摧毁(炸毁),要么安然无恙,这意味着它可以在另一个测试爆炸中重复使用。

输入格式:输入以单个整数 $t(1{\leqslant}t{\leqslant}10)$ 开始,表示测试用例的数量。每个测试用例由包含两个整数的行描述,即 k 和 m,由一个空格分隔。

输出格式:对于每个测试用例,输出一行,包含一个整数表示所需的最少爆竹数量,在最坏情况下确定邮箱可以承受多少个爆竹爆炸。

输入样例:

```
4
1 10
1 100
3 73
5 100
```

输出样例:

```
55
5050
382
495
```

解:依题意,邮箱被炸毁的爆竹数量区间为 $[1..m]$,求出炸毁邮箱需要的爆竹数量,由此求出总共需要的爆竹数量。采用区间动态规划的方法,设计三维动态规划数组 dp,其中 dp$[k][i][j]$ 表示给出 k 个邮箱、测试范围为 $[i..j]$ 时最坏情况下所需的最少爆竹数量。首先初始化 dp 的所有元素为 0。当只有一个邮箱时,只能从一个爆竹开始测试,承受测试范围为 $[i,j]$ 时所需的爆竹数为 $i+(i+1)+\cdots+j=(j-i+1)(i+j)/2$,即 dp$[1][i][j]=(j-i+1)*(i+j)/2$。

当有更多的邮箱时,用 k 从 2 开始枚举邮箱个数,再枚举测试范围为 $[i..j]$,以其中每个值作为分割点 m,类似《教程》第 7 章中 7.9 节的扔鸡蛋问题,如图 7.10 所示,分为两种情况:

(1) 若一次 m 个爆竹时邮箱被炸毁,所需爆竹数为 $m+$dp$[k-1][i][m-1]$,其中加上 m 表示当前一次测试所用的爆竹数。

(2) 否则下次测试范围为 $[m+1..j]$,测试的邮箱完好无损,能继续使用,所需爆竹数为 $m+$dp$[k][m+1][j]$。

在最坏情况下,从上面两种情况中选择所需爆竹数最大的情况,同时在所有可能的值中取最小值,即 dp$[k][i][j]=$min(dp$[k][i][j]$,$m+$max(dp$[k-1][i][m-1]$,dp$[k][m+1][j]$))。

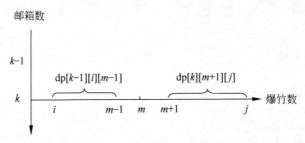

图 7.10　分割点为 m 的情况

　　按照上述过程求出 dp 数组，则 dp$[k][1][m]$ 就是答案。本题有多个测试用例，可以按最大的 k（即 MAXK）和最大的 m（即 MAXM）一次性求出 dp 数组，对于每个测试用例 (k, m)，直接输出 dp$[k][1][m]$ 即可，这样只需要进行一次计算，提高了时间性能。采用斜对角线枚举区间的动态规划程序如下：

```cpp
#include <iostream>
#include <cstring>
using namespace std;
const int INF = 0x3f3f3f3f;
const int MAXM = 100;
const int MAXK = 12;
int dp[MAXK + 1][MAXM + 1][MAXM + 1];
void solve() {
    memset(dp, 0, sizeof(dp));
    for(int i = 1; i <= MAXM; i++) {
        for(int j = i; j <= MAXM; j++)
            dp[1][i][j] = (j - i + 1) * (i + j)/2;
    }
    for(int k = 2; k < MAXK; k++) {                 //枚举邮箱
        for (int len = 1; len <= MAXM; len++) {     //按长度 len 枚举区间[i,j]
            for (int i = 1; i + len - 1 <= MAXM; i++) {   //枚举爆竹区间[i..j]
                int j = i + len - 1;
                dp[k][i][j] = INF;
                for(int m = i; m <= j; m++) {       //枚举炸毁点
                    dp[k][i][j] = min(dp[k][i][j], m + max(dp[k-1][i][m-1], dp[k][m+1][j]));
                }
            }
        }
    }
}
int main() {
    int t, k, m;
    solve();
    scanf("%d", &t);
    while(t--) {
        scanf("%d%d", &k, &m);
        printf("%d\n", dp[k][1][m]);
    }
    return 0;
}
```

　　上述程序提交后超时，执行用时为 16ms，内存消耗为 652KB。因为最终需要求的结果是 dp$[k][1][m]$，也可以采用自底向上、每行从左向右枚举的方法，对应的动态规划程序如下：

```
#include <iostream>
#include <cstring>
using namespace std;
const int INF = 0x3f3f3f3f;
const int MAXM = 100;
const int MAXK = 12;
int dp[MAXK + 1][MAXM + 1][MAXM + 1];
void solve() {
    memset(dp, 0, sizeof(dp));
    for(int i = 1; i <= MAXM; i++) {
        for(int j = i; j <= MAXM; j++)
            dp[1][i][j] = (j - i + 1) * (i + j)/2;
    }
    for(int k = 2; k < MAXK; k++) {                       //枚举邮箱
        for(int j = MAXM; j >= 1; j--) {                  //枚举爆竹区间[i..j]
            for(int i = j; i >= 1; i--) {
                dp[k][i][j] = INF;
                for(int m = i; m <= j; m++) {             //枚举炸毁点
                    dp[k][i][j] = min(dp[k][i][j], m + max(dp[k - 1][i][m - 1], dp[k][m + 1][j]));
                }
            }
        }
    }
}
int main() {
    int t, k, m;
    solve();
    scanf("%d", &t);
    while(t--) {
        scanf("%d %d", &k, &m);
        printf("%d\n", dp[k][1][m]);
    }
    return 0;
}
```

上述程序提交后超时,执行用时为 16ms,内存消耗为 652KB。

第 8 章 贪心法

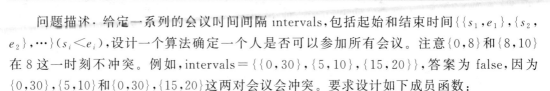

8.1 LintCode920——会议室★

问题描述：给定一系列的会议时间间隔 intervals，包括起始和结束时间$\{\{s_1,e_1\},\{s_2,e_2\},\cdots\}(s_i<e_i)$，设计一个算法确定一个人是否可以参加所有会议。注意$\{0,8\}$和$\{8,10\}$在 8 这一时刻不冲突。例如，intervals$=\{\{0,30\},\{5,10\},\{15,20\}\}$，答案为 false，因为$\{0,30\},\{5,10\}$和$\{0,30\},\{15,20\}$这两对会议会冲突。要求设计如下成员函数：

```
bool canAttendMeetings(vector < Interval > &intervals) { }
```

解：假设 intervals 中的会议个数为 n，求出 intervals 中最大兼容会议子集中的会议个数 cnt，若 cnt$=n$，说明可以参加所有会议，返回 true，否则返回 false。对应的程序如下：

```
struct Cmp {
    bool operator()(const Interval &a, const Interval &b) {
        return a. end < b. end;                      //按结束时间递增排序
    }
};
class Solution {
public:
    bool canAttendMeetings(vector < Interval > &intervals) {
        int n = intervals.size();
        if(n == 0 || n == 1) return true;
        bool flag[n];
        memset(flag, false, sizeof(flag));
        sort(intervals. begin(), intervals. end(), Cmp());
        flag[0] = true;
        int preend = intervals[0]. end;
        int cnt = 1;
        for (int i = 1; i < n; i++) {
            if (intervals[i]. start > = preend) {      //兼容
                flag[i] = true;
                cnt++;
                preend = intervals[i]. end;
            }
        }
        return cnt == n;
    }
};
```

上述程序提交后通过，执行用时为 82ms，内存消耗为 5.47MB。

8.2 LintCode919——会议室Ⅱ★★

问题描述：给定一系列的会议时间间隔 intervals，包括起始和结束时间$\{\{s_1,e_1\},\{s_2,e_2\},\cdots\}(s_i<e_i)$，设计一个算法找到所需的最少会议室数量。注意$\{0,8\}$和$\{8,10\}$在 8 这一时刻不冲突。例如，intervals$=\{\{0,30\},\{5,10\},\{15,20\}\}$，答案为 2，在会议室 1 安排会议$\{0,30\}$，在会议室 2 安排会议$\{5,10\}$和$\{15,20\}$。要求设计如下成员函数：

```
int minMeetingRooms(vector < Interval > &intervals) { }
```

其中 Interval 为包含 start 和 end 成员变量的类。

解法 1：采用贪心法求解，用 ans 表示最少会议室数量（初始为 0），先将全部会议按开始时间递增排序（贪心策略是尽可能选择开始时间早的会议进行安排），用 i 遍历 intervals，若会议 i 尚未安排，置 ans++，在 intervals$[i+1..n-1]$ 中找出尚未安排并且与会议 i 兼容的所有会议，为该兼容子集安排一个会议室（会议 i 为该会议室的首个会议），最后返回 ans 即可。对应的程序如下：

```cpp
struct Cmp {
    bool operator()(const Interval &a, const Interval &b) {
        return a.start < b.start;                    //按开始时间递增排序
    }
};
class Solution {
public:
    int minMeetingRooms(vector<Interval> &intervals) {
        int n = intervals.size();
        bool flag[n];
        memset(flag, false, sizeof(flag));
        sort(intervals.begin(), intervals.end(), Cmp());
        int ans = 0;
        for(int i = 0; i < n; i++) {
            if(!flag[i]) {                          //会议 i 没有被安排
                ans++;                              //增加一个会议室
                int preend = intervals[i].end;
                for(int j = i + 1; j < n; j++) {    //找所有能够与会议 i 兼容的会议 j
                    if(flag[j] == 0 && intervals[j].start >= preend) {
                        preend = intervals[j].end;
                        flag[j] = true;             //在当前会议室中安排会议 j
                    }
                }
            }
        }
        return ans;
    }
};
```

上述程序提交后通过，执行用时为 41ms，内存消耗为 4.21MB。

解法 2：贪心思路同解法 1，改为通过小根堆判断兼容性。定义一个按结束时间越小越优先的小根堆 minpq，先将全部会议按开始时间递增排序（贪心策略是尽可能选择开始时间早的会议进行安排），将会议 0 进堆。用 i 从 1 开始遍历 intervals，若会议 i 与堆顶会议兼容则将堆顶会议出堆，将会议 i 进堆。当 intervals 遍历完毕，minpq 中的元素个数就是需要安排的最少会议室个数（堆中每个会议是对应会议室安排的最后一个会议）。对应的程序如下：

```cpp
struct Cmp {
    bool operator()(const Interval &a, const Interval &b) {
        return a.start < b.start;                    //按开始时间递增排序
    }
};
struct Cmp1 {
    bool operator()(const Interval &a, const Interval &b) {
        return a.end > b.end;                         //end 越小越优先
    }
};
class Solution {
```

```
public:
    int minMeetingRooms(vector < Interval > &intervals) {
        sort(intervals.begin(), intervals.end(),Cmp());
        priority_queue < Interval, deque < Interval >, Cmp1 > minpq;
        minpq.push(intervals[0]);
        for (int i = 1;i < intervals.size();i++) {
            if (intervals[i].start > = minpq.top().end)
                minpq.pop();                          //将与会议 i 兼容的堆顶会议出堆
            minpq.push(intervals[i]);                 //将会议 i 进堆
        }
        return minpq.size();
    }
};
```

上述程序提交后通过,执行用时为 41ms,内存消耗为 5.6MB。实际上在堆中不必保存整个会议,可以改为仅保存会议的结束时间。对应的程序如下:

```
struct Cmp {
    bool operator()(const Interval &a, const Interval &b) {
        return a.start < b.start;
    }
};
class Solution {
public:
    int minMeetingRooms(vector < Interval > &intervals) {
        sort(intervals.begin(), intervals.end(),Cmp());
        priority_queue < int, vector < int >,greater < int >> minpq;
        minpq.push(intervals[0].end);
        for (int i = 1;i < intervals.size();i++) {
            if (intervals[i].start > = minpq.top())
                minpq.pop();                          //将与会议 i 兼容的堆顶会议出堆
            minpq.push(intervals[i].end);             //将会议 i 进堆
        }
        return minpq.size();
    }
};
```

上述程序提交后通过,执行用时为 40ms,内存消耗为 5.47MB。

8.3 LintCode184——最大数 ★★

问题描述:给出一组非负整数 nums,重新排列顺序把这些数组成一个最大的整数,最后的结果可能很大,所以返回一个字符串来代替这个整数。例如,nums = $\{1,20,23,4,8\}$,答案是"8423201"。要求设计如下成员函数:

```
string largestNumber(vector < int > &nums) {}
```

解:采用贪心思路,将数字位越大的数字越排在前面,那么是不是将整数序列递减排序后,从前向后合并就可以了呢? 这是错误的,如果这样做,$(50,2,1,9)$ 递减排序后为 $(50,9,2,1)$,合并后的结果是 50921 而不是正确的 95021。

两个整数 a 和 b 的排序方式是将它们转换为字符串 s 和 t,若 $s+t>t+s$,则 a 排在 b 的前面。例如,对于 50 和 9 两个整数,转换为字符串"50"和"9",由于"950">"509",所以 $9>50$。对应的程序如下:

```
struct Cmp {
    bool operator()(const int& a,const int& b) const {
        string s = to_string(a),t = to_string(b);
        return s + t > t + s;                          //递减排序
    }
};
class Solution {
public:
    string largestNumber(vector < int > &nums) {
        sort(nums.begin(),nums.end(),Cmp());           //按指定方式排序
        string ans = "";
        for(int i = 0;i < nums.size();i++)
            ans += to_string(nums[i]);
        if (ans[0] == '0')                             //除去有多余前导零的情况
            return "0";
        else
            return ans;
    }
};
```

上述程序提交后通过,执行用时为 40ms,内存消耗为 5.34MB。

8.4　LintCode187——加油站★★

问题描述:在一条环路上有 N 个加油站,其中第 i 个加油站有汽油 gas$[i]$,并且从第 i 个加油站前往第 $i+1$ 个加油站需要消耗汽油 cost$[i]$。某人有一辆油箱容量无限大的汽车,现在要从某一个加油站出发绕环路一周,一开始油箱为空,求可环绕环路一周时出发的加油站的编号,若不存在环绕一周的方案,返回 -1。数据保证答案唯一。例如,gas$=\{1,1,3,1\}$,cost$=\{2,2,1,1\}$,答案是 2,即从加油站 2 出发环绕一周。要求设计如下成员函数:

```
int canCompleteCircuit(vector < int > &gas, vector < int > &cost) { }
```

解:累计出 gas 中的全部元素值 gsum,累计出 cost 中的全部元素值 csum,若 gsum < csum,说明不存在环绕一周的方案,返回 -1;否则说明一定存在环绕一周的方案。对于样例,环绕路径是加油站 2(加 3 升汽油,剩余 3 升汽油)→加油站 1(消耗 1 升汽油,加 1 升汽油,剩余 3 升汽油)→加油站 0(消耗 2 升汽油,加 1 升汽油,剩余 2 升汽油)→加油站 1(消耗 2 升汽油,加 1 升汽油,剩余 1 升汽油)→加油站 2(消耗 1 升汽油,剩余 0 升汽油,到达终点)。

当存在环绕一周的方案时,用 ans 表示答案(初始置为 0),当行驶到加油站 i 时,求出 restgas=restgas+gas$[i]$-cost$[i]$,它表示行驶到加油站 $i+1$ 后剩余的汽油,若 restgas < 0,说明不能行驶到加油站 $i+1$,置 ans 为 $i+1$ 从下一个加油站开始试探。最后返回 ans 即可。贪心策略是选择 restgas≥0 的加油站出发环绕行驶。对应的程序如下:

```
# include < numeric >
class Solution {
public:
    int canCompleteCircuit(vector < int > &gas,vector < int > &cost) {
        int gsum = accumulate(gas.begin(),gas.end(),0);
        int csum = accumulate(cost.begin(),cost.end(),0);
        if(gsum < csum)
            return -1;
        int ans = 0;
```

```
            int restgas = 0;
            for(int i = 0;i < gas.size();i++) {
                restgas += gas[i] - cost[i];
                if(restgas < 0) {
                    restgas = 0;
                    ans = i + 1;
                }
            }
            return ans;
        }
    };
```

上述程序提交后通过,执行用时为 41ms,内存消耗为 4.57MB。

8.5　LintCode304——最大乘积★★

问题描述:给定一个含 $n(n \leqslant 500\,000)$ 个整数的无序数组 nums($-10\,000 \leqslant$ nums$[i] \leqslant$ $10\,000$),包含正数、负数和 0,要求从中找出 3 个数的乘积,使得乘积最大。例如,nums$=$ $\{3,4,1,2\}$,答案是 24。要求设计如下成员函数:

```
long long maximumProduct(vector < int > &nums) { }
```

解:在无序数组中取 3 个数字的最大乘积,结果由两种情况构成,即最大的 3 个数相乘或者最小的两个数相乘(负数)再乘以最大数。

这样问题转换为求最小的两个整数 min1 和 min2,3 个最大的整数 max1、max2 和 max3。求出后置 tmp1$=$(long long)max1 * max2 * max3,tmp2$=$(long long)min1 * min2 * max1,最后返回 max(tmp1,tmp2)。对应的程序如下:

```
class Solution {
public:
    long long maximumProduct(vector < int > &nums) {
        int min1 = 10000, min2 = 10000;
        int max1 = - 10000, max2 = - 10000, max3 = - 10000;
        for (int k:nums) {
            if (k > max1) {
                max3 = max2;
                max2 = max1;
                max1 = k;
            }
            else if (k > max2) {
                max3 = max2;
                max2 = k;
            }
            else if (k > max3) {
                max3 = k;
            }
            if (k < min1) {
                min2 = min1;
                min1 = k;
            }
            else if (k < min2) {
                min2 = k;
            }
        }
```

```
        long long tmp1 = (long long)max1 * max2 * max3;
        long long tmp2 = (long long)min1 * min2 * max1;
        return max(tmp1,tmp2);
    }
};
```

上述程序提交后通过,执行用时为 222ms,内存消耗为 24.87MB。

8.6 LintCode358——树木规划★

问题描述:在一条笔直的马路上有 $n(1 \leqslant n \leqslant 10\ 000)$ 棵树,每棵树有一个坐标 trees[i] $(0 \leqslant$ trees[i] $\leqslant 10^9)$,代表它们距离马路起点的距离,trees 是排好序的,且两两不同。如果每相邻的两棵树之间的间隔不小于 d,那么可以认为这些树是美观的。请计算出最少需要移除多少棵树可以让这些树变得美观。例如,trees={1,2,3,5,6},$d=2$,答案是 2,将位置 2 和 6 的树木移走,剩下 {1,3,5} 是美观的。要求设计如下成员函数:

```
int treePlanning(vector < int > &trees, int d) { }
```

解:由于 trees 是排好序的,从头到尾遍历 trees,用 ans 累计与前面美观的树(用 pre 表示其序号)间隔小于 d 的树的数目。最后返回 ans 即可。对应的程序如下:

```
class Solution {
public:
    int treePlanning(vector < int > &trees,int d) {
        int ans = 0;
        int pre = 0;
        for(int i = 1;i < trees.size();i++) {
            if(trees[i] – trees[pre] < d)
                ans++;
            else
                pre = i;
        }
        return ans;
    }
};
```

上述程序提交后通过,执行用时为 203ms,内存消耗为 8.16MB。

8.7 LintCode719——计算最大值★★

问题描述:给定一个数字字符串 str,设计一个算法求从前往后逐个计算的最大值,可以在两个数字之间加上一个'+'或'*'。例如,str="01231",答案为 10,对应的计算式是 $((((0+1)+2)*3)+1)=10$。要求设计如下成员函数:

```
int calcMaxValue(string &str) { }
```

解:实际上就是在两个数字之间插入'+'或'*',使得到的计算值最大。显然在两个大于或等于 2 的数之间插入'*'会比插入'+'的效果更好,所以尽可能乘起来。对应的程序如下:

```
class Solution {
public:
```

```
int calcMaxValue(string &str) {
    int n = str.size();
    if (n == 0) return 0;
    int ans = str[0] - '0';
    for (int i = 1; i < n; i++) {
        if (str[i] == '0' || str[i] == '1' || ans <= 1)
            ans += (str[i] - '0');
        else
            ans *= (str[i] - '0');
    }
    return ans;
}
};
```

上述程序提交后通过,执行用时为 20ms,内存消耗为 5.4MB。

8.8 　LintCode761——最小子集★★ ※

问题描述:给定一个非负整数数组 arr,取数组中的一部分元素,使得它们的和大于数组中其余元素的和,设计一个算法求出满足条件的元素个数的最小值,在数组中至少有一个正数。例如,arr={3,1,7,1},答案是 1,对应的一个元素是 7。要求设计如下成员函数:

```
int minElements(vector < int > &arr) { }
```

解:求出 arr 的元素和的一半 halfsum,将 arr 递减排序,从前面向后面选择元素,用 ans 累计选择的元素个数,用 currsum 累计当前元素的和,一旦 currsum > halfsum,返回 ans。对应的程序如下:

```
# include < numeric >
class Solution {
public:
  int minElements(vector < int > &arr) {
      int n = arr.size();
      int sum = accumulate(arr.begin(), arr.end(), 0);
      int halfsum = sum/2;
      sort(arr.begin(), arr.end(), greater < int >());
      int ans = 0, currsum = 0;
      for (int i = 0; i < n; i++) {
          currsum += arr[i];
          ans++;
          if (currsum > halfsum)
              return ans;
      }
      return ans;
  }
};
```

上述程序提交后通过,执行用时为 41ms,内存消耗为 2.14MB。

8.9 　LintCode891——有效回文Ⅱ★★ ※

问题描述:给定一个非空字符串 s(长度≤50 000,只包含小写字母),设计一个算法判断最多删除一个字符是否可以变成回文串。例如,s = "aba",答案为 true,它原本就是回文串。要求设计如下成员函数：

```
bool validPalindrome(string &s) { }
```

解：先判断 s 是否为回文串，如果是就返回 true，如果不是则枚举每一个位置作为被删除的位置，再判断剩下的字符串是否为回文串，这样的穷举法会超时。

使用双指针＋贪心法。首先两个指针 low 和 high 分别指向 s 的前、后两端，每次判断它们指向的字符是否相同，如果相同，则更新指针，即执行 low++ 和 high--，然后继续判断。如果它们指向的字符不同，则两个字符中必须有一个被删除，此时分成两种情况，即删除 low 指向的字符，留下子串 $s[low+1..high]$，或者删除 high 指向的字符，留下子串 $s[low..high-1]$，当这两个子串中至少有一个是回文串时，说明 s 删除一个字符之后就成为回文串，返回 true，否则返回 false。对应的程序如下：

```cpp
class Solution {
public:
    bool validPalindrome(string &s) {
        int low = 0, high = s.size() - 1;
        while (low < high) {
            char c1 = s[low], c2 = s[high];
            if (c1 == c2) {
                low++; high--;
            }
            else
                return ispail(s, low, high - 1) || ispail(s, low + 1, high);
        }
        return true;
    }
    bool ispail(const string& s, int low, int high) {
        int i = low, j = high;
        while(i < j) {
            if (s[i] != s[j])
                return false;
            i++; j--;
        }
        return true;
    }
};
```

上述程序提交后通过，执行用时为 41ms，内存消耗为 3.82MB。

8.10　LeetCode122——买卖股票的最佳时机Ⅱ ★★ ※

问题描述见《教程》中的 7.16 节，这里采用贪心法求解。

解：为了获得最大利润，可以在每个上升段的起点买入、在上升段的终点卖出。实际上只要第 $i+1$ 天的股价高于第 i 天的股价，就可以第 i 天买入、第 $i+1$ 天卖出，并且累计总利润 ans，最后返回 ans 即可。对应的程序如下：

```cpp
class Solution {
public:
    int maxProfit(vector<int>& prices) {
        int n = prices.size();
```

```
       int ans = 0;
       for(int i = 0;i < n - 1;i++) {
          if(prices[i] < prices[i + 1]) {
             ans += prices[i + 1] - prices[i];
          }
       }
       return ans;
    }
};
```

上述程序提交后通过,执行用时为 4ms,内存消耗为 12.7MB。

8.11 LeetCode11——盛水最多的容器★★ ※

问题描述:给定一个长度为 n 的整数数组 height,表示有 n 条垂线,第 i 条线的两个端点是 $(i,0)$ 和 $(i,height[i])$。设计一个算法找出其中的两条线,使得它们与 X 轴共同构成的容器可以盛最多的水,求其盛水量。例如,height $=\{1,8,6,2,5,4,8,3,7\}$,由高度为 8(height$[1]$)和 7(height$[7]$)的两条垂线构成的容器可以盛最多的水,盛水量为 min(8,7)$\times$ $(7-1+1)=49$,如图 8.1 所示,答案为 49。要求设计如下成员函数:

```
int maxArea(vector < int > & height) { }
```

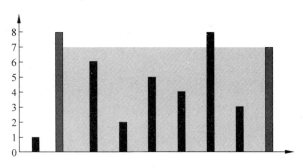

图 8.1   9 条垂线和所构成盛最多水的容器

解:采用双指针+贪心法。用 ans 表示答案(初始为 0),用 l、r 分别指向左、右两端,求出 height$[l]$和 height$[r]$所构成容器的盛水量 area$=$min(height$[l]$,height$[r]$)$*(r-l)$,取最大值,即 ans$=$max(ans,area),然后移动 l 和 r 中较小的一端。最后返回 ans 即可。对应的程序如下:

```
class Solution {
public:
    int maxArea(vector < int > & height) {
       int l = 0, r = height.size() - 1;
       int ans = 0;
       while (l < r) {
          int area = min(height[l],height[r]) * (r - l);
          ans = max(ans, area);
          if (height[l] <= height[r])              //移动较小的一端
             l++;
          else
             r--;
       }
```

```
        return ans;
    }
};
```

上述程序提交后通过,执行用时为 76ms,内存消耗为 57.6MB。

8.12 LeetCode881——救生艇★★

问题描述:给定一个含 $n(1 \leqslant n \leqslant 50\,000)$ 个整数的数组 people,people[i] 表示第 i 个人的体重,救生艇的数量不限,每艘艇可以载的最大重量为 limit($1 \leqslant$ people[i] $\leqslant$ limit $\leqslant 30\,000$)。每艘艇最多可同时载两个人,但条件是这些人的重量之和最多为 limit。设计一个算法求载所有人所需的最少艇数。例如,people $= \{3, 2, 2, 1\}$,limit $= 3$,答案为 3,3 艘艇分别载 $\{1, 2\}$、$\{2\}$ 和 $\{3\}$。要求设计如下成员函数:

```
int numRescueBoats(vector < int > & people, int limit) { }
```

解:采用贪心法,先将 people 按体重递增排序,再考虑前、后两个人(最轻者和最重者),分别用 i、j 指向,若 people[i] + people[j] $\leqslant$ limit,说明这两个人可以同乘(执行 i++,j--),否则 people[j] 单乘(执行 j--),若最后只剩下一个人,该人只能单乘。对应的程序如下:

```
class Solution {
public:
    int numRescueBoats(vector < int > & people, int limit) {
        sort(people.begin(),people.end());
        int i = 0, j = people.size() - 1;
        int ans = 0;
        while(i <= j) {
            f(i == j) {                              //剩下最后一个人
                ans++;
                break;
            }
            if(people[i] + people[j] <= limit) {     //前、后两个人同乘
                ans++;
                i++; j--;
            }
            else {                                   //people[j]单乘
                ans++;
                j--;
            }
        }
        return ans;
    }
};
```

上述程序提交后通过,执行用时为 72ms,内存消耗为 41MB。

8.13 LeetCode1029——两地调度★★

问题描述:某公司计划面试 $2n$ 个人。给定一个数组 costs(长度在 2~100 的范围内),其中 costs[i] $=$ [aCost$_i$, bCost$_i$],表示第 i 个人飞往 a 市的费用为 aCost$_i$,飞往 b 市的费用为 bCost$_i$。设计一个算法求这些人飞到 a、b 中的某个城市的最低费用,要求每个城市都有

n 个人抵达。例如,costs=\{[10,20],[30,200],[400,50],[30,20]\},答案是 110,第一个人去 a 市,费用为 10;第二个人去 a 市,费用为 30;第三个人去 b 市,费用为 50;第四个人去 b 市,费用为 20。最低总费用为 $10+30+50+20=110$,每个城市都有一半的人在面试。要求设计如下成员函数:

```
int twoCitySchedCost(vector < vector < int >> & costs) { }
```

解:将 cost 数组中的元素 costs[i] 修改为 $[\text{aCost}_i, \text{bCost}_i, \text{dif}]$,其中 $\text{dif} = \text{aCost}_i - \text{bCost}_i$,再将 cost 按 dif 递增排序,则前一半的人(共 n 个人)飞往 a 市,后一半的人(共 n 个人)飞往 b 市,此时总费用最低。对应的程序如下:

```cpp
struct Cmp {
    bool operator()(const vector < int > &a, const vector < int > &b) {
        return a[2] < b[2];
    }
};
class Solution {
public:
    int twoCitySchedCost(vector < vector < int >> & costs) {
        int m = costs.size();
        for(int i = 0; i < m; i++) {
            costs[i].push_back(costs[i][0] - costs[i][1]);
        }
        sort(costs.begin(), costs.end(), Cmp());
        int ans = 0, n = m/2;
        for(int i = 0; i < n; i++)
            ans += costs[i][0] + costs[i + n][1];
        return ans;
    }
};
```

上述程序提交后通过,执行用时为 4ms,内存消耗为 7.7MB。

8.14　LeetCode402——移掉 k 位数字★★ ✳

问题描述:给定一个以字符串表示的非负整数 num 和一个整数 k,移除这个非负整数中的 k 位数字,使得剩下的数字最小,设计一个算法返回这个最小的数字。例如,num="1432219", $k=3$,答案为"1219",移掉的 3 个数字是 4、3 和 2。要求设计如下成员函数:

```
string removeKdigits(string num, int k) { }
```

解:采用贪心法,按从高位到低位的方向搜索递减区间,若不存在递减区间,删除尾数字,否则删除递减区间的首数字,这样形成一个新数串,然后回到串首,重复上述操作,删除下一个数字,直到删除 k 个数字为止。例如,num = "1432219"(高位是 num[0] = '1'), $k=3$,操作如下:

(1) 从高位开始找到第一个递减区间是"43",删除'4',num="132219"。

(2) 再从高位开始找到第一个递减区间是"32",删除'3',num="12219"。

(3) 最后从高位开始找到第一个递减区间是"22",删除'2',num="1219"。

如果有前导零,则删除之,最后返回 num。对应的程序如下:

```cpp
class Solution {
```

```
public:
  string removeKdigits(string num, int k) {
    int n = num.size();
    if (n <= k) return "0";
    int i = 0;
    while (k > 0) {                                      //在 num 中删除 k 位
      while(i < n - 1 && num[i] <= num[i + 1])           //找一个递增(含相同元素)区间
        i++;
      num.erase(i,1);                                    //删除该递增区间的末尾元素 num[i]
      k--;
      n--;
      if(i > 0) i--;
    }
    while (num.size() > 1 && num[0] == '0')              //删除前导零
      num.erase(0,1);
    return num;
  }
};
```

上述程序提交后通过,执行用时为 24ms,内存消耗为 7.9MB。

8.15 LeetCode763——划分字母区间 ★★ ※

问题描述:字符串 s 仅由小写字母组成(长度在 1~500 的范围内),现在要把这个字符串划分为尽可能多的片段,同一个字母最多出现在一个片段中,设计一个算法返回一个表示每个字符串片段的长度的列表。例如,$s =$ "ababcbacadefegdehijhklij",答案是{9,7,8},划分结果为 "ababcbaca"、"defegde"和"hijhklij",每个字母最多出现在一个片段中,像"ababcbacadefegde"和 "hijhklij"的划分是错误的,因为划分的片段数较少。要求设计如下成员函数:

```
vector < int > partitionLabels(string s) { }
```

解:由于同一个字母只能出现在同一个片段,显然同一个字母第一次出现的下标位置和最后一次出现的下标位置必须出现在同一个片段。因此需要遍历字符串 s,得到每个字母最后一次出现的下标位置,用 last 数组存储。然后采用贪心法将字符串划分为尽可能多的片段,具体做法如下。

(1) 从左到右遍历字符串,在遍历的同时维护当前片段的开始下标 start 和结束下标 end,初始时 start=end=0。

(2) 对于每个访问到的字母 c,得到当前字母最后一次出现的下标位置 cend,则当前片段结束的下标一定不会小于 cend,因此令 end=max(end,cend)。

(3) 当访问到下标 end 时,当前片段访问结束,当前片段的下标范围是[start,end],长度为 end−start+1,将当前片段的长度添加到返回值,然后令 start=end+1,继续寻找下一个片段。

(4) 重复上述过程,直到遍历完字符串。

上述做法的贪心策略是寻找每个片段可能的最小结束下标,因此可以保证每个片段的长度一定是符合要求的最短长度,如果取更短的片段,则一定会出现同一个字母出现在多个片段中的情况。由于每次取的片段都是符合要求的最短片段,所以得到的片段数也是最多的。对应的程序如下:

```
class Solution {
public:
    vector < int > partitionLabels(string s) {
        int last[26];
        int n = s.size();
        for (int i = 0; i < n; i++)
            last[s[i] - 'a'] = i;
        vector < int > ans;
        int start = 0, end = 0;
        for (int i = 0; i < n; i++) {
            end = max(end, last[s[i] - 'a']);
            if (i == end) {
                ans.push_back(end - start + 1);
                start = end + 1;
            }
        }
        return ans;
    }
};
```

上述程序提交后通过,执行用时为 0ms,内存消耗为 6.5MB。

8.16 LeetCode630——课程表 Ⅲ ★★★ ✳

问题描述:有 n($1 \leqslant n \leqslant 10\,000$) 门不同的在线课程,按从 1 到 n 编号。给定一个数组 courses,其中 courses$[i]$=[duration$_i$, lastDay$_i$] 表示第 i 门课将会持续上 duration$_i$ 天,并且必须在不晚于 lastDay$_i$ 的时候完成($1 \leqslant$ duration$_i$, lastDay$_i \leqslant 10\,000$)。学期从第 1 天开始,且不能同时修两门或两门以上的课程,求最多可以修的课程数目。例如,courses = $\{[100, 200], [200,1300], [1000,1250], [2000,3200]\}$,答案是 3,说明如下:

(1) 修第 1 门课,耗费 100 天,在第 100 天完成,在第 101 天开始下一门课程。

(2) 修第 3 门课,耗费 1000 天,在第 1100 天完成,在第 1101 天开始下一门课程。

(3) 修第 2 门课,耗时 200 天,在第 1300 天完成。

第 4 门课现在不能修,因为将会在第 3300 天完成,这已经超出了关闭日期。要求设计如下成员函数:

```
int scheduleCourse(vector < vector < int >> & courses) { }
```

解:假设一门课程用 $[t_i, d_i]$ 表示,对于两门课 $[t_1, d_1]$ 和 $[t_2, d_2]$,如果后者的关闭时间较晚,即 $d_1 \leqslant d_2$,那么先学习前者,再学习后者,总是最优的。为此将全部课程 courses 按截止时间递增排序,用 T 表示所有学习课程的总时间(初始为 0),用 i 依次遍历 courses,当遍历到 $[t_i, d_i]$ 时:

(1) 如果总时间 T 与 t_i 之和小于或等于 d_i(课程 i 满足最晚完成时间要求),那么学习课程 i,将 t_i 累计到 T 中,把 t_i 加入优先队列中。

(2) 如果总时间 T 与 t_i 之和大于 d_i(课程 i 不满足最晚完成时间要求),此时从过往学习的课程中找出持续时间最长的课程进行回退操作,即找到优先队列中的最大元素(堆顶元素)t_j,如果 $t_j > t_i$,则用 t_i 替换之。

在遍历完成后,优先队列中包含的元素个数即为答案。对应的程序如下:

```
struct Cmp{
    bool operator()(vector < int > &s, vector < int > &t) {
        return s[1]< t[1];
    }
};
class Solution {
public:
    int scheduleCourse(vector < vector < int >> & courses) {
        int n = courses.size();
        sort(courses.begin(), courses.end(), Cmp());
        priority_queue < int > maxpq;
        int T = 0;
        for (int i = 0; i < n; i++) {
            int ti = courses[i][0];
            int di = courses[i][1];
            if (T + ti < = di) {
                T += ti;
                maxpq.push(ti);
            }
            else if (!maxpq.empty() && maxpq.top()> ti) {
                T -= maxpq.top() - ti;                 //除去耗时最多的一门课
                maxpq.pop();
                maxpq.push(ti);
            }
        }
        return maxpq.size();
    }
};
```

上述程序提交后通过，执行用时为 188ms，内存消耗为 54.9MB。

8.17 LeetCode1353——最多可以参加的会议数目★★

问题描述：给定一个数组 events（$1 \leqslant$ events.length $\leqslant 10^5$），其中 events$[i] =$ $[\text{startDay}_i, \text{endDay}_i]$（$1 \leqslant \text{startDay}_i \leqslant \text{endDay}_i \leqslant 10^5$），表示会议 i 开始于 startDay_i、结束于 endDay_i。可以在满足 $\text{startDay}_i \leqslant d \leqslant \text{endDay}_i$ 中的任意一天 d 参加会议 i，注意一天只能参加一个会议。设计一个算法求可以参加的最多会议数目。例如，events $= \{\{1,2\}, \{2,3\}, \{3,4\}\}$，可以参加 3 个会议，如图 8.2 所示，结果为 3。要求设计如下方法：

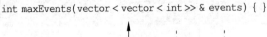

int maxEvents(vector < vector < int >> & events) { }

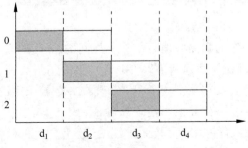

图 8.2 参加 3 个会议

解：采用贪心法，贪心策略是选择可以参加的会议中最早结束的会议参加。建立一个会议结束时间越早越优先的优先队列 minpq(小根堆)，将 events 按开始时间递增排序，用 start 表示可能参加会议的开始时间(初始为 events[0][0])，用 i 遍历 events，把所有开始时间小于或等于 start 的会议(可能参加这些会议)的结束时间进队，再将所有结束时间小于 start(这些会议已经结束)的会议出队，若队不空表示存在可以参加的会议，选择堆顶会议(可以参加的会议中最早结束的会议)参加。将 start 增 1 继续考虑下一天。对应的程序如下：

```cpp
struct Cmp {
    bool operator()(vector < int > &x, vector < int > &y) {
        return x[0]< y[0];                                   //按左端点递增排序
    }
};
class Solution {
public:
    int maxEvents(vector < vector < int >> & events) {
        sort(events.begin(), events.end(), Cmp());
        priority_queue < int, vector < int >, greater < int >> minpq;//小根堆
        int n = events.size();
        int ans = 0;                                         //可以参加的最多会议数目
        int prestart = events[0][0];                         //prestart 表示最早会议开始时间
        int i = 0;                                           //遍历 events 会议
        while(i < n || ! minpq.empty()) {                    //会议没遍历完或者还有会议没结束
            while(i < n && events[i][0]< = prestart) {       //将所有开始时间满足要求
                minpq.push(events[i][1]);                    //的会议的结束时间进队
                i++;
            }
            while(!minpq.empty() && minpq.top()< prestart)   //把已经结束的会议出队
                minpq.pop();
            if(!minpq.empty()) {
                minpq.pop();                                 //堆顶是结束时间最早的会议
                ans++;                                       //参加该会议
            }
            prestart++;                                      //参加会议时间往后排一天
        }
        return ans;
    }
};
```

上述程序提交后通过，执行用时为 264ms，内存消耗为 69.2MB。

8.18 POJ2782——装箱

时间限制：2000ms，空间限制：65 536KB。

问题描述：有 n 个一维的物品必须装在若干相同的箱子里，所有箱子的长度均为 l，每个物品 i 的长度 $l_i \leqslant l$。现在要找到满足以下条件的最少箱子数量 q：①每个箱子最多装入两个物品；②每个物品都要装在某个箱子中；③装在一个箱子中的物品的长度总和不超过 l。给定整数 n、l、l_1、……、l_n，计算最小箱子数目 q。

输入格式：输入的第一行包含物品数 n($1 \leqslant n \leqslant 10^5$)，第二行包含一个整数 l($l \leqslant 10\,000$)表示箱子的长度，然后有 n 个整数，每个整数表示一个物品的长度。

输出格式：输出一行，包含最少箱子数目的整数。

输入样例：

```
10
80
70 15 30 35 10 80 20 35 10 30
```

输出样例：

```
6
```

解：与"LeetCode881——救生艇"问题类似，采用双指针＋贪心法的程序如下。

```
#include<iostream>
#include<algorithm>
using namespace std;
const int MAXN = 100010;
int a[MAXN];
int n,l;
int greedy() {                               //求解贪心算法
    sort(a,a+n);
    int ans = 0;
    int low = 0,high = n-1;
    while(low <= high){
        if(a[high] + a[low]<= l)
            low++;
        high--;
        ans++;
    }
    return ans;
}
int main() {
    scanf("%d%d",&n,&l);
    for(int i = 0;i<n;i++)
        scanf("%d",&a[i]);
    printf("%d\n",greedy());
    return 0;
}
```

上述程序提交后通过，执行用时为 94ms，内存消耗为 456KB。

8.19   POJ3069——标记

时间限制：1000ms，空间限制：65 536KB。

问题描述：在一条直线上有 n 个点，每个点的位置分别是 x_i，现在从这 n 个点中选择若干个点给它们加上标记，使得对于每个点而言，在其距离为 r 的范围内都有带标记的点，问至少要标记几个点？

输入格式：输入包含多个测试用例。每个测试用例包括两行，第一行是整数 r 和 n（其中 $0 \leqslant r \leqslant 1000, 1 \leqslant n \leqslant 1000$）；第二行包含 n 个整数，表示每个点的位置 x_1、……、x_n。由 $r = n = -1$ 结束测试用例。

输出格式：对于每个测试用例，输出一个整数，表示最少需要标记的点的个数。

输入样例：

```
0 3
10 20 20
10 7
70 30 1 7 15 20 50
-1 -1
```

输出样例:

```
2
4
```

解: 将 n 个点按位置值从小到大排序。对于最左边(位置值最小)的点 begin,计算从点 begin 开始加上距离 r 可以到达的最远的但又小于距离 r 的点,将该点进行标记,然后以这个点为基准,重复上述过程,最终计算出需要标记的点的个数。对应的程序如下:

```cpp
# include < iostream >
# include < algorithm >
using namespace std;
const int MAXN = 1010;
int x[MAXN];
int r,n;
int greedy() {                                    //求解贪心算法
    sort(x, x + n);
    int ans = 0;                                  //存放答案
    int i = 0;
    while (i < n) {
        int begin = x[i++];
        while (i < n && x[i] <= begin + r) i++;
        ans++;
        begin = x[i - 1];
        while (i < n && x[i] <= begin + r) i++;
    }
    return ans;
}
int main() {
    while (true) {
        scanf("% d % d",&r,&n);
        if (r == -1 && n == -1) break;
        for (int i = 0;i < n;i++)
            scanf("% d",&x[i]);
        printf("% d\n",greedy());
    }
    return 0;
}
```

上述程序提交后通过,执行用时为 16ms,内存消耗为 136KB。

8.20 POJ1017——产品包装 ✳

时间限制: 1000ms,空间限制: 10 000KB。

问题描述: 某工厂生产的产品的高度均为 h,截面尺寸分为 1×1、2×2、3×3、4×4、5×5、6×6。工厂收到客户订单后,将订单中的产品用与产品高度 h 相同、尺寸为 6×6 的包装盒包装后寄给客户。问最少需要多少个包装盒?

输入格式: 输入中每一行指定一个订单。每个订单由 6 个整数描述,用空格分隔,依次

表示从最小规格 1×1 到最大规格 6×6 的产品的数量。输入的结尾由包含 6 个 0 的行表示。

输出格式：每个订单输出一行，此行中包含一个整数，表示将该订单中的所有产品打包需要的最少包装盒数。

输入样例：

```
0 0 4 0 0 1
7 5 1 0 0 0
0 0 0 0 0 0
```

输出样例：

```
2
1
```

解：采用的贪心策略是优先考虑最大规格的产品需要的包装盒数，因为一个包装盒在装完较大规格的产品后，该包装盒可能存在剩余空间，仍应该利用。

显然，6×6、5×5、4×4 规格的每一个产品都需要一个包装盒，3×3 规格的产品每 4 个装满一个包装盒，然后将剩余 2×2 和 1×1 规格的产品依次放入之前包装盒的空余部分。

6×6 规格的产品需要一个包装盒且空间全占满，无剩余。5×5 规格的产品需要一个包装盒，该包装盒还可以装 11 个 1×1 规格的产品。4×4 规格的产品需要一个包装盒，该包装盒还可以最多装 5 个 2×2 规格或 20 个 1×1 规格的产品，但该包装盒剩余空间应优先考虑装 2×2 规格的产品。

对于 3×3 规格的产品，一个包装盒可以装 $1\sim4$ 个 3×3 规格的产品，剩下的空间同样优先考虑装 2×2 规格的产品。简单地在纸上画一下可知，一个包装盒分别装 1、2、3、4 个 3×3 规格的产品后，剩余空间最多可以装 5、3、1、0 个 2×2 规格的产品。

剩下的 2×2 规格和 1×1 规格的产品首先放进前面各较大规格产品所装包装盒剩余的空间中，如果不够启用新包装盒。对应的程序如下：

```cpp
#include<iostream>
using namespace std;
int greedy(int b1,int b2,int b3,int b4,int b5,int b6) { //求解贪心算法
    int ans,x1,x2;
    ans = b6 + b5 + b4 + (b3 + 3)/4;
    x2 = b4 * 5;                          //装一个规格4的产品的包装盒还可装5个规格2的产品
    switch (b3 % 4) {
        case 1: x2 += 5; break;
        case 2: x2 += 3; break;
        case 3: x2++;
    }
    if (x2 < b2)                          //规格2剩余的空间不够装 b2 个产品
        ans = ans + (b2 - x2 + 8)/9;
    x1 = 36 * ans - 36 * b6 - 25 * b5 - 16 * b4 - 9 * b3 - 4 * b2;
    if (x1 < b1)                          //规格1剩余的空间不够装 b1 个产品
        ans = ans + (b1 - x1 + 35)/36;
    return ans;
}
int main() {
    while (true) {
        int b1,b2,b3,b4,b5,b6;
        scanf("%d%d%d%d%d%d",&b1,&b2,&b3,&b4,&b5,&b6);
```

```
        if (b1 + b2 + b3 + b4 + b5 + b6 == 0)
            break;
        printf("%d\n",greedy(b1,b2,b3,b4,b5,b6));
    }
    return 0;
}
```

上述程序提交后通过,执行用时为 16ms,内存消耗为 132KB。

8.21 POJ1862——Stripies

时间限制:1000ms,空间限制:30 000KB。

问题描述:化学生物学家发现了一种新的叫 Stripies 的生命形式,它生活在扁平菌落中,大多数时候 Stripies 都在移动,当两个 Stripies 发生碰撞时会出现一个新的 Stripies。例如两个重量分别为 m1 和 m2 的 Stripies 碰撞时产生的新 Stripies 的重量为 2 * sqrt(m1 * m2)。化学生物学家非常想知道怎么才能减少 Stripies 的总重量。请编写程序回答这个问题,可以假设 3 个或更多 Stripies 永远不会碰撞在一起。

输入格式:输入的第一行包含一个整数 $N(1 \leqslant N \leqslant 100)$,表示初始 Stripies 的数目,在接下来的 N 行中,每一行都包含一个 $1 \sim 10\,000$ 的整数,表示该 Stripies 的重量。

输出格式:输出一行,包含 Stripies 碰撞产生的最小总重量,精度为小数点后三位。

输入样例:

```
3
72
30
50
```

输出样例:

```
120.000
```

解:采用贪心法,由于碰撞结果是取平方根,每次将两个重量最大的 Stripies 碰撞,这样才能使碰撞的最终结果更小。对应的程序如下:

```
#include <iostream>
#include <cmath>
#include <queue>
using namespace std;
priority_queue<double> maxpq;
double greedy() {                              //求解贪心算法
    while (maxpq.size()>1) {
        double x = maxpq.top(); maxpq.pop();
        double y = maxpq.top(); maxpq.pop();
        double z = 2 * sqrt(x * y);
        maxpq.push(z);
    }
    return maxpq.top();
}
int main() {
    int x,N;
    scanf("%d",&N);
    for(int i = 0;i < N;i++) {
        scanf("%d",&x);
```

```
    maxpq.push(x);
  }
  printf("%.3f\n",greedy());
  return 0;
}
```

上述程序提交后通过,执行用时为 16ms,内存消耗为 128KB。

8.22 POJ3262——保护花朵

时间限制:2000ms,空间限制:65 536KB。

问题描述:约翰的 N($2 \leqslant N \leqslant 100\,000$)头奶牛跑到花园中吃花朵,为了尽量保护花朵,约翰决定立即采取行动,将每头奶牛运回各自的牛舍。奶牛 i 位于距自己的牛舍 T_i 分钟($1 \leqslant T_i \leqslant 2\,000\,000$)距离的位置,此外在等待运输时奶牛 i 每分钟会破坏 D_i($1 \leqslant D_i \leqslant 100$)朵花。无论约翰多么努力一次只能将一头奶牛运回其牛舍,将奶牛 i 运回其牛舍需要 $2 \times T_i$ 分钟(来回各 T_i 的时间)。约翰从花园开始,将奶牛运回其牛舍,然后回到花园,无须额外时间即可运回下一头奶牛。编写一个程序确定约翰运奶牛的顺序,以使被破坏花朵的总数最小。

输入格式:第一行为整数 N,第 2 行到第 $N+1$ 行,每一行包含两个以空格分隔的整数 T_i 和 D_i,表示一头奶牛的特征。

输出格式:输出一行,包含一个整数,表示被破坏花朵的最小数量。

输入样例:

```
6
3 1
2 5
2 3
3 2
4 1
1 6
```

输出样例:

```
86
```

解:采用的贪心策略是将所有奶牛按 D_i/T_i(D_i 越大越优先,并且 T_i 越小越优先)递减排序,然后按该顺序依次将奶牛运回各自的牛舍。对应的程序如下:

```
# include < iostream >
# include < algorithm >
using namespace std;
const int MAXN = 100005;
struct Cow {                          //奶牛的类型
    int ti;
    int di;
    bool operator <(const Cow&o) {    //用于按 d/t 递减排序
        return 1.0 * di/ti > 1.0 * o.di/o.ti;
    }
};
Cow cow[MAXN];
int n;
int sum;
```

211

```
long long greedy() {                        //求解贪心算法
    sort(cow,cow + n);                      //排序
    long long ans = 0;                      //结果值很大,用 long long 类型
    for (int i = 0;i < n;i++) {             //求被破坏的花朵总数 ans
        sum -= cow[i].di;
        ans += 2 * cow[i].ti * sum;
    }
    return ans;
}
int main() {
    scanf(" % d",&n);
    sum = 0;
    for(int i = 0;i < n;i++) {              //输入数据
        scanf(" % d % d", &cow[i].ti,&cow[i].di);
        sum += cow[i].di;
    }
    printf(" % lld\n",greedy());
    return 0;
}
```

上述程序提交后通过,执行用时为 188ms,内存消耗为 936KB。

8.23　POJ2970——懒惰的程序员 ※

时间限制:5000ms,空间限制:65 536KB。

问题描述:SMART 雇用了一个程序员,让他完成 N 份合同,每份合同都有期限 d_i。在正常情况下,程序员需要用 b_i 时间完成编号为 i 的合同,但是多付给他 x_i 美元,他只需要 $(b_i - a_i \times x_i)$ 时间完成该合同。这意味着每份合同可以支付更多的钱以更快的速度完成。程序员太贪心,如果合同 i 的额外付款是 b_i / a_i 美元,他几乎可以立即完成工作。现在请编写一个程序求及时完成所有合同额外支付的最少金额。

输入格式:输入的第一行包含合同数量 $N(1 \leqslant N \leqslant 100\ 000)$,接下来的 N 行中,每一行都描述了一个合同,包含整数 a_i、b_i、$d_i (1 \leqslant a_i、b_i \leqslant 10\ 000, 1 \leqslant d_i \leqslant 1\ 000\ 000\ 000)$,整数之间用空格分隔。

输出格式:输出一行,包含一个实数 S,表示需要额外支付的最少金额,数字保留小数点后两位。

输入样例:

```
2
20 50 100
10 100 50
```

输出样例:

```
5.00
```

解:用 con 数组存放全部合同,先按照截止时间 d 递增排序,依次遍历所有的合同,将所有已完成的合同加入优先队列(a 值越大越优先),若当前合同无法完成,则从队列中不断找到 a 值最大的合同,花费一定的钱数来减少完成时间,直到当前时间等于 d,当一个任务完成的时间等于 0 的时候该合同不再进队。

例如,用 $[a, b, d]$ 表示合同,$n = 3$,3 个合同是 $[2, 5, 10]$、$[1, 10, 5]$、$[3, 3, 5]$。按照 d 递

增排序后为[1,10,5],[3,3,5],[2,5,10],用 ans 表示最少金额(初始置为 0),用 sum 表示当前合同完成的时间(初始置为 0),依次遍历合同:

(1) 对于[1,10,5],将其进队,sum 为 0+10=10,由于 sum>其截止时间 5,该合同无法正常完成。出队 cur=[1,10,5],需要补偿的时间 need 为 sum-5=5,由于 cur.b>need(说明不能补偿到完成 cur),补偿 need/cur.a=5,即 ans=5,修改 sum 为 sum-need=10-5=5,cur.b=5,再将 cur=[1,5,5]进队。

(2) 对于[3,3,5],将其进队,sum 为 sum+3=8,由于 sum>其截止时间 5,该合同无法正常完成。出队 cur=[3,3,5](因为 cur.a=3 最大),需要补偿的时间 need 为 sum-5=3,由于 cur.b=need(说明可以补偿到完成 cur),补偿 need/cur.a=1,即 ans 为 ans+1=6,修改 sum 为 sum-need=8-3=5。

(3) 对于[2,5,10],将其进队,sum 为 sum+5=10,由于 sum=其截止时间 10,不需要补偿。

从中看出,[1,10,5]补偿 5 变为[1,5,5](花费 5 个时间完成),[3,3,5]补偿 1 变为[3,0,5](花费 0 个时间完成),[2,5,10]不补偿(花费 5 个时间完成),这样共补偿 6 个美元使得 3 个合同按时完成。对应的程序如下:

```cpp
#include <iostream>
#include <queue>
#include <algorithm>
using namespace std;
const int MAXN = 100005;
struct Contracts {                                    //合同的类型
    int a;
    int b;                                            //完成时间
    int d;                                            //期限
    bool operator <(const Contracts &o) const {
        return a < o.a;                               //按 a 越大越优先
    }
};
int n;
Contracts con[MAXN];
struct Cmp {
    bool operator()(const Contracts &s,const Contracts &t) const {
        return s.d < t.d;                             //用于按 d 递增排序
    }
};
double greedy() {                                      //求解贪心算法
    sort(con,con + n,Cmp());
    priority_queue<Contracts> pq;
    int sum = 0;
    double ans = 0.0;                                 //存放答案
    for(int i = 0;i < n;i++) {                        //遍历 con
        pq.push(con[i]);                              //进队
        sum += con[i].b;                             //求完成合同需要的时间
        if(sum > con[i].d) {                          //当前合同无法完成
            while(sum!= con[i].d) {
                Contracts cur = pq.top();pq.pop();   //按 a 最大出队合同 cur
                int need = sum - con[i].d;           //求需要补偿的时间
                if(cur.b <= need) {
                    ans += 1.0 * cur.b/cur.a;
                    sum -= cur.b;
```

```
        }
        else {
            cur.b -= need;
            ans += 1.0 * need/cur.a;
            sum -= need;
            pq.push(cur);
        }
      }
    }
  }
  return ans;
}
int main(){
  while(scanf("%d",&n) != EOF) {
    for(int i = 0;i < n;i++)
      scanf("%d%d%d",&con[i].a,&con[i].b,&con[i].d);
    printf("%.2f\n",greedy());
  }
  return 0;
}
```

上述程序提交后通过,执行用时为2563ms,内存消耗为3476KB。

8.24　POJ1065——加工木棍

时间限制:1000ms,空间限制:10 000KB。

问题描述:有 n 个需要加工的木棍,每个木棍有长度 L 和重量 W 两个参数,机器处理第一个木棍用时一分钟,如果当前处理的木棍为 L 和 W,之后处理的木棍 L' 和 W' 满足 $L \leqslant L'$ 并且 $W \leqslant W'$,则不需要额外的时间,否则需要加时一分钟。请编程求出给定木棍的最少加工时间。例如,5 个木棍的长度和重量分别是 $(9,4)$、$(2,5)$、$(1,2)$、$(5,3)$、$(4,1)$,则最少加工时间为两分钟,加工顺序是 $(4,1) \to (5,3) \to (9,4) \to (1,2) \to (2,5)$。

输入格式:输入的第一行为整数 t,表示测试用例的个数。每个测试用例的第一行为 $n(1 \leqslant n \leqslant 10\,000)$,表示木棍数,第二行是 $2n$ 个整数 l_1、w_1、l_2、w_2、……、l_n、w_n,每个整数最大为 10 000。

输出格式:每个测试用例对应一行,即加工需要的最少分钟数。

输入样例:

```
3
5
4 9 5 2 2 1 3 5 1 4
3
2 2 1 1 2 2
3
1 3 2 2 3 1
```

输出样例:

```
2
1
3
```

解:本题与活动安排问题类似,只是要求最大兼容活动子集的个数。将每个木棍看成一个活动,木棍重量看成结束时间,将木棍重量和长度递增排序,通过枚举每个木棍的重量判断 W 有多少个上升的序列。对应的程序如下:

```cpp
# include < iostream >
# include < string. h >
# include < algorithm >
using namespace std;
# define MAXN 10010
int t,n;
struct Wooden {                              //木棍的类型
    int l;                                   //长度
    int w;                                   //重量
    bool operator <(const Wooden&o) const {
        if (l!= o.l)                         //长度不相同按长度递增排序
            return l < o.l;
        return w < o.w;                      //长度相同按重量递增排序
    }
};
Wooden s[MAXN];                              //存放所有木棍
int ans;                                     //答案
bool flag[MAXN];                             //兼容活动标志
void greedy(){                               //求解贪心算法
    sort(s + 1,s + n + 1);
    memset(flag,0,sizeof(flag));
    ans = 0;
    for (int j = 1;j <= n;j++) {
        if (!flag[j]) {
            flag[j] = true;
            int preend = j;                  //前一个兼容活动的下标
            for (int i = preend + 1;i <= n;i++) {
                if (s[i].w >= s[preend].w && !flag[i]) {
                    preend = i;
                    flag[i] = true;
                }
            }
            ans++;                           //增加一个最大兼容活动子集
        }
    }
}
int main() {
    cin >> t;
    while (t-- ){
        cin >> n;
        for (int i = 1; i <= n;i++)
            cin >> s[i].l >> s[i].w;
        greedy();
        cout << ans << endl;
    }
    return 0;
}
```

上述程序提交后通过,执行用时为 32ms,内存消耗为 276KB。

第 **9** 章 图算法

9.1 LintCode1565——飞行棋 I ★★ ※

问题描述:有一个一维的棋盘,起点在棋盘的最左侧,终点在棋盘的最右侧,棋盘上有几个位置是跟其他位置相连的,用 connections 数组表示,若其中有{A,B}元素,表示 A 与 B 相连,则当棋子落在位置 A 时可以选择是否不投骰子,直接移动棋子从 A 到 B,并且这个连接是单向的,即不能从 B 移动到 A。给定这个棋盘的长度 length 和位置的相连情况 connections,现在有一个六面的骰子(点数为 1~6),也就是说投一次骰子可以向终点方向移动 1~6 步,求最少需要投几次才能到达终点。棋盘位置从 1 开始,起点不与任何其他位置连接,connections$[i][0] <$ connections$[i][1]$。例如,length $= 15$,connections $= \{\{2,8\},\{6,9\}\}$,答案为 2,整个走法是 1-> 6(投骰子),6-> 9(直接相连),9-> 15(投骰子)。要求设计如下成员函数:

```
int modernLudo (int length, vector < vector < int >> &connections) { }
```

解法 1:将问题转换为求从位置 1 到位置 length 的最短路径长度,不过这里的路径长度是指路径上投骰子的次数。本解法采用 Dijkstra 算法求源点为 1 的单源最短路径长度数组 dist,若当前位置为 u,其选择的操作如下:

(1)如果 connections 中存在$\{u,v\}$,则跳到位置 v,dist$[v] =$ dist$[u]$。

(2)可以跳 $i(1 \leqslant i \leqslant 6)$个位置,新位置为 $v = i + u$,如果 dist$[v] > 1 +$ dist$[u]$,则设置 dist$[v] =$ dist$[u] + 1$(边松弛)。

将上述每一种操作看成顶点 u 到 v 的一条有向边,(1)操作对应的权值为 0,(2)操作对应的权值为 1。在求出 dist 数组后返回 dist$[$length$]$即可。对应的程序如下:

```cpp
struct QNode {                              //优先队列中的结点类型
    int u;                                  //格子的位置
    int steps;                              //到达该位置的投骰子次数
    bool operator <(const QNode &s) const {
        return steps > s.steps;             //按 steps 越小越优先
    }
};
class Solution {
    const int INF = 0x3f3f3f3f;
public:
    int modernLudo( int length, vector < vector < int >> &connections) {
        vector < int > dist(length + 10, INF);
        vector < int > S(length + 10, 0);
        priority_queue < QNode > pq;
        QNode e, e1;
        e. u = 1; e. steps = 0;
        pq. push(e);
        dist[1] = 0;
        S[1] = 1;
        while (!pq. empty()) {
            e = pq. top(); pq. pop();
            int u = e. u;
            if(u == length) break;
            S[u] = 1;
            for ( int i = 0; i < connections. size(); i++) {
                if (connections[i][0] == u) {
```

```
                int v = connections[i][1];
                if (S[v] == 0 && dist[v] > dist[u]) {
                    dist[v] = dist[u];
                    e1.u = v; e1.steps = dist[v];
                    pq.push(e1);
                }
            }
        }
        for (int i = 1; i <= 6; i++) {
            if(i + u > length) break;                  //超界时退出循环
            int v = i + u;
            if (S[v] == 0 && dist[v] > 1 + dist[u]) {
                dist[v] = dist[u] + 1;
                e1.u = v; e1.steps = dist[v];
                pq.push(e1);
            }
        }
    }
    return dist[length];
    }
};
```

上述程序提交后通过,执行用时为 40ms,内存消耗为 5.41MB。

解法 2:原理同解法 1,将求单源最短路径长度由 Dijkstra 算法改为 SPFA 算法,同样求出源点为 1 的单源最短路径长度数组 dist,最后返回 dist[length]即可。对应的程序如下:

```
class Solution {
    const int INF = 0x3f3f3f3f;
public:
    int modernLudo(int length, vector < vector < int >> &connections) {
        vector < int > dist(length + 10, INF);
        vector < int > visited(length + 10, 0);
        int i;
        dist[1] = 0;
        visited[1] = 1;
        queue < int > qu;
        qu.push(1);
        while (!qu.empty()) {
            int u = qu.front(); qu.pop();
            visited[u] = 0;
            for (i = 0; i < connections.size(); i++) {
                if (connections[i][0] == u) {
                    int v = connections[i][1];
                    if (dist[v] > dist[u]) {
                        dist[v] = dist[u];
                        if (!visited[v]) {
                            visited[v] = 1;
                            qu.push(v);
                        }
                    }
                }
            }
            for (i = 1; i <= 6; i++) {
                if(i + u > length) break;              //超界时退出循环
                int v = i + u;
                if (dist[v] > 1 + dist[u]) {
```

```
            dist[v] = dist[u] + 1;
            if (!visited[v]) {
                visited[v] = 1;
                qu.push(v);
            }
        }
    }
}
return dist[length];
    }
};
```

上述程序提交后通过,执行用时为 41ms,内存消耗为 5.08MB。

9.2 LeetCode1368——至少有一条有效路径的最小代价★★★

问题描述:给定一个 $m \times n$ 的网格图 grid,grid 中的每个格子都有一个数字,对应从该格子出发下一步走的方向。grid$[i][j]$ 中的数字可能为以下几种情况。

1:下一步往右走,也就是从 grid$[i][j]$ 走到 grid$[i][j+1]$。

2:下一步往左走,也就是从 grid$[i][j]$ 走到 grid$[i][j-1]$。

3:下一步往下走,也就是从 grid$[i][j]$ 走到 grid$[i+1][j]$。

4:下一步往上走,也就是从 grid$[i][j]$ 走到 grid$[i-1][j]$。

注意网格图中可能会有无效数字,因为它们可能指向 grid 以外的区域。一开始,从最左上角的格子$(0,0)$出发。定义一条有效路径为从格子$(0,0)$出发,每一步都顺着数字对应的方向走,最终在最右下角的格子$(m-1,n-1)$结束的路径。有效路径不需要是最短路径。可以花费 cost$=1$ 的代价修改一个格子中的数字,但每个格子中的数字只能修改一次。请编程返回让网格图至少有一条有效路径的最小代价。例如,grid$=$ $\{\{1,2\},\{4,3\}\}$,对应的 grid 如图 9.1 所示,可以修改一个格子(例如将 2 改为 3)得到一条有效路径,若不修改则找不到路径,所以答案为 1。要求设计如下成员函数:

1→	2←
4↑	3↓

图 9.1 一个网格图

```
int minCost(vector < vector < int >> & grid) {}
```

解法 1:将问题转换为求从$(0,0)$到$(m-1,n-1)$的最短路径长度,不过这里的路径长度是指路径上走向与对应格子数字不匹配的个数。采用优先队列的 Dijkstra 算法求源点为$(0,0)$的单源最短路径长度数组 dist,最后返回 dist$[m-1][n-1]$即可。对应的程序如下:

```
struct QNode {                          //优先队列中的结点类型
    int x,y;                            //格子的位置
    int length;                         //到达该格子的路径长度
    bool operator <(const QNode &s) const {
        return length > s.length;        //按 length 越小越优先
    }
};
class Solution {
    const int dx[5] = {0, 0, 0, 1, -1};  //下标 0 不用,下标与 grid[i][j] 中的数字对应
    const int dy[5] = {0, 1, -1, 0, 0};
    const int INF = 0x3f3f3f3f;
```

```
public:
    int minCost(vector < vector < int >> & grid) {
        int m = grid.size();
        int n = grid[0].size();
        vector < vector < int >> dist(m, vector < int >(n, INF));
        vector < vector < int >> visited(m, vector < int >(n, 0));
        priority_queue < QNode > pq;
        QNode e, e1;
        e.x = 0; e.y = 0; e.length = 0;
        pq.push(e);
        dist[0][0] = 0;
        while (!pq.empty()) {
            e = pq.top(); pq.pop();
            int x = e.x, y = e.y, len = e.length;
            if (visited[x][y] == 1) continue;
            visited[x][y] = 1;
            for (int di = 1; di <= 4; di++) {
                int nx = x + dx[di], ny = y + dy[di];
                if (nx < 0 || nx >= m || ny < 0 || ny >= n)
                    continue;
                int nd = len + (grid[x][y] == di ? 0:1);
                if (nd < dist[nx][ny]) {          //边松弛
                    dist[nx][ny] = nd;
                    e1.x = nx; e1.y = ny;
                    e1.length = nd;
                    pq.push(e1);
                }
            }
        }
        return dist[m-1][n-1];
    }
};
```

上述程序提交后通过,执行用时为 48ms,内存消耗为 13.7MB。

解法 2:设计思路同解法 1,将 Dijkstra 算法改为 SPFA 算法求源点为 $(0,0)$ 的单源最短路径长度数组 dist,最后返回 $dist[m-1][n-1]$ 即可。对应的程序如下:

```
struct QNode {                         //队列中的结点类型
    int x, y;                          //格子的位置
};
class Solution {
    const int dx[5] = {0, 0, 0, 1, -1};   //下标0不用,下标与grid[i][j]中的数字对应
    const int dy[5] = {0, 1, -1, 0, 0};
    const int INF = 0x3f3f3f3f;
public:
    int minCost(vector < vector < int >> & grid) {
        int m = grid.size();
        int n = grid[0].size();
        vector < vector < int >> visited(m, vector < int >(n, 0));
        vector < vector < int >> dist(m, vector < int >(n, INF));
        queue < QNode > qu;
        QNode e, e1;
        e.x = 0; e.y = 0;
        qu.push(e);
        dist[0][0] = 0;
        visited[0][0] = 1;
        while (!qu.empty()) {
            e = qu.front(); qu.pop();
```

```
        int x = e.x, y = e.y;
        visited[x][y] = 0;
        for (int di = 1;di <= 4;di++) {
            int nx = x + dx[di],ny = y + dy[di];
            if (nx < 0 || nx >= m || ny < 0 || ny >= n)
                continue;
            int nd = dist[x][y] + (grid[x][y] == di ? 0 : 1);
            if (nd < dist[nx][ny]) {          //边松弛
                dist[nx][ny] = nd;
                if (visited[nx][ny] == 0) {
                    e1.x = nx; e1.y = ny;
                    qu.push(e1);
                    visited[nx][ny] = 1;
                }
            }
        }
    }
    return dist[m-1][n-1];
    }
};
```

上述程序提交后通过,执行用时为 88ms,内存消耗为 20.5MB。

9.3   POJ1751——高速公路问题

时间限制:1000ms,空间限制:10 000KB。

问题描述:某岛国地势平坦,但高速公路系统非常糟糕,当地政府意识到了这个问题,并且已经建造了连接一些最重要城镇的高速公路,现在仍有一些城镇无法通过高速公路抵达,所以有必要建造更多的高速公路让任何两个城镇之间通过高速公路连接。

所有城镇的编号为从 1 到 n,城镇 i 的位置由笛卡儿坐标(x_i, y_i)给出。每条高速公路连接两个城镇。所有高速公路都以直线相连,因此它们的长度等于城镇之间的笛卡儿距离。所有高速公路都是双向的。

高速公路可以自由地相互交叉,但司机只能在连接高速公路的两个城镇进行切换。政府希望最大限度地降低建造新高速公路的成本,但希望保证每个城镇都能够到达。由于地势平坦,高速公路的成本总是与其长度成正比。因此,最便宜的高速公路系统将是最小化总公路长度的系统。

输入格式:输入包括两部分。第一部分描述了该国的所有城镇,第二部分描述了所有已建成的高速公路。输入文件的第一行包含一个整数 n($1 \leqslant n \leqslant 750$)表示城镇的数量。接下来的 n 行,每行包含两个整数 x_i 和 y_i,由空格分隔,给出了第 i 个城镇的坐标(i 从 1 到 n)。坐标的绝对值不超过 10 000,每个城镇都有一个独特的位置。下一行包含单个整数 m($0 \leqslant m \leqslant 1000$),表示现有高速公路的数量。接下来的 m 行,每行包含一对由空格分隔的整数,这两个整数给出了一对已经通了高速公路的城镇的编号。每对城镇最多由一条高速公路连接。

输出格式:输出所有要新建的高速公路,每条输出一行,以便连接所有城镇,要尽可能减少新建高速公路的总长度。如果不需要新建高速公路(所有城镇都已连接),则输出为空。

输入样例:

```
9
1 5
0 0
3 2
4 5
5 1
0 4
5 2
1 2
5 3
3
1 3
9 7
1 2
```

输出样例:

```
1 6
3 7
4 9
5 7
8 3
```

解法1:题目就是求 n 个城镇的最小生成树,任意两个城镇之间有一条无向边,权值为它们之间的距离,将已经建有道路的两个城镇之间的边的权看作0。解法1采用 Prim 算法求解,建立的图采用邻接矩阵数组 A 存储,图中顶点的编号是1到 n,先按每个顶点坐标的笛卡儿距离求出 A(由于仅按最小长度输出最后的边,在求笛卡儿距离时没有必要开平方根)。对于已经有高速公路连接的两个顶点 a 和 b,置 $A[a][b]=A[b][a]=0$(看成权值最小的边)。

利用 Prim 算法从顶点1出发求最小生成树的边,由于最小边的权值为0,所以当一个顶点 k 添加到 U 集合中时置 $\text{lowcost}[k]=-1$。当找到一条最小边($\text{closest}[k],k$)时,其权值为 mind,只有在 mind$\neq$0 时它才是真正最小生成树的一条输出边。对应的程序如下:

```cpp
#include<iostream>
#include<cstring>
#include<cstdio>
using namespace std;
const int INF = 0x3f3f3f3f;
const int MAXN = 760;
int n,m;
int ax[MAXN];                        //城镇的 x 坐标
int ay[MAXN];                        //城镇的 y 坐标
int A[MAXN][MAXN];                   //邻接矩阵
int lowcost[MAXN];
int closest[MAXN];
void Prim(int s) {                   //Prim算法
    for(int i = 1;i <= n;i++) {
        lowcost[i] = A[s][i];
        closest[i] = s;
    }
    lowcost[s] = -1;                 //将顶点 s 添加到 U 中
    for(int i = 1;i < n;i++) {       //取 n-1 个顶点到 U 中
        int mind = INF;
        int k = 0;
        for(int j = 1;j <= n;j++) {
```

```
            if(lowcost[j]!= - 1 && lowcost[j]< mind) {
                mind = lowcost[j];
                k = j;
            }
        }
        if(mind!= 0)                        //输出一条边
            printf("% d  % d\n",closest[k],k);
        lowcost[k] = - 1;                   //将顶点 k 添加到 U 中
        for(int j = 1;j < = n;j++) {
            if(lowcost[j]!= - 1 && A[k][j]< lowcost[j]) {
                lowcost[j] = A[k][j];
                closest[j] = k;
            }
        }
    }
}
int main() {
    scanf(" % d",&n);
    for(int i = 1;i < = n;i++)               //输入 n 个城镇
        scanf(" % d % d",&ax[i],&ay[i]);
    for(int i = 1;i < = n;i++) {             //计算出路径矩阵
        for(int j = i;j < = n;j++) {
            int dist = (ax[i] - ax[j]) * (ax[i] - ax[j]) + (ay[i] - ay[j]) * (ay[i] - ay[j]);
            A[i][j] = A[j][i] = dist;
        }
    }
    scanf(" % d",&m);                        //输入 m 条已经建好的道路
    int a,b;
    for(int i = 1;i < = m;i++) {
        scanf(" % d % d",&a,&b);
        A[a][b] = A[b][a] = 0;               //将道路长度置为 0
    }
    Prim(1);                                 //从顶点 1 出发构造最小生成树
    return 0;
}
```

上述程序提交后通过，执行用时为 $94\mathrm{ms}$，内存消耗为 $2384\mathrm{KB}$。

解法 2：采用 Kruskal 算法求构造的最小生成树，设计边数组 E，在输入 n 个城镇的坐标后计算出任意两个城镇 i 和 j 之间的距离 dist，将 (i,j,dist) 添加到 E 中，对于已经建有道路的两个城镇 i 和 j，将 $(i,j,0)$ 添加到 E 中。最后采用 Kruskal 算法输出权非零的最小生成树的边。对应的程序如下：

```
# include < iostream >
# include < cstring >
# include < vector >
# include < algorithm >
using namespace std;
const int INF = 0x3f3f3f3f;
const int MAXN = 760;
int n,m;
int ax[MAXN];                               //城镇的 x 坐标
int ay[MAXN];                               //城镇的 y 坐标
struct Edge {                               //边的类型
    int u;                                  //边的起点
    int v;                                  //边的终点
    int w;                                  //边的权值
    bool operator <(const Edge &e) const{
```

```
        return w < e.w;                         //用于按 w 递增排序
    }
};
int parent[MAXN];                               //并查集的存储结构
int rnk[MAXN];                                  //存储结点的秩(近似于高度)
void Init(int n) {                              //并查集的初始化
    for (int i = 1; i <= n; i++) {
        parent[i] = i;
        rnk[i] = 0;
    }
}

int Find(int x) {                               //递归算法:在并查集中查找 x 结点的根结点
    if (x != parent[x])
        parent[x] = Find(parent[x]);            //路径压缩
    return parent[x];
}

void Union(int x, int y) {                      //并查集中 x 和 y 的两个集合的合并
    int rx = Find(x);
    int ry = Find(y);
    if (rx == ry)                               //x 和 y 属于同一棵树的情况
        return;
    if (rnk[rx] < rnk[ry])
        parent[rx] = ry;                        //rx 结点作为 ry 的孩子
    else {
        if (rnk[rx] == rnk[ry])                 //秩相同,合并后 rx 的秩增 1
            rnk[rx]++;
        parent[ry] = rx;                        //ry 结点作为 rx 的孩子
    }
}
vector < Edge > E;
void Kruskal() {                                //Kruskal 算法
    int ans = 0;
    sort(E.begin(), E.end());                   //按 w 递增排序
    Init(n);                                    //初始化并查集
    int k = 1;                                  //k 表示当前构造生成树的第几条边,初值为 1
    int j = 0;                                  //E 中边的下标,初值为 0
    while (k < n) {                             //当生成的边数小于 n 时循环
        int u1 = E[j].u;
        int v1 = E[j].v;                        //取一条边的头、尾顶点编号 u1 和 v1
        int sn1 = Find(u1);
        int sn2 = Find(v1);                     //分别得到两个顶点所属的集合的编号
        if (sn1 != sn2) {                       //添加该边不会构成回路
            if(E[j].w != 0)                     //输出一条边
                printf("% d % d\n", u1, v1);
            k++;                                //生成的边数增 1
            Union(sn1, sn2);                    //将 sn1 和 sn2 两个顶点合并
        }
        j++;                                    //遍历下一条边
    }
}
int main() {
    scanf("% d", &n);
    for(int i = 1; i <= n; i++)                 //输入 n 个城镇
        scanf("% d % d", &ax[i], &ay[i]);
    Edge e;
    for(int i = 1; i <= n; i++) {               //计算出路径矩阵
        for(int j = i; j <= n; j++) {
            int dist = (ax[i] - ax[j]) * (ax[i] - ax[j]) + (ay[i] - ay[j]) * (ay[i] - ay[j]);
```

```
            e.u = i; e.v = j; e.w = dist;
            E.push_back(e);
        }
    }
    scanf(" % d",&m);                        //输入 m 条已经建好的道路
    int a,b;
    for(int i = 1;i <= m;i++) {
        scanf(" % d % d",&a,&b);
        e.u = a; e.v = b; e.w = 0;
        E.push_back(e);                      //将道路长度置为 0
    }
    Kruskal();                               //构造最小生成树
    return 0;
}
```

上述程序提交后通过,执行用时为 657ms,内存消耗为 5048KB。

说明:本题中的图是一个完全图,所以采用 Prim 算法求解的时间性能更好。

9.4   POJ1287——网络

时间限制:1000ms,空间限制:10 000KB。

问题描述:设计一个网络使得所有网络节点之间可以通信,求所需要的最少电缆长度。注意,两个给定的网络节点之间可能存在多条线路。

输入格式:输入文件由多个数据集组成。每个数据集定义一个网络,第一行包含两个整数 n 和 m,其中 n 表示网络节点的数量($n \leqslant 50$),节点的编号为 $1 \sim n$,m 表示网络节点之间线路的数量,接下来的 m 行,每行描述了一条线路,每行为 3 个整数,前两个整数为节点的编号,第 3 个整数给出线路的长度(最大长度为 100),整数之间用空格分隔。如果仅给出一个整数 $n = 0$ 表示输入结束。数据集之间用空行分隔。

输出格式:对于每个数据集,在单独的一行输出一个整数,表示设计整个网络需要的最少电缆长度。

输入样例:

```
1 0

2 3
1 2 37
2 1 17
1 2 68

3 7
1 2 19
2 3 11
3 1 7
1 3 5
2 3 89
3 1 91
1 2 32

5 7
1 2 5
2 3 7
```

```
2 4 8
4 5 11
3 5 10
1 5 6
4 2 12

0
```

输出样例:

```
0
17
16
26
```

解法 1: 题目就是给定一个含 n 个顶点的带权连通图,顶点的编号为 $1 \sim n$,求构造的最小生成树的总长度。采用邻接矩阵 A 存放图,注意在输入边时可能会用重复的边,必须取最小长度的边。采用 Prim 算法求解的程序如下:

```cpp
# include < iostream >
# include < cstring >
# include < cstdio >
using namespace std;
const int INF = 0x3f3f3f3f;
const int MAXN = 55;
int n,m;
int A[MAXN][MAXN];                          //邻接矩阵
int lowcost[MAXN];
int closest[MAXN];
int Prim(int s) {                           //基本 Prim 算法
    int ans = 0;
    for(int i = 1;i <= n;i++) {
        lowcost[i] = A[s][i];
        closest[i] = s;
    }
    lowcost[s] = 0;                         //将顶点 s 添加到 U 中
    for(int i = 1;i < n;i++) {              //取 n-1 个顶点到 U 中
        int mind = INF;
        int k = 0;
        for(int j = 1;j <= n;j++) {
            if(lowcost[j]!= 0 && lowcost[j]< mind) {
                mind = lowcost[j];
                k = j;
            }
        }
        ans += mind;
        lowcost[k] = 0;                     //将顶点 k 添加到 U 中
        for(int j = 1;j <= n;j++) {
            if(lowcost[j]!= 0 && A[k][j]< lowcost[j]) {
                lowcost[j] = A[k][j];
                closest[j] = k;
            }
        }
    }
    return ans;
}
int main() {
    while(scanf(" % d",&n) && n) {
```

```
    scanf(" % d",&m);
    if(m == 0) {
        printf("0\n");
        continue;
    }
    memset(A,0x3f,sizeof(A));
    int a,b,w;
    for(int i = 0;i < m;i++) {
        scanf(" % d % d % d",&a,&b,&w);
        A[a][b] = A[b][a] = min(A[a][b],w);
    }
    printf(" % d\n",Prim(1));              //求从顶点1出发的最小生成树的总长度
    }
    return 0;
}
```

上述程序提交后通过,执行用时为 16ms,内存消耗为 144KB。

解法 2:采用 Kruskal 算法求构造的最小生成树的总长度,在输入边时直接将所有边存放在边数组 E 中,即使存在重复的边也都存储起来,在按权值递增排序时自动取权值较小的边。对应的程序如下:

```
# include < iostream >
# include < cstring >
# include < vector >
# include < algorithm >
using namespace std;
const int INF = 0x3f3f3f3f;
const int MAXN = 55;
int n,m;
struct Edge {                              //边的类型
    int u;                                 //边的起点
    int v;                                 //边的终点
    int w;                                 //边的权值
    bool operator <(const Edge &e) const {
        return w < e.w;                    //用于按 w 递增排序
    }
};
int parent[MAXN];                          //并查集的存储结构
int rnk[MAXN];                             //存储结点的秩(近似于高度)
void Init(int n) {                         //并查集的初始化
    for (int i = 1;i < = n;i++) {
        parent[i] = i;
        rnk[i] = 0;
    }
}
int Find(int x) {                          //递归算法:在并查集中查找 x 结点的根结点
    if (x!= parent[x])
        parent[x] = Find(parent[x]);       //路径压缩
    return parent[x];
}
void Union(int x,int y) {                  //并查集中 x 和 y 的两个集合的合并
    int rx = Find(x);
    int ry = Find(y);
    if (rx == ry)                          //x 和 y 属于同一棵树的情况
        return;
    if (rnk[rx]< rnk[ry])
        parent[rx] = ry;                   //rx 结点作为 ry 的孩子
```

```
        else {
            if (rnk[rx] == rnk[ry])          //秩相同,合并后 rx 的秩增 1
                rnk[rx]++;
            parent[ry] = rx;                 //ry 结点作为 rx 的孩子
        }
    }
vector < Edge > E;
int Kruskal() {                              //Kruskal 算法
    int ans = 0;
    sort(E.begin(), E.end());                //按 w 递增排序
    Init(n);                                 //初始化并查集
    int k = 1;                               //k 表示当前构造生成树的第几条边,初值为 1
    int j = 0;                               //E 中边的下标,初值为 0
    while (k < n) {                          //当生成的边数小于 n 时循环
        int u1 = E[j].u;
        int v1 = E[j].v;                     //取一条边的头、尾顶点编号 u1 和 v1
        int sn1 = Find(u1);
        int sn2 = Find(v1);                  //分别得到两个顶点所属的集合的编号
        if (sn1!= sn2) {                     //添加该边不会构成回路
            ans += E[j].w;
            k++;                             //生成的边数增 1
            Union(sn1, sn2);                 //将 sn1 和 sn2 两个顶点合并
        }
        j++;                                 //遍历下一条边
    }
    return ans;
}
int main() {
    while(scanf(" % d",&n) && n) {
        scanf(" % d",&m);
        if(m == 0) {
            printf("0\n");
            continue;
        }
        E.clear();
        int a,b,w;
        Edge e;
        for(int i = 0;i < m;i++) {
            scanf(" % d % d % d",&a,&b,&w);
            e.u = a; e.v = b; e.w = w;
            E.push_back(e);
        }
        printf(" % d\n",Kruskal());          //求从顶点 1 出发的最小生成树的总长度
    }
    return 0;
}
```

上述程序提交后通过,执行用时为 16ms,内存消耗为 212KB。

9.5 POJ1251——维护村庄之路 ※

时间限制:1000ms,空间限制:10 000KB。

问题描述:某地区有若干个村庄,村庄之间有一些双向道路相连,现在道路被破坏了,给出每条道路的维修金额,求保证任意两个村庄相通的最少维修总金额。

输入格式:输入由 1～100 个数据集组成,最后一行仅包含 0。每个数据集以仅包含整

数 n 的行开头, n 表示村庄数($1<n<27$),村庄被标记字母表的前 n 个大写字母,接下来 $n-1$ 行,每行以该村庄的字母标记开头,后跟整数 k,表示从该村庄出发有 k 条道路,再后面是 k 个村庄标记和维修金额对,若 $k=0$,则后面没有这样的村庄标记和维修金额对。所有维修金额小于 100,在形成的交通网络中道路不会超过 75 条,没有一个村庄有超过 15 条通往其他村庄的道路。

输出格式:每个数据集在一行中输出一个整数,表示最少维修总金额。

输入样例:

```
9
A 2 B 12 I 25
B 3 C 10 H 40 I 8
C 2 D 18 G 55
D 1 E 44
E 2 F 60 G 38
F 0
G 1 H 35
H 1 I 35
3
A 2 B 10 C 40
B 1 C 20
0
```

输出样例:

```
216
30
```

解法 1:题目就是给定一个含 n 个顶点的带权连通图,顶点编号为'A'~'A'$+n-1$,求构造的最小生成树的总长度。为了方便,将顶点的编号转换为 $0\sim n-1$,采用邻接矩阵 A 存放图。采用 Prim 算法(从顶点 0 出发构造最小生成树)求解的程序如下:

```cpp
# include < iostream >
# include < cstring >
# include < cstdio >
using namespace std;
const int INF = 0x3f3f3f3f;
const int MAXN = 30;
int n;
int A[MAXN][MAXN];                    //邻接矩阵
int lowcost[MAXN];
int closest[MAXN];
int Prim(int s) {                     //基本 Prim 算法
    int ans = 0;
    for(int i = 0;i < n;i++) {
        lowcost[i] = A[s][i];
        closest[i] = s;
    }
    lowcost[s] = 0;                   //将顶点 s 添加到 U 中
    for(int i = 1;i < n;i++) {        //取 n-1 个顶点到 U 中
        int mind = INF;
        int k = 0;
        for(int j = 0;j < n;j++) {
            if(lowcost[j]!= 0 && lowcost[j]< mind) {
                mind = lowcost[j];
                k = j;
```

```
            }
        }
        ans += mind;
        lowcost[k] = 0;                                    //将顶点 k 添加到 U 中
        for(int j = 0;j < n;j++) {
            if(lowcost[j]!= 0 && A[k][j]< lowcost[j]) {
                lowcost[j] = A[k][j];
                closest[j] = k;
            }
        }
    }
    return ans;
}
int main() {
    while(scanf(" % d",&n) && n) {
        memset(A,0x3f,sizeof(A));
        char a,b;
        int m,w;
        for(int i = 1;i < n;i++) {                         //取 n - 1 行
            cin >> a >> m;
            while(m -- ) {
                cin >> b >> w;
                A[a - 'A'][b - 'A'] = A[b - 'A'][a - 'A'] = w;
            }
        }
        printf(" % d\n",Prim(0));                           //求从顶点 0 出发的最小生成树的总长度
    }
    return 0;
}
```

上述程序提交后通过,执行用时为 0ms,内存消耗为 216KB。

解法 2:采用 Kruskal 算法求构造的最小生成树的总长度,在输入边时直接将所有边存放在边数组 E 中。对应的程序如下:

```
# include < iostream >
# include < cstring >
# include < vector >
# include < algorithm >
using namespace std;
const int INF = 0x3f3f3f3f;
const int MAXN = 30;
int n;
struct Edge {                                              //边的类型
    int u;                                                 //边的起点
    int v;                                                 //边的终点
    int w;                                                 //边的权值
    bool operator <(const Edge &e) const {
        return w < e.w;                                    //按 w 递增排序
    }
};
int parent[MAXN];                                          //并查集的存储结构
int rnk[MAXN];                                             //存储结点的秩(近似于树的高度)
void Init(int n) {                                         //并查集的初始化
    for (int i = 0;i < n;i++) {
        parent[i] = i;
        rnk[i] = 0;
    }
}
```

```
int Find(int x) {                              //递归算法:在并查集中查找 x 结点的根结点
    if (x!= parent[x])
        parent[x] = Find(parent[x]);           //路径压缩
    return parent[x];
}
void Union(int x,int y) {                       //并查集中 x 和 y 的两个集合的合并
    int rx = Find(x);
    int ry = Find(y);
    if (rx == ry)                               //x 和 y 属于同一棵树的情况
        return;
    if (rnk[rx]< rnk[ry])
        parent[rx] = ry;                        //rx 结点作为 ry 的孩子
    else {
        if (rnk[rx] == rnk[ry])                 //秩相同,合并后 rx 的秩增 1
            rnk[rx]++;
        parent[ry] = rx;                        //ry 结点作为 rx 的孩子
    }
}
vector < Edge > E;
int Kruskal() {                                 //Kruskal 算法
    int ans = 0;
    sort(E. begin(),E. end());                  //按 w 递增排序
    Init(n);                                    //初始化并查集
    int k = 1;                                  //k 表示当前构造生成树的第几条边,初值为 1
    int j = 0;                                  //E 中边的下标,初值为 0
    while (k < n) {                             //生成的边数小于 n 时循环
        int u1 = E[j].u;
        int v1 = E[j].v;                        //取一条边的头、尾顶点编号 u1 和 v1
        int sn1 = Find(u1);
        int sn2 = Find(v1);                     //分别得到两个顶点所属子集树的编号
        if (sn1!= sn2) {                        //添加该边不会构成回路
            ans += E[j].w;
            k++;                                //生成的边数增 1
            Union(sn1,sn2);                     //将 sn1 和 sn2 两个顶点合并
        }
        j++;                                    //遍历下一条边
    }
    return ans;
}
int main() {
    while(scanf(" % d",&n) && n) {
        E.clear();
        char a,b;
        int m,w;
        Edge e;
        for(int i = 1;i < n;i++) {              //取 n - 1 行
            cin >> a >> m;
            while(m -- ) {
                cin >> b >> w;
                e.u = a - 'A'; e.v = b - 'A'; e.w = w;
                E. push_back(e);
            }
        }
        printf(" % d\n",Kruskal());            //求最小生成树的总长度
    }
    return 0;
}
```

上述程序提交后通过,执行用时为 16ms,内存消耗为 212KB。

9.6 POJ2349——北极网络

时间限制:2000ms,空间限制:65 536KB。

问题描述:某国国防部希望在某地区通过无线网络连接几个哨所。建立网络将使用两种不同的通信技术:每个哨所配有一个无线电收发器,部分哨所另外配有一个卫星设备。任何两个具有卫星设备的哨所都可以通过卫星进行通信,无论它们的位置如何。两个哨所只有在它们之间的距离不超过 d 时才能通过无线电通信,这取决于收发器的功率。更高的功率产生更高的 d,但成本更高。出于购买和维护的考虑,哨所的收发器必须相同,也就是说,全部哨所的 d 值都是相同的。请编程确定收发器所需的最小 d,使得每对哨所之间至少有一条通信路径(直接或间接)。

输入格式:输入的第一行包含 t,即测试用例的数量。每个测试用例的第一行包含卫星设备数量 s($1 \leqslant s \leqslant 100$)以及哨所数量 p($s < p \leqslant 500$),接下来是 p 行,每行给出一个哨所的 (x, y) 坐标,以千米为单位(坐标是 $0 \sim 10\,000$ 的整数)。

输出格式:对于每个测试用例,输出一行给出连接网络所需的最小 d,输出应精确到小数点后两位。

输入样例:

```
1
2 4
0 100
0 300
0 600
150 750
```

输出样例:

```
212.13
```

解法 1:题目就是给定 p 个哨所(顶点)的位置、s 个卫星设备数量,求全部互连的最小 d 值。可以根据哨所的位置建立一个含 p 个顶点(顶点的编号为 $1 \sim p-1$)的带权图,采用 Prim 算法构造其最小生成树的 $p-1$ 条边,用 dist 数组存放最小生成树的边的权值,将 dist 递增排序,让权值最大的 $s-1$ 条边连接的 s 个哨所使用卫星设备通信,剩下的 $p-s$ 个哨所使用无线电收发器,其中最大边的权值为 dist$[p-s-1]$,它就是最小的 d,因为如果 $d <$ dist$[p-s-1]$,剩下的 $p-s$ 个顶点中至少有两个顶点之间的距离大于 d,这样就无法互连了。对应的程序如下:

```c
# include < stdio. h >
# include < math. h >
# include < vector >
# include < algorithm >
using namespace std;
const int INF = 0x3f3f3f3f;
const int MAXN = 510;
int ax[MAXN],ay[MAXN];
int n;
double A[MAXN][MAXN];          //邻接矩阵(double 类型)
double lowcost[MAXN];
```

```
int closest[MAXN];
vector < double > dist;
int Prim(int s) {                           //Prim 算法
    int ans = 0;
    for(int i = 0; i < n; i++) {
        lowcost[i] = A[s][i];
        closest[i] = s;
    }
    lowcost[s] = 0;                         //将顶点 s 添加到 U 中
    for(int i = 1; i < n; i++) {            //取 n－1 个顶点到 U 中
        double mind = INF;
        int k = 0;
        for(int j = 0; j < n; j++) {
            if(lowcost[j]!= 0 && lowcost[j]< mind) {
                mind = lowcost[j];
                k = j;
            }
        }
        dist.push_back(mind);
        lowcost[k] = 0;                     //将顶点 k 添加到 U 中
        for(int j = 0; j < n; j++) {
            if(lowcost[j]!= 0 && A[k][j]< lowcost[j]) {
                lowcost[j] = A[k][j];
                closest[j] = k;
            }
        }
    }
    return ans;
}
double distance(double x1, double y1, double x2, double y2) {
    return sqrt(1.0 * (x1 - x2) * (x1 - x2) + (y1 - y2) * (y1 - y2));
}
int main() {
    int t, s, p;
    scanf(" % d",&t);
    while(t -- ) {
        scanf(" % d % d",&s, &p);
        dist.clear();
        for(int i = 0; i < p; i++)
            scanf(" % d % d",&ax[i], &ay[i]);
        for(int i = 0; i < p; i++) {
            for(int j = 0; j < p; j++)
                A[i][j] = A[j][i] = distance(ax[i],ay[i],ax[j],ay[j]);
        }
        n = p;
        Prim(0);
        sort(dist.begin(),dist.end());
        printf(" % .2lf\n",dist[p - s - 1]);
    }
    return 0;
}
```

上述程序提交后通过,执行用时为 63ms,内存消耗为 2192KB。

解法 2:采用 Kruskal 算法求最小生成树的 $p-1$ 条边的权值,这样求出的 dist 数组本身就是递增排序的,直接输出 $\mathrm{dist}[p-s-1]$ 即可。对应的程序如下:

```
# include < stdio. h >
# include < math. h >
```

```cpp
# include < vector >
# include < algorithm >
using namespace std;
const int MAXN = 510;
int ax[MAXN], ay[MAXN];
struct Edge {                                    //边的类型
    int u, v;
    double w;
    bool operator <(const Edge &e) const {
        return w < e.w;                          //用于按 w 递增排序
    }
};
double distance(double x1, double y1, double x2, double y2) {
    return sqrt(1.0 * (x1 − x2) * (x1 − x2) + (y1 − y2) * (y1 − y2));
}
int parent[MAXN];                                //并查集的存储结构
int rnk[MAXN];                                   //存储结点的秩(近似于高度)
void Init(int n) {                               //并查集的初始化
    for (int i = 0; i < n; i++) {
        parent[i] = i;
        rnk[i] = 0;
    }
}

int Find(int x) {                                //递归算法:在并查集中查找 x 结点的根结点
    if (x != parent[x])
        parent[x] = Find(parent[x]);             //路径压缩
    return parent[x];
}

void Union(int x, int y) {                       //并查集中 x 和 y 的两个集合的合并
    int rx = Find(x);
    int ry = Find(y);
    if (rx == ry)                                //x 和 y 属于同一棵树的情况
        return;
    if (rnk[rx] < rnk[ry])                       //rx 结点作为 ry 的孩子
        parent[rx] = ry;
    else {
        if (rnk[rx] == rnk[ry])                  //秩相同,合并后 rx 的秩增 1
            rnk[rx]++;
        parent[ry] = rx;                         //ry 结点作为 rx 的孩子
    }
}
vector < Edge > E;
vector < double > dist;
void Kruskal(int n) {                            //Kruskal 算法
    sort(E.begin(), E.end());                    //按 w 递增排序
    Init(n);                                     //初始化并查集
    int k = 1;                                   //k 表示当前构造生成树的第几条边,初值为 1
    int j = 0;                                    //E 中边的下标,初值为 0
    while (k < n) {                              //当生成的边数小于 n 时循环
        int u1 = E[j].u;
        int v1 = E[j].v;                         //取一条边的头、尾顶点编号 u1 和 v1
        int sn1 = Find(u1);
        int sn2 = Find(v1);                      //分别得到两个顶点所属的集合的编号
        if (sn1 != sn2) {                        //添加该边不会构成回路
            dist.push_back(E[j].w);
            k++;                                 //生成的边数增 1
            Union(sn1, sn2);                     //将 sn1 和 sn2 两个顶点合并
        }
```

```
            j++;                                    //遍历下一条边
        }
}
int main() {
    int t,s,p;
    scanf("% d",&t);
    while(t--) {
        scanf("% d% d",&s,&p);
        E.clear();
        dist.clear();
        for(int i = 0;i < p;i++)
            scanf("% d% d",&ax[i], &ay[i]);
        Edge e;
        for(int i = 0;i < p;i++) {
            for(int j = 0;j < i;j++) {
                e.u = i; e.v = j;
                e.w = distance(ax[i],ay[i],ax[j],ay[j]);
                E.push_back(e);
            }
        }
        Kruskal(p);
        printf("% .2lf\n",dist[p - s - 1]);
    }
    return 0;
}
```

上述程序提交后通过,执行用时为 204ms,内存消耗为 3116KB。

9.7   POJ2387——贝西回家

时间限制:1000ms,空间限制:65 536KB。

问题描述:一个农场有 $n(2 \leqslant n \leqslant 1000)$ 块田地,编号为 $1 \sim n$,第一块田地是谷仓,田地之间有 $t(1 \leqslant t \leqslant 2000)$ 条不同长度的双向道路。贝西在第 n 块田地,求贝西走回谷仓(即田地 1)必须经过的最小距离。

输入格式:第一行包含两个整数 t 和 n,第 2 行到第 $t+1$ 行,每一行为用空格分隔的 3 个整数,分别是起始田地和终止田地的编号以及该道路的长度,长度的范围是 $1 \sim 100$。

输出格式:输出一个整数,表示贝西从田地 n 到田地 1 必须经过的最小距离。

输入样例:

```
5 5
1 2 20
2 3 30
3 4 20
4 5 20
1 5 100
```

输出样例:

```
90
```

解法 1:题目是给定一个含 n 个顶点(顶点的编号为 $1 \sim n$)的带权无向图,求从顶点 n 到顶点 1 的最短路径长度,由于是无向图,也可以求从顶点 1 到顶点 n 的最短路径长度。

由于 n 较大,用邻接表存储图,本解法采用 Dijkstra 算法求解,通过优先队列(小根堆)

求当前最小距离的顶点,当求出以顶点 1 为源点的最大路径长度数组 dist 后,输出 dist[n] 即可。对应的程序如下:

```cpp
#include<iostream>
#include<cstring>
#include<vector>
#include<queue>
using namespace std;
const int INF = 0x3f3f3f3f;
const int MAXN = 1010;
int n,t;
struct Edge {                                       //邻接表中边结点的类型
    int vno;
    int wt;
};
vector<Edge> G[MAXN];                               //邻接表
struct QNode {                                      //优先队列的结点类型
    int vno;                                        //顶点
    int length;                                     //源点到当前顶点的最短路径长度
    bool operator <(const QNode &s) const {
        return length > s.length;                   //按 length 越小越优先
    }
};
int Dijkstra(int s) {                               //Dijkstra 算法
    int dist[MAXN];
    int S[MAXN];
    memset(dist,0x3f,sizeof(dist));
    memset(S,0,sizeof(S));
    QNode e,e1;
    priority_queue<QNode> pq;
    e.vno = s; e.length = 0;
    pq.push(e);
    dist[s] = 0;
    S[s] = 1;
    while(!pq.empty()) {
        e = pq.top(); pq.pop();
        int u = e.vno;
        S[u] = 1;
        for(int i = 0;i < G[u].size();i++) {
            int v = G[u][i].vno;
            int w = G[u][i].wt;
            if(S[v] == 0 && dist[u] + w < dist[v]) {
                dist[v] = dist[u] + w;
                e1.vno = v; e1.length = dist[v];
                pq.push(e1);
            }
        }
    }
    return dist[n];
}
int main() {
    scanf("%d%d",&t,&n);
    int a,b,w;
    Edge e;
    for(int i = 0;i < t;i++) {
        scanf("%d%d%d",&a,&b,&w);
        e.vno = b; e.wt = w;
        G[a].push_back(e);
```

```
        e.vno = a; e.wt = w;
        G[b].push_back(e);
    }
    printf("%d\n",Dijkstra(1));
    return 0;
}
```

上述程序提交后通过，执行用时为 63ms，内存消耗为 240KB。

解法 2：采用 Bellman-Ford 算法求解，直接由输入的边建立边数组 E，当求出以顶点 1 为源点的最大路径长度数组 dist 后，输出 dist[n] 即可。对应的程序如下：

```
# include < iostream >
# include < cstring >
# include < vector >
# include < queue >
using namespace std;
const int INF = 0x3f3f3f3f;
const int MAXN = 1010;
int n, t;
struct Edge {                                //边的类型
    int u;                                   //边的起点
    int v;                                   //边的终点
    int w;                                   //边的权
};
vector < Edge > E;                           //边集合
int BellmanFord(int s) {                     //Bellman - Ford 算法
    int dist[MAXN];
    memset(dist, 0x3f, sizeof(dist));
    dist[s] = 0;
    for (int k = 1; k < n; k++) {            //循环 n - 1 次
        for (int i = 0; i < E.size(); i++) { //遍历所有边
            int x = E[i].u;
            int y = E[i].v;
            int w = E[i].w;
            if (dist[x] + w < dist[y]) {
                dist[y] = dist[x] + w;       //边松弛
            }
        }
    }
    return dist[n];
}
int main() {
    scanf("%d%d", &t, &n);
    int a, b, w;
    Edge e;
    for(int i = 0; i < t; i++) {
        scanf("%d%d%d", &a, &b, &w);
        e.u = a; e.v = b; e.w = w;
        E.push_back(e);
        e.u = b; e.v = a; e.w = w;
        E.push_back(e);
    }
    printf("%d\n", BellmanFord(1));
    return 0;
}
```

上述程序提交后通过，执行用时为 47ms，内存消耗为 276KB。

解法 3：采用 SPFA 算法求解，用邻接表 G 存储图，当求出以顶点 1 为源点的最大路径长度数组 dist 后，输出 dist[n] 即可。对应的程序如下：

```cpp
# include < iostream >
# include < cstrinq >
# include < vector >
# include < queue >
using namespace std;
const int INF = 0x3f3f3f3f;
const int MAXN = 1010;
int n, t;
struct Edge {                               //邻接表中边结点的类型
    int vno;
    int wt;
};
vector < Edge > G[MAXN];                     //邻接表
int SPFA(int s) {                           //SPFA 算法
    int dist[MAXN];
    int visited[MAXN];
    memset(dist, 0x3f, sizeof(dist));
    memset(visited, 0, sizeof(visited));
    queue < int > qu;                       //定义一个队列 qu
    dist[s] = 0;                            //将源点的 dist 设为 0
    qu.push(s);                            //源点 s 进队
    visited[s] = 1;                        //表示源点 s 在队列中
    while (!qu.empty()){                   //队不空时循环
        int x = qu.front(); qu.pop();      //出队顶点 x
        visited[x] = 0;                    //表示顶点 x 不在队列中
        for(int i = 0; i < G[x].size(); i++) {
            int y = G[x][i].vno;           //存在权为 w 的边 < x, y >
            int w = G[x][i].wt;
            if (dist[x] + w < dist[y]) {   //边松弛
                dist[y] = dist[x] + w;
                if (visited[y] == 0) {     //顶点 y 不在队列中
                    qu.push(y);            //将顶点 y 进队
                    visited[y] = 1;        //表示顶点 y 在队列中
                }
            }
        }
    }
    return dist[n];
}
int main() {
    scanf("% d % d", &t, &n);
    int a, b, w;
    Edge e;
    for(int i = 0; i < t; i++) {
        scanf("% d % d % d", &a, &b, &w);
        e.vno = b; e.wt = w;
        G[a].push_back(e);
        e.vno = a; e.wt = w;
        G[b].push_back(e);
    }
    printf("% d\n", SPFA(1));
    return 0;
}
```

上述程序提交后通过，执行用时为 63ms，内存消耗为 224KB。

9.8　POJ1125——股票经纪人的小道消息　✳

时间限制：1000ms，空间限制：10 000KB。

问题描述：有若干股票经纪人，他们之间会传递小道消息，但传递消息需要时间，编写程序求出以哪个人为起点可以在耗时最短的情况下让所有人收到消息。

输入格式：输入包含若干测试用例，每个测试用例的第一行输入股票经纪人的数量 $n(1 \leqslant n \leqslant 100)$，编号为 $1 \sim n$，接下来是每个股票经纪人对应一行，包含传递的人数、这些人的编号以及将消息传递给他所花费的时间（以分钟为单位）。当输入 $n=0$ 时结束。

输出格式：对于每个测试用例，输出一行，其中包含传输消息最快的人的编号，以及在他发出消息后最后一个人在多长时间内收到消息，以整分钟数为单位。

注意，消息从 a 传递到 b 所用的时间不一定与从 b 传递到 a 所用的时间相同。

输入样例：

```
3
2 2 4 3 5
2 1 2 3 6
2 1 2 2 2
5
3 4 4 2 8 5 3
1 5 8
4 1 6 4 10 2 7 5 2
0
2 2 5 1 5
0
```

输出样例：

```
3 2
3 10
```

解：对于 n 个人，编号为 $1 \sim n$，采用邻接矩阵 A 存放从 a 传递消息到 b 的时间，通过 Floyd 算法求出在任意两个人之间传递消息所用的最少时间，仍然用 A 存放。用 i 从 1 到 n 循环，求出 $A[i][*]$ 的最大值 mint，对应的 i 用 mini 表示，则说明从 mini 发布消息所有人收到的时间是最少的，该最少时间为 mint，输出 mini 和 mint 即可。对应的程序如下：

```cpp
# include < iostream >
# include < cstring >
# include < cstdio >
using namespace std;
const int INF = 0x3f3f3f3f;
const int MAXN = 110;
int A[MAXN][MAXN];
int dist[MAXN][MAXN];
int n;
void Floyd() {                          //Floyd算法
    for( int k = 1;k < = n;k++) {
        for( int i = 1;i < = n;i++) {
            for(int j = 1;j < = n;j++)
                A[i][j] = min(A[i][j],A[i][k] + A[k][j]);
        }
    }
}
```

```
    }
int main() {
    while(~scanf(" % d",&n) && n) {
        memset(A,0x3f,sizeof(A));
        for(int i = 1;i <= n;i++) {
            int m,a,b;
            scanf(" % d",&m);
            while(m -- ) {
                scanf(" % d % d",&a,&b);
                A[i][a] = b;
            }
        }
        Floyd();
        int mint = INF,mini;
        for(int i = 1;i <= n;i++) {
            int ctime = 0;
            for(int j = 1;j <= n;j++) {              //求最大的 A[i][ * ],即 ctime
                if(i == j)continue;
                if(A[i][j]> ctime)
                    ctime = A[i][j];
            }
            if(mint > ctime) {                        //求最小的 ctime,即 mini
                mint = ctime;
                mini = i;
            }
        }
        printf(" % d % d\n",mini,mint);
    }
    return 0;
}
```

上述程序提交后通过,执行用时为 0ms,内存消耗为 184KB。

9.9　POJ1724——道路

问题描述见第 5 章 5.15 节,这里采用 Dijkstra 算法求解。

解:题目是求满足费用限制的最短路径长度,大家很容易想到采用单源最短路径算法求解,只需要在扩展时加上费用限制。但这样做是错误的,对于题目中的样例,对应的图如图 9.2 所示,求顶点 1 到顶点 6 费用不超过 5 的最短路径长度。在采用 Dijkstra 算法时,若当前顶点 $u=3$,则会扩展结点 4 和 5,下一步求出满足费用要求的最小顶点为 4($1 \rightarrow 2 \rightarrow 4$ 的路径

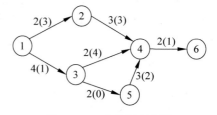

图 9.2　一个带权有向图

不满足费用要求),这样在后面无论如何都不会找 $3 \rightarrow 5 \rightarrow 4$ 的路径(Dijkstra 算法是一种贪心算法,没有反悔的功能),而答案就是 $1 \rightarrow 3 \rightarrow 5 \rightarrow 4 \rightarrow 6$,最大路径长度为 11。

采用 Bellman-Ford 算法也不行,因为该算法横向扩展,无法累计路径费用。直接采用 SPFA 会出现与 Dijkstra 算法类似的问题,因为它们都是按路径长度而不是按费用做松弛操作的。可以采用动态规划+SPFA 算法的思路,即设计二维动态规划数组 dp,其中 dp[i][k] 表示考虑前 i 个顶点总费用为 k 的最短路径长度,初始时置 dp[1][*]为 0,其他为∞。采用 SPFA

从顶点 1 开始扩展的方式(该算法属于图动态规划算法)。当求出 dp 数组后,$dp[N][1..K]$中的最小元素就是答案。对应的程序如下:

```cpp
#include<iostream>
#include<cstring>
#include<queue>
using namespace std;
const int INF = 0x3f3f3f3f;
const int MAXN = 110;
const int MAXK = 10010;
struct Edge {                                    //邻接表的边类型
    int v;
    int len;
    int cost;
    int next;
};
int head[MAXN];                                  //图的邻接表
Edge edg[100 * MAXN];
int tot;
int K, N, R;
int dp[MAXN][MAXK];                              //二维动态规划数组
int visited[MAXN];
int SPFA(int s) {                                //动态规划 + SPFA 算法
    memset(visited, 0, sizeof(visited));
    memset(dp, 0x3f, sizeof(dp));
    for(int j = 0; j <= K; j++) dp[s][j] = 0;
    queue<int> qu;
    qu.push(s);
    visited[s] = 1;
    while(!qu.empty()) {
        int x = qu.front(); qu.pop();
        visited[x] = 0;
        for(int j = head[x]; j!= -1; j = edg[j].next) {  //找顶点 x 的所有相邻点 y
            int y = edg[j].v;
            int c = edg[j].cost;
            int len = edg[j].len;
            for(int k = c; k <= K; k++) {        //状态转移
                if(dp[x][k - c] + len < dp[y][k]){
                    dp[y][k] = dp[x][k - c] + len;  //边松弛
                    if(visited[y] == 0){         //顶点 y 不在队列中
                        qu.push(y);              //将顶点 y 进队
                        visited[y] = 1;
                    }
                }
            }
        }
    }
    int ans = INF;
    for(int k = 0; k <= K; k++)
        ans = min(ans, dp[N][k]);
    if(ans == INF) return -1;
    else return ans;
}
void addedge(int S, int D, int L, int T) {       //增加一条边
    edg[tot].v = D;
    edg[tot].len = L;
    edg[tot].cost = T;
    edg[tot].next = head[S];
```

```
        head[S] = tot++;
    }
int main() {
    scanf("%d%d%d",&K,&N,&R);
    int S,D,L,T;
    memset(head,0xff,sizeof(head));
    tot = 0;
    for(int i = 0;i < R;i++) {
        scanf("%d%d%d%d",&S,&D,&L,&T);
            addedge(S,D,L,T);
    }
    printf("%d\n",SPFA(1));
    return 0;
}
```

上述程序提交后通过，执行时间为 204ms，内存消耗为 4616KB。

9.10 POJ1087——插头

时间限制：1000ms，空间限制：65 536KB。

问题描述：联合国需要接待来自世界各地的记者，这些记者带有各种不同的电子设备，例如笔记本电脑、手机、录音机和咖啡壶等，需要不同的插头和电压，但记者大楼的房间非常老旧，每种类型的插座只有一个。商店出售的适配器允许将一种插头用于不同类型的插座，此外允许将适配器插入其他适配器，商店没有适用于所有插头和插座组合的适配器，但他们拥有的适配器基本上是无限供应的。编程求无法插入的最小设备数。

输入格式：输入仅包含一个测试用例，第一行包含一个正整数 n($1 \leqslant n \leqslant 100$)，表示房间中插座的数量，接下来的 n 行列出了房间中插座的类型，每种插座类型由最多 24 个字母、数字字符组成，下一行包含一个正整数 m($1 \leqslant m \leqslant 100$)，表示要插入的电子设备数量，接下来的 m 行中每一行都列出了设备的名称，然后是它使用的插头类型（与它所需的容器类型相同）。设备名称是最多 24 个字母、数字的字符串。没有两个设备具有完全相同的名称，插头类型与设备名称之间用空格隔开。下一行包含一个正整数 k($1 \leqslant k \leqslant 100$)，表示可用的不同种类适配器的数量，接下来的每一行都描述了各种适配器，给出了适配器提供的插座类型，然后是一个空格，接着是插座的类型。

输出格式：输出一个包含单个非负整数的行，指示无法插入的最小设备数。

输入样例：

```
4
A
B
C
D
5
laptop B
phone C
pager B
clock B
comb X
3
B X
```

X A
X D

输出样例：

1

解：题目大意是有 n 个不同类型的插座，每个插座上只能插一个电子设备，有 m 个电子设备，每个电子设备指定可以插入的插座，有 k 个适配器，每个适配器连接两个插座。

建模的方法如下，假设最多顶点个数为 MAXN＝1010，取源点 S 为 0，汇点 T 为 MAXN−1(顶点编号主要起到区分的作用)。每个插座对应一个顶点，建立 S 到每个插座的有向边，容量为1(因为每个插座上只能插一个电子设备)，每个电子设备对应一个顶点，建立每个电子设备到 T 的有向边，容量为 1。如果电子设备 a 可以使用插座 b，则建立 b 到 a 的有向边，容量为 1。对于 s1 s2 的适配器，表示通过该适配器将 s1 转换为 s2(或者将 s2 插到 s1 中，s1 和 s2 原来的功能不变)，建立 s2 到 s1 的有向边，因为数目任意，所以置容量为∞。

这样问题转换为求出该网络的最大流量 maxflow(表示可以插入的最大设备数)，答案就是电子设备数量 m−maxflow。例如，对于题目中的样例，插座或者设备的名称和编号如表 9.1 所示(没有画出权值的边的容量均为1)，设 S＝0，T＝1009，建立的网络如图 9.3 所示，如 comb(9)可以插入插座 X(10)，由于有适配器 X D，所以可以将 comb 插入插座 D(4)。以其为剩余网络求出的最大流量为 4，所以答案为 5−1＝1。

表 9.1　插座或者设备的名称和编号

插座或者设备的名称	编号	插座或者设备的名称	编号
A	1	phone	6
B	2	pager	7
C	3	clock	8
D	4	comb	9
laptop	5	X	10

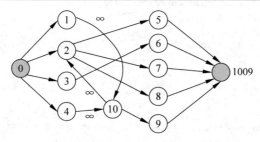

图 9.3　一个网络图

采用 Dinic 算法求最大流的程序如下：

```
#include<iostream>
#include<string>
#include<cstring>
#include<queue>
#include<map>
using namespace std;
const int INF = 0x3f3f3f3f;
const int MAXN = 1010;
struct Edge {                                    //剩余网络的边类型
```

```
        int uno;                                      //边的起点
        int vno;                                      //边的终点
        int flow;                                     //剩余容量或者流量
        int next;                                     //下一条边
    };
    int tot;                                          //总边数
    int head[MAXN];                                   //头结点
    Edge edge[10 * MAXN];                             //边结点
    int S,T;                                          //源点和汇点
    bool visited[MAXN];                               //访问标记
    int level[MAXN];                                  //顶点的层次
    map < string,int > tmap;                          //插座和设备对应的编号
    void addedge(int u,int v,int c) {                 //添加一条正向边和反向边
        edge[++tot].uno = u; edge[tot].vno = v;       //正向边
        edge[tot].flow = c;
        edge[tot].next = head[u];
        head[u] = tot;
        edge[++tot].vno = u; edge[tot].uno = v;       //反向边
        edge[tot].flow = 0;
        edge[tot].next = head[v];
        head[v] = tot;
    }
    void init() {                                     //剩余网络的初始化
        memset(head, - 1,sizeof(head));
        tot = 1;
    }
    void bfs() {                                      //广度优先搜索
        memset(visited,0,sizeof(visited));
        memset(level,0,sizeof(level));
        queue < int > qu;                             //队列
        visited[S] = true;
        qu.push(S);
        while(!qu.empty()){
            int u = qu.front();qu.pop();
            for(int i = head[u]; i!= - 1;i = edge[i].next) {
                if(edge[i].flow && !visited[edge[i].vno]) {
                    qu.push(edge[i].vno);
                    level[edge[i].vno] = level[u] + 1;
                    visited[edge[i].vno] = true;
                }
            }
        }
    }
    int dfs(int u,int limit) {                        //增广:u 表示当前点,limit 表示当前流量
        if(u == T || limit == 0) return limit;        //如果没有可行流或者到达汇点
        int flow = 0;
        for(int i = head[u]; i!= - 1;i = edge[i].next) {
            int v = edge[i].vno;
            if(edge[i].flow && level[v] == level[u] + 1) {
                int f = dfs(v,min(limit,edge[i].flow));
                edge[i].flow -= f;
                edge[i^1].flow += f;
                flow += f;                            //flow 表示这个点增广的最大流量
                limit -= f;
                if(limit == 0) break;                 //若当前流量都可以得到分配,就退出
            }
        }
        if(flow == 0) level[u] = - 1;                 //如果此点无法通过流,阻塞此点
```

```
        return flow;                        //返回答案
    }
    int dinic() {                           //用 Dinic 算法求最大流
        int maxflow = 0;
        while(true) {
            bfs();
            if(!visited[T]) break;          //没有访问到源点退出循环
            maxflow += dfs(S,INF);
        }
        return maxflow;
    }
    int main() {
        init();
        int n,m,k;
        cin >> n;
        S = 0; T = MAXN - 1;
        int cnt = 0;
        for(int i = 0;i < n;i++) {          //输入 n 个插座类型,包含 0~n-1
            string a;
            cin >> a;
            tmap[a] = ++cnt;
            addedge(S,cnt,1);
        }
        cin >> m;
        for(int i = 0;i < m;i++) {          //输入 m 个设备的名称和匹配的插座
            string a,b;
            cin >> a >> b;
            tmap[a] = ++cnt;
            if(!tmap.count(b))
                tmap[b] = ++cnt;
            addedge(tmap[b],tmap[a],1);     //建立插座和匹配的设备之间的边
            addedge(tmap[a],T,1);           //建立设备和汇点之间的边
        }
        cin >> k;
        for(int i = 0;i < k;i++) {          //输入 k 个适配器
            string a,b;
            cin >> a >> b;
            if(!tmap.count(a))
                tmap[a] = ++cnt;
            if(!tmap.count(b))
                tmap[b] = ++cnt;
            addedge(tmap[b],tmap[a],INF);   //建立 b 到 a 的一条边
        }
        int maxflow = dinic();
        int ans = m - maxflow;
        cout << ans << endl;
        return 0;
    }
```

上述程序提交后通过,执行用时为 16ms,内存消耗为 296KB。

9.11 HDU1535——最小总费用 ✳

时间限制:5000ms,空间限制:65 536KB。

问题描述:题目大意是有 N 个车站(车站的编号为 $1\sim N$)和 N 个人,首先所有人均在

车站 1，将这 N 个人分派到 N 个车站，每个人分派到一个车站，这些人只能乘坐公交车，每条单向公交车线路连接两个车站并且有一定的费用。接着这 N 个人又回到车站 1，求最小总费用。

输入格式：输入包含 T 个测试用例，第一行仅包含正整数 T，每个测试用例的输入是第一行为 N 和 M($1 \leqslant N, M \leqslant 1\,000\,000$)，N 表示车站数，M 表示单向公交车线路数，接下来的 M 行，每行表示一条单向公交车线路，均由 3 个整数构成，分别是起始车站、目的车站和价格，价格是正整数，其总和小于 1 000 000 000。假设始终能从任何车站到达任何其他车站。

输出格式：对于每个测试用例，输出一行表示最小总费用。

输入样例：

```
2
2 2
1 2 13
2 1 33
4 6
1 2 10
2 1 60
1 3 20
3 4 10
2 4 5
4 1 50
```

输出样例：

```
46
210
```

解：由于 N 可能很大，采用邻接表存储更节省空间，这里采用 Dijkstra 算法，利用原图（正向图）求出顶点 1 到其他所有顶点的最短路径长度 dist1，再利用反向图（将原图的所有边改变方向得到反向图）求出顶点 1 到其他所有顶点的最短路径长度 dist2，容易看出 dist2 中的 dist2[i] 恰好是原图中顶点 i 到顶点 0 的最短路径长度。将 dist1 和 dist2 中的所有元素累加得到 ans，最后输出 ans 即可。

例如，题目样例中的测试用例 2 对应的正向图和反向图如图 9.4 所示，正向图中求出的最短路径长度是 1→1：0，1→2：10，1→3：20，1→4：15，反向图中求出的最短路径长度是 1→1：0，1→2：55，1→3：60，1→4：50，所有长度相加得到 210。

采用改进的 Dijkstra 算法，带权有向图采用 vector 向量的邻接表存储，在创建正向图 adj1 的同时创建反向图 adj2。

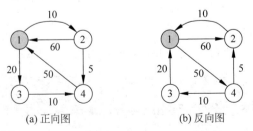

图 9.4 测试用例 2 对应的正向图和反向图

对应的程序如下：

```
# include < iostream >
# include < vector >
# include < queue >
# define MAXN 1000005
# define INF 0x3f3f3f3f
using namespace std;
struct QNode{                                    //优先队列中的结点类型
    int vno;                                     //顶点的编号
    int length;                                  //源点到 v 的距离
    QNode(int v, int d) {                        //构造函数
        vno = v;
        length = d;
    }
    bool operator <(const QNode &s) const {      //重载<比较函数
        return length > s.length;                //按 length 越小越优先出队
    }
};
int N, M;
void Dijkstra(vector < vector < QNode >> &adj, long long dist[MAXN]) {       //Dijkstra算法
    for(int i = 1; i <= N; i++)                  //不能用 memset(dist, INF, sizeof(dist))代替
        dist[i] = INF;
    dist[1] = 0;
    priority_queue < QNode > pq;                 //定义一个优先队列
    pq.push(QNode(1,0));
    while(!pq.empty()) {                         //队不空时循环
        QNode e = pq.top(); pq.pop();            //出队元素 e
        int u = e.vno;
        for(int i = 0; i < adj[u].size(); i++) {
            int w = adj[u][i].vno;
            if(dist[u] + adj[u][i].length < dist[w]) {
                dist[w] = dist[u] + adj[u][i].length;
                pq.push(QNode(w, dist[w]));
            }
        }
    }
}
int main() {
    vector < vector < QNode >> adj1;             //正向邻接表
    vector < vector < QNode >> adj2;             //反向邻接表
    long long dist1[MAXN], dist2[MAXN];
    int a, b, c;
    int T;
    scanf("%d", &T);
    while(T--)
    {   scanf("%d%d", &N, &M);
        adj1.clear(); adj1.resize(N + 1);        //初始化 adj1
        adj2.clear(); adj2.resize(N + 1);        //初始化 adj2
        while (M--) {
            scanf("%d%d%d", &a, &b, &c);
            adj1[a].push_back(QNode(b,c));
            adj2[b].push_back(QNode(a,c));
        }
        Dijkstra(adj1, dist1);
        Dijkstra(adj2, dist2);
        long long ans = 0;
        for(int i = 1; i <= N; i++)
```

```
        ans += (dist1[i] + dist2[i]);
        cout << ans << endl;
    }
    return 0;
}
```

上述程序提交后通过,执行用时为780ms,内存消耗为47 196KB。

9.12　HDU1874——畅通工程

时间限制:1000ms,空间限制:32 768KB。

问题描述:某省自从实行了多年的畅通工程计划后修建了很多道路,这样每次从一个城镇到另一个城镇时都有多种道路方案可以选择,其中某些方案要比另一些方案行走的距离短很多。现在已知起点和终点,请编程计算出从起点到终点最短需要行走多少距离。

输入格式:本题目包含多组数据,应处理到文件结束。每组数据的第一行包含两个正整数 n 和 m($0 < n < 200, 0 < m < 1000$),分别代表现有城镇的数目和已修建道路的数目。城镇分别以 $0 \sim n-1$ 编号。接下来是 m 行道路信息,每一行有3个整数 A、B、x($0 \leqslant a, b < n$, $a \neq b, 0 < x < 10\,000$),表示城镇 a 和城镇 b 之间有一条长度为 x 的双向道路。再接下来的一行有两个整数 s 和 t($0 \leqslant s, t < n$),分别代表起点和终点。

输出格式:对于每组数据,请在一行中输出最短需要行走的距离。如果不存在从 s 到 t 的路线,则输出 -1。

输入样例:

```
3 3
0 1 1
0 2 3
1 2 1
0 2
3 1
0 1 1
1 2
```

输出样例:

```
2
-1
```

解法1:用邻接矩阵 A 存放图。采用 Dijkstra 算法求从顶点 s 到 t 的最短路径长度的程序如下:

```cpp
#include <iostream>
#include <cstring>
#include <algorithm>
using namespace std;
const int INF = 0x3f3f3f3f;
const int MAXN = 210;
int n,m;
int A[MAXN][MAXN];
int S[MAXN];
int dist[MAXN];
void Dijkstra(int s,int t) {                    //Dijkstra算法
    for (int i = 0;i < n;i++) {
```

```
        dist[i] = A[s][i];                      //距离的初始化
        S[i] = 0;                               //S[]置空
    }
    S[s] = 1;                                   //将源点编号 s 放入 S 中
    for (int i = 1;i < n;i++) {                 //循环,直到所有顶点的最短路径都求出
        int mindis = INF,u = -1;                //mindis 求最短路径长度
        for (int j = 0;j < n;j++) {             //选取不在 S 中且具有最小距离的顶点 u
            if (S[j] == 0 && dist[j]< mindis) {
                u = j;
                mindis = dist[j];
            }
        }
        if(u == -1) return;
        if(u == t) return;
        S[u] = 1;                               //将顶点 u 加入 S 中
        for (int j = 0;j < n;j++) {             //修改不在 S 中的顶点的距离
            if (S[j] == 0) {
                if (A[u][j]< INF && dist[u] + A[u][j]< dist[j]) {
                    dist[j] = dist[u] + A[u][j];    //边松弛
                }
            }
        }
    }
}
int main() {
    while(~scanf("%d%d",&n,&m)) {
        memset(A,0x3f,sizeof(A));
        for(int i = 0;i < n;i++) A[i][i] = 0;
        int a,b,x;
        for(int i = 0;i < m;i++) {
            scanf("%d%d%d",&a,&b,&x);
            A[a][b] = A[b][a] = min(A[a][b],x);
        }
        int s,t;
        scanf("%d%d",&s,&t);
        Dijkstra(s,t);
        printf("%d\n",dist[t] == INF? -1:dist[t]);
    }
    return 0;
}
```

上述程序提交后通过,执行用时为 15ms,内存消耗为 1920KB。

解法 2:由输入的 m 条边建立对应的边数组 E。采用 Bellman-Ford 算法求从顶点 s 到 t 的最短路径长度的程序如下:

```
# include < iostream >
# include < cstring >
# include < vector >
# include < algorithm >
using namespace std;
const int INF = 0x3f3f3f3f;
const int MAXN = 210;
struct Edge {                                   //边的类型
    int u;                                      //边的起点
    int v;                                      //边的终点
    int w;                                      //边的权值
    Edge(int u, int v, int w):u(u),v(v),w(w) {}
};
```

```
int n,m;
vector < Edge > E;                              //边数组
int dist[MAXN];
int path[MAXN];
int BellmanFord(int s,int t) {                 //Bellman - Ford 算法
    memset(dist,0x3f,sizeof(dist));
    memset(path, - 1,sizeof(path));
    dist[s] = 0;
    for (int k = 1;k < n;k++) {                 //循环 n - 1 次
        for (int i = 0;i < E.size();i++) {     //遍历所有边
            int x = E[i].u;
            int y = E[i].v;
            int w = E[i].w;
            if (dist[x] + w < dist[y]) {
                dist[y] = dist[x] + w;          //边松弛
                path[y] = x;
            }
        }
    }
    if(dist[t] == INF) return - 1;
    else return dist[t];
}
int main() {
    int a,b,x;
    while(scanf(" % d % d",&n,&m)!= EOF) {
        E.clear();
        for(int i = 0;i < m;i++) {
            scanf(" % d % d % d",&a,&b,&x);
            E.push_back(Edge(a,b,x));
            E.push_back(Edge(b,a,x));
        }
        int s,t;
        scanf(" % d % d",&s,&t);
        printf(" % d\n",BellmanFord(s,t));
    }
    return 0;
}
```

上述程序提交后通过,执行用时为 15ms,内存消耗为 1768KB。

解法 3:由输入的 m 条边建立对应的邻接表 G。采用 SPFA 算法求从顶点 s 到 t 的最短路径长度的程序如下:

```
# include < iostream >
# include < cstring >
# include < queue >
# include < algorithm >
using namespace std;
const int INF = 0x3f3f3f3f;
const int MAXN = 210;
int n,m;
struct Edge {                                   //邻接表中的边结点类型
    int vno;
    int wt;
};
vector < Edge > G[MAXN];                         //邻接表
int A[MAXN][MAXN];
int visited[MAXN];
int dist[MAXN];
```

```
void SPFA(int s) {                          //SPFA 算法
    memset(dist,0x3f,sizeof(dist));
    memset(visited,0,sizeof(visited));
    queue < int > qu;                       //定义一个队列 qu
    dist[s] = 0;                            //将源点的 dist 设为 0
    qu.push(s);                             //源点 s 进队
    visited[s] = 1;                         //表示源点 s 在队列中
    while (!qu.empty()){                    //队不空时循环
        int x = qu.front(); qu.pop();       //出队顶点 x
        visited[x] = 0;                     //表示顶点 x 不在队列中
        for(int i = 0;i < G[x].size();i++) {
            int y = G[x][i].vno;            //存在权为 w 的边 < x,y >
            int w = G[x][i].wt;
            if (dist[x] + w < dist[y]) {    //边松弛
                dist[y] = dist[x] + w;
                if (visited[y] == 0) {      //顶点 y 不在队列中
                    qu.push(y);             //将顶点 y 进队
                    visited[y] = 1;         //表示顶点 y 在队列中
                }
            }
        }
    }
}
int main() {
    while(~scanf(" % d % d",&n,&m)) {
        for(int i = 0;i < MAXN;i++)
            G[i].clear();
        int a,b,x;
        Edge e;
        for(int i = 0;i < m;i++) {
            scanf(" % d % d % d",&a,&b,&x);
            e.vno = b; e.wt = x;
            G[a].push_back(e);
            e.vno = a; e.wt = x;
            G[b].push_back(e);
        }
        int s,t;
        scanf(" % d % d",&s,&t);
        SPFA(s);
        printf(" % d\n",dist[t] == INF? - 1:dist[t]);
    }
    return 0;
}
```

上述程序提交后通过,执行用时为 15ms,内存消耗为 1784KB。

9.13 HDU3572——任务调度

时间限制:1000ms,空间限制:32 768KB。

问题描述:工厂引进了 M 台机器来处理 N 个任务,对于第 i 个任务,必须在 S_i 天或之后开始加工,加工 P_i 天,并在 E_i 天或者之前完成任务。一台机器一次只能处理一个任务,每个任务一次最多只能由一台机器处理,但是一个任务可以在不同的日子或者在不同的机器上被中断和加工。现在问是否有一个可行的时间调度方案可以按时完成所有任务。

输入格式:第一行是一个整数 $T(T \leqslant 20)$,表示测试用例的数量。在每个测试用例的第一行给出两个整数 $N(N\leqslant500)$ 和 $M(M\leqslant200)$。在接下来的 N 行中,每一行上是 3 个整数 P_i、S_i 和 $E_i(1\leqslant P_i,S_i,E_i\leqslant500)$,它们的含义见问题描述。在可行时间调度方案中每项可以完成的任务都将在其结束日之前或结束时完成。

输出格式:对于每个测试用例,首先输出"Case x:",其中 x 是测试用例的编号。如果存在完成所有任务的可行时间调度方案,输出"Yes",否则输出"No"。在每个测试用例之后输出一个空行。

输入样例:

```
2
4 3
1 3 5
1 1 4
2 3 7
3 5 9

2 2
2 1 3
1 2 2
```

输出样例:

```
Case 1: Yes

Case 2: Yes
```

解:源点 $S=0$,最大的结束天数为 maxEi,则汇点 $T=N+\text{maxEi}+1$。建模如下:

(1) 每一个任务对应一个顶点,编号为 1~N。建立 S 到每个任务顶点 i 的一条有向边,容量为加工天数 Pi[i]。

(2) 任务 i 在 Si[i] 到 Ei[i] 之间加工,称为加工天区间,其中每一天对应一个顶点(多个任务中这样的顶点可以共享),每个任务顶点 i 与对应的加工天区间中的每个顶点之间建立一条有向边,由于一台机器一次只能处理一个任务,所以容量均为 1。

(3) 建立每个加工天区间顶点到 T 的有向边,由于有 M 台机器,所以其容量均为 M(表示每天能够处理 M 个任务)。

以该图作为剩余网络求出最大流量 maxflow,求出全部任务需要的加工天数 sumPi(即源点 S 流出的值),将 maxflow 看成汇点 T 流出的值,若两者相等,则说明可以得到一个可行的时间调度方案,输出"Yes",否则输出"No"。

由于建立的网络中边数巨大,所以采用 Edmonds-Krap 算法会超时,采用 Dinic 算法的程序如下:

```cpp
#include<iostream>
#include<cstring>
#include<queue>
using namespace std;
const int INF = 0x3f3f3f3f;
const int MAXN = 1010;
const int MAXM = 200010;
struct Edge {                    //剩余网络的边类型
    int uno;
    int vno;
    int flow;
```

```
        int next;
    } edge[2 * MAXM];
    int Pi[MAXN],Si[MAXN],Ei[MAXN];
    int head[MAXN];
    int level[MAXN];
    int tot,S,T;
    void init() {                          //剩余网络的初始化
        tot = 1;
        memset(head, - 1,sizeof(head));
    }
    void addedge(int u,int v,int c) {       //添加一条正向边和反向边
        edge[++tot].uno = u; edge[tot].vno = v;   //正向边和反向边
        edge[tot].flow = c;
        edge[tot].next = head[u];
        head[u] = tot;
        edge[++tot].vno = u; edge[tot].uno = v;
        edge[tot].flow = 0;
        edge[tot].next = head[v];
        head[v] = tot;
    }
    bool bfs() {                            //广度优先搜索
        int visited[MAXN];
        memset(visited,0,sizeof(visited));
        memset(level,0,sizeof(level));
        queue < int > qu;                    //队列
        visited[S] = true;
        qu.push(S);
        while(!qu.empty()){
            int u = qu.front();qu.pop();
            for(int i = head[u];i!= - 1;i = edge[i].next) {
                if(edge[i].flow && !visited[edge[i].vno]) {
                    qu.push(edge[i].vno);
                    level[edge[i].vno] = level[u] + 1;
                    visited[edge[i].vno] = true;
                }
            }
        }
        return visited[T]!= 0;
    }
    int dfs(int u,int limit) {               //增广:u 表示当前点,limit 表示当前流量
        if(u == T || limit == 0) return limit;   //如果没有可行流或者到达汇点
        int flow = 0;
        for(int i = head[u]; i!= - 1;i = edge[i].next) {
            int v = edge[i].vno;
            if(edge[i].flow && level[v] == level[u] + 1) {
                int f = dfs(v,min(limit,edge[i].flow));
                edge[i].flow -= f;
                edge[i^1].flow += f;
                flow += f;                   //flow 表示这个点增广的最大流量
                limit -= f;
                if(limit == 0) break;        //若当前流量都可以得到分配,则退出
            }
        }
        if(flow == 0) level[u] = - 1;        //如果此点无法通过流,阻塞此点
        return flow;                         //返回答案
    }
    int dinic() {                            //用 Dinic 算法求最大流
        int maxflow = 0;
```

```
        while(true) {
            if(!bfs()) break;
            int delta = dfs(S,INF);
            if(delta == 0) break;
            maxflow += delta;
        }
        return maxflow;
    }
    int main(){
        int t,N,M,cas = 0;
        scanf("%d",&t);
        while(t--) {
            scanf("%d%d",&N,&M);
            init();
            int maxEi = 0;                              //最大结束时间
            int sumPi = 0;                              //全部加工天数
            for(int i = 1;i <= N;i++){
                int a,b,c;
                scanf("%d%d%d",&Pi[i],&Si[i],&Ei[i]);
                maxEi = max(maxEi,Ei[i]);
                sumPi += Pi[i];
            }
            for(int i = 1;i <= N;i++) {
                for(int j = Si[i];j <= Ei[i];j++) {
                    addedge(i,j + N,1);                 //每个任务 i 建立与开始到结束天的边(容量为 1)
                }
            }
            S = 0,T = N + maxEi + 1;
            for(int i = 1;i <= N;i++) {
                addedge(S,i,Pi[i]);                     //建立 S 到每个任务 i 的有向边(容量为 Pi)
            }
            for(int i = 1;i <= maxEi;i++) {             //建立每个加工天区间顶点到 T 的有向边(容量为 M)
                addedge(i + N,T,M);
            }
            int ans = dinic();
            printf("Case %d: ",++cas);
            if(ans == sumPi) printf("Yes\n");
            else printf("No\n");
            printf("\n");
        }
        return 0;
    }
```

上述程序提交后通过,执行用时为 156ms,内存消耗为 4408KB。

第 10 章 计算几何

10.1 LeetCode223——矩形面积 ★★

问题描述：给定二维平面上的两个由直线构成且边与坐标轴平行/垂直的矩形,请编程计算并返回两个矩形覆盖的总面积。每个矩形由其左下顶点和右上顶点坐标表示:第一个矩形由其左下顶点(ax_1, ay_1)和右上顶点(ax_2, ay_2)定义,第二个矩形由其左下顶点(bx_1, by_1)和右上顶点(bx_2, by_2)定义。例如,$ax_1=-3, ay_1=0, ax_2=3, ay_2=4, bx_1=0, by_1=-1, bx_2=9, by2=2$,答案为45。要求设计如下成员函数:

int computeArea(int ax1, int ay1, int ax2, int ay2, int bx1, int by1, int bx2, int by2) { }

解：求出第一个矩形的面积 $area1=(ax_2-ax_1)\times(ay_2-ay_1)$,第二个矩形的面积 $area2=(bx_2-bx_1)\times(by_2-by_1)$。再求出两个矩形重叠的矩形,该矩形的宽度 $rw=\min(ax_2, bx_2)-\max(ax_1, bx_1)$,高度 $rh=\min(ay_2, by_2)-\max(ay_1, by_1)$,其面积 $overarea=\max(rw, 0)\times \max(rh, 0)$,最后返回 $area1+area2-overarea$ 即可。对应的程序如下:

```cpp
class Solution {
public:
    int computeArea(int ax1, int ay1, int ax2, int ay2, int bx1, int by1, int bx2, int by2) {
        int area1 = (ax2 - ax1) * (ay2 - ay1);
        int area2 = (bx2 - bx1) * (by2 - by1);
        int rw = min(ax2, bx2) - max(ax1, bx1);
        int rh = min(ay2, by2) - max(ay1, by1);
        int overarea = max(rw, 0) * max(rh, 0);
        return area1 + area2 - overarea;
    }
};
```

上述程序提交后通过,执行用时为 12ms,内存消耗为 5.9MB。

10.2 LeetCode963——最小面积矩形Ⅱ ★★

问题描述：给定二维平面上的一组不同的点 points,确定由这些点组成的任何矩形的最小面积,其中矩形的边不一定平行于 X 轴和 Y 轴。如果没有任何矩形,就返回 0。例如, points={{1,2},{2,1},{1,0},{0,1}},答案为 2.000 00,最小面积的矩形出现在(1,2),(2,1),(1,0),(0,1) 处,面积为 2。与真实值误差不超过 10^{-5} 的答案将视为正确结果。要求设计如下成员函数:

double minAreaFreeRect(vector < vector < int >> & points) { }

解：在 points 中找到任意 3 个不同的点 p_1、p_2 和 p_3,求出构成平行四边形的另外一个点 p_4,其中 p_4 为$(p_2-p_1)+(p_3-p_1)=p_2+p_3-p_1$。若 p_4 是 points 中的一个点(通过 set 容器快速查找),并且 p_2-p_1 和 p_3-p_1 垂直,这样 p_1、p_2、p_3 和 p_4 构成一个矩形,求出其面积 curarea,在所有这样的面积中求最小值 ans,最后返回 ans 即可。对应的程序如下:

```cpp
struct Point {                                          //点类型
    int x, y;
    Point() {}
    Point(int x1, int y1):x(x1), y(y1) {}
```

```
};
class Solution {
    const double INF = 1e10;
public:
    double minAreaFreeRect(vector < vector < int >> & points) {
        int n = points.size();
        set < pair < int, int >> pset;                          //便于快速查找点
        for (auto v: points)
            pset.insert(pair < int, int >(v[0], v[1]));
        double ans = INF;
        Point p1, p2, p3;
        for (int i = 0; i < n; i++) {                           //枚举 3 个不同的点
            p1 = Point(points[i][0], points[i][1]);             //取点 p1
            for (int j = 0; j < n; j++) {
                if (i == j) continue;
                p2 = Point(points[j][0], points[j][1]);         //取点 p2
                for (int k = j + 1; k < n; k++) {
                    if (k == i) continue;
                    Point p3 = Point(points[k][0], points[k][1]);   //取点 p3
                    int x4 = p2.x + p3.x - p1.x, y4 = p2.y + p3.y - p1.y;
                    if (pset.count(pair < int, int >{x4, y4})!= 0) {   //p4 存在
                        if((p2.x - p1.x) * (p3.x - p1.x) + (p2.y - p1.y) * (p3.y - p1.y) == 0) {
                            double curarea = fabs(Area(p1, p2, p3));   //构成一个矩形,求其面积
                            ans = min(ans, curarea);
                        }
                    }
                }
            }
        }
        return (ans!= INF ? ans:0);
    }
    double Area(Point p0, Point p1, Point p2) {                 //求 p0p1 和 p0p2 构成的矩形的面积
        return (p0.x - p2.x) * (p1.y - p2.y) - (p1.x - p2.x) * (p0.y - p2.y);
    }
};
```

上述程序提交后通过,执行用时为 96ms,内存消耗为 9.1MB。

10.3　LeetCode149——直线上最多的点数★★★

问题描述:给定一个数组 points,其中 $points[i] = [x_i, y_i]$ 表示 X-Y 平面上的一个点,所有的点均不相同,求最多有多少个点在同一条直线上。例如,points = {{1,1},{2,2},{3,3}},答案为 3。要求设计如下成员函数:

```
int maxPoints(vector < vector < int >> & points) { }
```

解:采用穷举法,枚举两个点 $points[i]$ 和 $points[j]$,找到 $points[j+1..n-1]$ 的每一个点 $points[k]$,若 $points[k]$ 与前面的两个点共线,将顶点个数累计到 cnt 中,在所有 cnt 中求最大值 ans,最后返回 ans 即可。对应的程序如下:

```
struct Point {                                                  //点类型
    int x, y;
    Point() {}
```

```
        Point(int x1, int y1):x(x1),y(y1) {}
};
class Solution {
public:
    int maxPoints(vector < vector < int >> & points) {
        int n = points.size();
        int ans = 1;                                        //答案的最小值为1而不是0
        Point p1,p2,p3;
        for (int i = 0;i < n;i++) {
            p1 = Point(points[i][0],points[i][1]);
            for (int j = i + 1;j < n;j++) {
                p2 = Point(points[j][0],points[j][1]);
                int cnt = 2;
                for (int k = j + 1;k < n;k++) {
                    p3 = Point(points[k][0],points[k][1]);
                    if(Direction(p1,p2,p3) == 0)
                        cnt++;
                }
                ans = max(ans, cnt);
            }
        }
        return ans;
    }
    int Direction(Point p0,Point p1,Point p2) { //判断两线段 p0p1 和 p0p2 的方向
        return (p0.x - p2.x) * (p1.y - p2.y) - (p1.x - p2.x) * (p0.y - p2.y);
    }
};
```

上述程序提交后通过,执行用时为 72ms,内存消耗为 7.2MB。

10.4   POJ1269——线段交点

时间限制:1000ms,空间限制:10 000KB。

问题描述:平面上的两个不同点定义了一条直线,并且平面上的两条直线只有以下 3 种方式之一。

(1) 不相交,因为它们是平行的。

(2) 相交在一条线上,因为它们是在彼此之上(即它们是同一条线)。

(3) 相交于一点。

在本问题中要使用代数知识编写一个程序来确定两条直线相交的方式和位置。程序读取用于定义两条直线的 4 个点,并确定这些直线相交的方式和位置,所有数字都是合理的。

输入格式:第一行包含一个 $1 \sim 10$ 的整数 n,表示多少对直线。接下来的 n 行,每行包含 8 个整数,这些整数表示平面上 4 个点的坐标,顺序为 $x_1 y_1 x_2 y_2 x_3 y_3 x_4 y_4$,整数之间用空格分隔。$(x_1,y_1)$ 和 (x_2,y_2) 确定一条直线,(x_3,y_3) 和 (x_4,y_4) 确定另外一条直线,点 (x_1,y_1) 不同于 (x_2,y_2),点 (x_3,y_3) 不同于 (x_4,y_4)。

输出格式:输出 $n+2$ 行,第一行应为"INTERSECTING LINES OUTPUT",然后每对输入直线对应一行输出,表示如何相交,即"NONE"(不相交)、"LINE"(平行)或"POINT x y"(相交点为 (x,y))。输出的最后一行应为"END OF OUTPUT"。

输入样例:

```
5
0 0 4 4 0 4 4 0
5 0 7 6 1 0 2 3
5 0 7 6 3 − 6 4 − 3
2 0 2 27 1 5 18 5
0 3 4 0 1 2 2 5
```

输出样例：

```
INTERSECTING LINES OUTPUT
POINT 2.00 2.00
NONE
LINE
POINT 2.00 5.00
POINT 1.07 2.20
END OF OUTPUT
```

解：采用向量运算，假设 p_1 和 p_2 表示的直线为 L_1，p_3 和 p_4 表示的直线为 L_2，L_1 和 L_2 的关系如下。

(1) 若 $\text{Direction}(p_1,p_2,p_3)=0$ 并且 $\text{Direction}(p_1,p_2,p_4)=0$，说明 4 个点共线。

(2) 否则若 $\text{Parallel}(p_1,p_2,p_3,p_4)$ 为 true，说明 L_1 和 L_2 平行。

(3) 其他情况表示 L_1 和 L_2 相交，假设交点为 $p(x,y)$，则有：

$$(p_1-p)\times(p_2-p)=0(pp_1 \text{ 与 } pp_2 \text{ 共线})$$
$$(p_3-p)\times(p_4-p)=0(pp_3 \text{ 与 } pp_4 \text{ 共线})$$

展开后

$$(y_1-y_2)x+(x_2-x_1)y+x_1y_2-x_2y_1=0 \Rightarrow a_1x+b_1y+c_1=0$$
$$(y_3-y_4)x+(x_4-x_3)y+x_3y_4-x_4y_3=0 \Rightarrow a_2x+b_2y+c_2=0$$

将 x 和 y 作为变量求解二元一次方程组得到：

$$x=\frac{c_1\times b_2-c_2\times b_1}{a_2\times b_1-a_1\times b_2}, \quad y=\frac{a_2\times c_1-a_1\times c_2}{a_1\times b_2-a_2\times b_1}$$

对应的程序如下：

```cpp
#include<iostream>
#include<cmath>
using namespace std;
class Point {                                    //点类
public:
    double x,y;
    Point() {}
    Point(double x1,double y1):x(x1),y(y1) {}
    Point operator − (const Point &p1) {          //重载−运算符
        return Point(x−p1.x,y−p1.y);
    }
};
double Det(Point p1,Point p2) {                   //两个向量的叉积
    return p1.x*p2.y−p1.y*p2.x;
}
int Direction(Point p0,Point p1,Point p2) {       //判断两线段 p0p1 和 p0p2 的方向
    double d = Det((p1−p0),(p2−p0));
    if (d == 0) return 0;                         //三点共线
    else if (d > 0) return 1;                     //p0p1 在 p0p2 的顺时针方向上
    else return −1;                              //p0p1 在 p0p2 的逆时针方向上
```

```
}
bool Parallel(Point&p1,Point&p2,Point&p3,Point&p4) {
    return Det(p2 − p1, p4 − p3) == 0;
}
void Solve(Point&p1,Point&p2,Point&p3,Point&p4) {
    if(Direction(p1,p2,p3) == 0 && Direction(p1,p2,p4) == 0)//共线
        printf("LINE\n");
    else if(Parallel(p1,p2,p3,p4))                          //平行
        printf("NONE\n");
    else {                                                  //相交
        double a1 = p1.y − p2.y;
        double b1 = p2.x − p1.x;
        double c1 = p1.x * p2.y − p2.x * p1.y;
        double a2 = p3.y − p4.y;
        double b2 = p4.x − p3.x;
        double c2 = p3.x * p4.y − p4.x * p3.y;
        double x = (c1 * b2 − c2 * b1)/(a2 * b1 − a1 * b2);
        double y = (a2 * c1 − a1 * c2)/(a1 * b2 − a2 * b1);
        printf("POINT %.2f %.2f\n", x, y);
    }
}
int main() {
    int n;
    Point p1,p2,p3,p4;
    while(scanf(" %d", &n)!= EOF) {
        printf("INTERSECTING LINES OUTPUT\n");
        while(n −− ){
            scanf(" %lf %lf %lf %lf %lf %lf %lf %lf",
                    &p1.x,&p1.y,&p2.x,&p2.y,&p3.x,&p3.y,&p4.x,&p4.y);
            Solve(p1,p2,p3,p4);
        }
        printf("END OF OUTPUT\n");
    }
    return 0;
}
```

上述程序提交后通过,执行用时为 0ms,内存消耗为 148KB。

10.5 POJ2653——捡棍子

时间限制：3000ms,空间限制：65 536KB。

问题描述：Stan 有 n 根不同长度的棍子,他以随机的方式依次将它们扔在地板上。扔完后 Stan 试图找到最上面的棍子,也就是这些棍子上面没有其他棍子。Stan 注意到最后扔的棍子总是在上面,编程求所有在上面的棍子,不需要考虑棍子的厚度。

输入格式：输入有多个测试用例。每个测试用例以 $n(1 \leqslant n \leqslant 100\,000)$ 开始,即棍子的数目,接下来的 n 行,每行包含 4 个数字,这些数字是一根棍子端点的平面坐标。这些棍子按照 Stan 投掷它们的顺序列出。可以假设最上面的棍子不超过 1000 根。以 $n=0$ 表示输入结束。

输出格式：对于每个测试用例,输出一行表示最上面的棍子,按投掷的顺序列出。

输入样例：

```
5
1 1 4 2
2 3 3 1
1 − 2.0 8 4
```

```
1 4 8 2
3 3 6 - 2.0
3
0 0 1 1
1 0 2 1
2 0 3 1
0
```

输出样例:

```
Top sticks: 2, 4, 5.
Top sticks: 1, 2, 3.
```

解: 题目是给定 n 条线段(编号为 $1 \sim n$),求哪些线段上面没有其他线段。采用穷举法, i 从 1 到 n 循环, j 从 $i+1$ 到 n 循环,若线段 i 与任何线段 j 都不相交,则线段 i 就是最上面的线段。对应的程序如下:

```cpp
#include<iostream>
#include<cstdio>
const int MAXN = 100010;
using namespace std;
struct Point{                                               //点类型
    double x;
    double y;
};
Point p1[MAXN],p2[MAXN];                                    //p1[i]和p2[i]表示一条线段
double Direction(Point p0,Point p1,Point p2) {              //判断两线段 p0p1 和 p0p2 的方向
    return (p0.x - p2.x) * (p1.y - p2.y) - (p1.x - p2.x) * (p0.y - p2.y);
}
bool SegIntersect(Point p1,Point p2,Point p3,Point p4) {    //判断两线段是否相交
    double d1,d2,d3,d4;
    d1 = Direction(p3,p1,p4);                               //求 p3p1 在 p3p4 的哪个方向上
    d2 = Direction(p3,p2,p4);                               //求 p3p2 在 p3p4 的哪个方向上
    d3 = Direction(p1,p3,p2);                               //求 p1p3 在 p1p2 的哪个方向上
    d4 = Direction(p1,p4,p2);                               //求 p1p4 在 p1p2 的哪个方向上
    if (d1 * d2 <= 0 && d3 * d4 <= 0)
        return true;
    else
        return false;
}
int main() {
    int n;
    while(~scanf("%d",&n) && n) {
        for(int i = 1;i <= n;i++) {
            scanf("%lf%lf%lf%lf",&p1[i].x,&p1[i].y,&p2[i].x,&p2[i].y);
        }
        printf("Top sticks:");
        for(int i = 1;i < n;i++){
            int j;
            for( j = i + 1;j <= n;j++) {
                if(SegIntersect(p1[i],p2[i],p1[j],p2[j]))   //是否相交
                    break;
            }
            if(j > n) cout << " " << i << ",";
        }
        cout << " " << n << "." << endl;
    }
    return 0;
}
```

上述程序提交后通过,执行用时为 469ms,内存消耗为 3336KB。

10.6 POJ2318——玩具

时间限制:2000ms,空间限制:65 536KB。

问题描述:John 玩完玩具后从不把玩具收起来,他的父母给他一个长方形的盒子来放玩具,但 John 很叛逆,只把玩具扔进盒子里,所有的玩具都混在了一起,John 不可能找到他最喜欢的玩具。John 的父母提出这样的想法:把一些隔板放在盒子里,John 把玩具扔进盒子里时至少可以扔进不同的分区。如图 10.1 所示为一个盒子的俯视图。

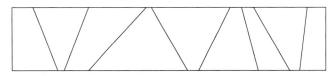

图 10.1 一个长方形的盒子被分为若干分区

对于这个问题,请编程求出每个分区有多少玩具。

输入格式:输入文件包含一个或多个测试用例。每个测试用例的第一行由 6 个整数组成,即 n、m、x_1、y_1、x_2、y_2,其中 $n(0 < n \leqslant 5000)$ 为隔板的数量,$m(0 < m \leqslant 5000)$ 为玩具的数量,盒子左上角和右下角的坐标分别是 (x_1, y_1) 和 (x_2, y_2)。以下 n 行中每行包含两个整数 U_i、L_i,表示第 i 个分区的末端位于坐标 (U_i, y_1) 和 (L_i, y_2) 处。假设分区不相互交叉,并且它们是按从左到右的排序顺序指定的。接下来的 m 行,每行包含两个整数 X_j、Y_j,指定第 j 个玩具在盒子中的位置。玩具位置的顺序是随机的,没有玩具会落在盒子边界以外。

输出格式:对于每个测试用例,每个分区输出一行,格式是分区编号(从 0 开始)后跟一个冒号和一个空格,然后是扔进该分区的玩具的数量。用一个空行分隔不同测试用例的输出。

输入样例:

```
5 6 0 10 60 0
3 1
4 3
6 8
10 10
15 30
1 5
2 1
2 8
5 5
40 10
7 9
4 10 0 10 100 0
20 20
40 40
60 60
80 80
5 10
15 10
25 10
```

```
35 10
45 10
55 10
65 10
75 10
85 10
95 10
0
```

输出样例：

```
0 : 2
1 : 1
2 : 1
3 : 1
4 : 0
5 : 1

0 : 2
1 : 2
2 : 2
3 : 2
4 : 2
```

提示：*如样例所示,落在盒子边界上的玩具也算被放在盒子里。*

解：n 个隔板(每个就是一条线段)将盒子分为 $n+1$ 个分区,给定 m 个坐标表示的玩具,将每个玩具看成一个点,求每个分区包含多少个点。

假设 $n+1$ 个分区的编号为 $0 \sim n$,用 ans 表示答案,其中 ans$[i]$ 表示分区 i 中点的个数,初始化 ans 的所有元素为 0。设计 Point 类型和 Line 类型,点用 Point 类型的 point 数组存储,隔板用 Line 类型的 line 数组存储,用 i 从 0 到 $m-1$ 遍历 point,采用二分查找方法求 point$[i]$ 所在的分区 low,置 ans$[$low$]$++。最后按要求输出 ans 的下标和元素值。对应的程序如下：

```cpp
# include < iostream >
# include < cstring >
using namespace std;
const int MAXN = 5010;
struct Point {                              //点类型
    double x, y;
    Point() {}
    Point(double x1, double y1):x(x1),y(y1) {}
    Point operator - (const Point a) {
        return Point(x - a.x, y - a.y);
    }
    double Det(const Point a) {
        return x * a.y - y * a.x;
    }
};
struct Line {                               //线段类型
    Point s, e;                             //表示点 s 到点 e 的一条线段
    Line() {}
    Line(Point s, Point e):s(s),e(e) {}
    int toLeftTest(Point p) {               //判断点 p 是否在线段的左边
        if((e - s).Det(p - s) > 0) return 1;
        else if((e - s).Det(p - s) < 0) return - 1;
        return 0;
    }
```

```
    };
    int n, m;
    Line line[MAXN];
    Point point[MAXN];
    int ans[MAXN];
    void solve() {                                      //求解算法
        for(int i = 0; i < m; i++) {
            int low = 0, high = n + 1;
            while(low + 1 < high) {
                int mid = (low + high) >> 1;
                if(line[mid].toLeftTest(point[i]) > 0)
                    high = mid;                         //若 point[i]在线段 line[mid]的左边
                else
                    low = mid;                          //若 point[i]在线段 line[mid]的右边
            }
            ans[low]++;
        }
    }

    int main() {
        while(~scanf(" % d",&n) && n) {
            memset(ans, 0, sizeof(ans));
            scanf(" % d",&m);
            double xl, yl, xr, yr;
            scanf(" % lf % lf % lf % lf",&xl,&yl,&xr,&yr);
            line[0].s = Point(xl, yr);
            line[0].e = Point(xl, yl);
            line[n + 1].s = Point(xr, yr);
            line[n + 1].e = Point(xr, yl);
            for(int i = 1; i <= n; i++) {
                double u, l;
                scanf(" % lf % lf",&u,&l);
                line[i].s = Point(l, yr);
                line[i].e = Point(u, yl);
            }
            for(int i = 0; i < m; i++) {
                scanf(" % lf % lf",&point[i].x, &point[i].y);
            }
            solve();
            for(int i = 0; i <= n; i++) {
                printf(" % d: % d\n",i,ans[i]);
            }
            printf("\n");
        }
        return 0;
    }
```

上述程序提交后通过,执行用时为141ms,内存消耗为400KB。

10.7 POJ1696——太空蚂蚁

时间限制:1000ms,空间限制:10 000KB。

问题描述:1999 年科学家在 Y1999 行星上追踪到了一种类似蚂蚁的生物,并将其命名为 M11。它的头部左侧只有一只眼睛,身体右侧有 3 只脚,并且在行走时有 3 种限制:

(1)由于身体的结构特殊,它不能右转。

(2)在行走时会留下一条红色的路径。

（3）它讨厌以前走过的路径，不会走重复的路径。

"发现号"宇宙飞船传输的图片描绘了 Y1999 行星上植物的生长情况。科学家对数千张图片进行分析发现了一个控制植物生长点的神奇坐标系,在这个具有 X 轴和 Y 轴的坐标系中没有两个植物共享相同的 x 或 y。

M11 每天需要吃掉一株植物才能存活。当它吃掉一株植物时就会在一天的剩余时间里一动不动。第二天它会寻找另一株植物。如果不能找到任何其他植物,它会在一天结束时死亡。注意,它可以到达任何距离的植物。问题是要找到一条让 M11 寿命最长的路径。输入是一组植物的 (x,y) 坐标,假设坐标为 (x_A, y_A) 的 A 是 y 坐标最小的植物,M11 从点 $(0, y_A)$ 开始移动到 A。另外,解决方案的路径不能自身交叉,并且所有转弯都应为逆时针方向,解决方案可能会访问位于同一直线上的两个以上的植物。

输入格式:输入的第一行是 t,表示测试用例数($1 \leqslant t \leqslant 10$)。对于每个测试用例,第一行是 n,即该测试用例中植物的数量($1 \leqslant n \leqslant 50$),然后是每个植物数据的 n 行。每个植物数据由 3 个整数组成,第一个数字是唯一的植物索引($1..n$),后跟两个正整数 x 和 y 代表植物的坐标。植物在输入文件中按其索引的升序排序。假设坐标值最多为 100。

输出格式:每个测试用例输出一行包含对应的解决方案,先是解决方案路径上植物的数量,然后是路径中访问植物的索引,按访问顺序排列。

输入样例:

```
2
10
1 4 5
2 9 8
3 5 9
4 1 7
5 3 2
6 6 3
7 10 10
8 8 1
9 2 4
10 7 6
14
1 6 11
2 11 9
3 8 7
4 12 8
5 9 20
6 3 2
7 1 6
8 2 13
9 15 1
10 14 17
11 13 19
12 5 18
13 7 3
14 10 16
```

输出样例:

```
10 8 7 3 4 9 5 6 2 1 10
14 9 10 11 5 12 8 7 6 13 4 14 1 3 2
```

解：例如给定 $n=9$，太空蚂蚁 M11 的移动方式如图 10.2 所示。从中看出为了满足太空蚂蚁的特殊走法，采用礼品包裹算法中找凸包的方式实现，但有两点不同：

(1) 凸包中不一定包含全部点，而这里需要找到全部点。

(2) 在礼品包裹算法(算法原理参见《教程》中的 10.2.1 节)的比较函数中，当 3 点 a_0、a_k 和 a_i 共线时，一种取距离更长的 a_i，另一种取距离更短的 a_i，而这里需要取距离更长的 a_i。

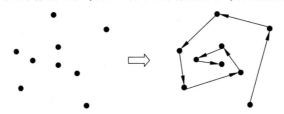

图 10.2 太空蚂蚁 M11 的移动方式

用 p 存放全部点，用 ans 存放结果路径。首先找到 p 中 y 坐标最小的点，将其交换到 $p[0]$，将 $p[0]$ 添加到 ans 中。然后将 $p[1..n-1]$ 按比较函数排序(基准点为 $p[0]$)，将 $p[1]$ 添加到 ans 中。接下来将 $p[2..n-1]$ 按比较函数排序(基准点为 $p[1]$)，将 $p[2]$ 添加到 ans 中，以此类推，得到的 ans 就是题目要求的路径。对应的程序如下：

```cpp
#include <iostream>
#include <vector>
#include <algorithm>
using namespace std;
const int MAXN = 55;
struct Point {                          //点类型
    int x, y;                           //坐标
    int num;                            //初始索引
};
Point p[MAXN];
vector<Point> ans;
int pos;                                //基准点索引
int Direction(Point p0, Point p1, Point p2) {   //判断两线段 p0p1 和 p0p2 的方向
    return (p0.x - p2.x) * (p1.y - p2.y) - (p1.x - p2.x) * (p0.y - p2.y);
}
int Distance(Point p1, Point p2) {
    return (p1.x - p2.x) * (p1.x - p2.x) + (p1.y - p2.y) * (p1.y - p2.y);
}
bool cmp(Point&ai, Point&ak) {          //比较两个向量方向(起点为 p[pos])
    int d = Direction(p[pos], ai, ak);
    if (d == 0)                         //共线时,若 ai 距离 p[pos]更短则返回 true
        return Distance(p[pos], ak) > Distance(p[pos], ai);
    else if (d > 0)                     //3 个点在右手螺旋方向上,返回 true
        return true;
    else                                //否则返回 false
        return false;
}
int main() {
    int t;
    cin >> t;
    while (t--) {
        int n;
        scanf("%d", &n);
        for (int i = 0; i < n; i++) {
```

```
        scanf("%d%d%d",&p[i].num,&p[i].x,&p[i].y);
        if (p[i].y < p[0].y)                  //找到y最小的点
            swap(p[0], p[i]);                 //交换到p[0]中
    }
    ans.clear();
    pos = 0;
    sort(p + 1,p + n,cmp);
    ans.push_back(p[pos++]);
    for (int i = 2;i < n;i++) {
        sort(p + pos,p + n,cmp);
        ans.push_back(p[pos++]);
    }
    ans.push_back(p[pos++]);
    printf("%d",ans.size());
    for (int i = 0;i < ans.size();i++)
        printf(" %d", ans[i].num);
    printf("\n");
    }
    return 0;
}
```

上述程序提交后通过，执行用时为0ms，内存消耗为212KB。

10.8 POJ2187——选美比赛

时间限制：3000ms，空间限制：65 536KB。

问题描述：奶牛Bessie刚在一场选美比赛中获得第一名，因此Bessie将参观世界各地的$n(2 \le n \le 50\,000)$个农场。为了简单，这里将世界表示为一个二维平面，其中每个农场位于一对整数坐标(x,y)处，每个坐标的值在$-10\,000 \sim 10\,000$的范围内，并且没有两个农场共享同一对坐标。

Bessie在成对的农场之间以直线行走，但有些农场之间的距离相当大，因此它想随身携带一个装满干草的手提箱，以便在旅途的每一段都能有足够的食物吃。由于Bessie在它访问的每个农场都会重新装满它的手提箱，所以它想知道需要旅行的最大可能距离，以便确定携带的手提箱的大小。请编程计算所有农场对之间的最大距离来帮助Bessie。

输入格式：第一行是一个整数n，第2行到第$n+1$行是两个以空格分隔的整数x和y，指定每个农场的坐标。

输出格式：输出一行包含单个整数，表示最远的一对农场之间距离的平方。

输入样例：

```
4
0 0
0 1
1 1
1 0
```

输出样例：

```
2
```

提示：从农场1(0,0)到农场3(1,1)距离最大（距离的平方为2）。

解：将每个农场看成一个点，题目就是求给定n个农场中的最远点对距离（实际上是距

离的平方)。用数组 p 存放全部农场的位置,采用 Graham 扫描算法(算法原理参见《教程》第 10 章中的 10.2.2 节)求出 p 的凸包 a(注意后面代码中排序方式 cmp 的变化),再采用旋转卡壳法求凸包 a 中的最远点对距离。对应的程序如下:

```cpp
# include < iostream >
# include < cmath >
# include < algorithm >
using namespace std;
# define MAXN 50005
class Point {                                        //点类型
public:
    int x, y;
    Point() {}
    Point(int x1, int y1) : x(x1), y(y1) {}
    Point operator - (const Point &p1) {             //重载 - 运算符
        return Point(x - p1.x, y - p1.y);
    }
};
int n;                                               //n 个点
Point p[MAXN], ch[MAXN];                             //存放点集和凸包
int Det(Point p1, Point p2) {                        //两个向量的叉积
    return p1.x * p2.y - p1.y * p2.x;
}
int Direction(Point p0, Point p1, Point p2) {        //判断两线段 p0p1 和 p0p2 的方向
    return Det((p1 - p0), (p2 - p0));
}
int Distance(Point p1, Point p2) {                   //两个点距离的平方
    return (p1.x - p2.x) * (p1.x - p2.x) + (p1.y - p2.y) * (p1.y - p2.y);
}
Point p0;                                            //起点,全局变量
bool cmp(Point &x, Point &y){                        //排序比较关系函数
    int d = Direction(p0, x, y);
    if (d == 0)                                      //共线时,若 x 距离 p0 更长返回 true(重点)
        return Distance(p0, x) > Distance(p0, y);
    else if (d > 0)                                  //在顺时针方向上,返回 true
        return true;
    else                                             //否则返回 false
        return false;
}
int Graham() {                                       //求凸包的 Graham 算法
    int top = - 1, k = 0;
    Point tmp;
    for (int i = 1; i < n; i++) {                    //找最下且偏左的点 a[k]
        if ((p[i].y < p[k].y) || (p[i].y == p[k].y && p[i].x < p[k].x))
            k = i;
    }
    swap(p[0], p[k]);                                //通过交换将 a[k]点指定为起点 a[0]
    p0 = p[0];                                        //将起点 a[0]放入 p0 中
    sort(p + 1, p + n, cmp);                          //按极角从小到大排序
    top++; ch[0] = p[0];                              //前 3 个点先进栈
    top++; ch[1] = p[1];
    top++; ch[2] = p[2];
    for (int i = 3; i < n; i++) {                     //判断与其余所有点的关系
        while (top >= 0 && Direction(ch[top - 1], p[i], ch[top]) > 0) {
            top-- ;                                   //存在右拐关系,栈顶元素出栈
        }
        top++; ch[top] = p[i];                        //当前点与栈内所有点满足左拐关系,进栈
```

```
        }
        return top + 1;                              //返回栈中元素的个数
}
int RotatingCalipers(Point a[], int n) {             //用旋转卡壳算法求凸包 a 的最远点对距离
        int maxdist = 0, d1, d2;
        a[n] = a[0];                                 //在 a 的末尾添加 a[0]
        int j = 1;
        for (int i = 0; i < n; i++) {
                while (abs(Det(a[i] - a[i + 1], a[j + 1] - a[i + 1])) > abs(Det(a[i] - a[i + 1], a[j] - a[i + 1]))) {
                        j = (j + 1) % n;             //以面积判断,面积大说明要离平行线远一些
                }
                d1 = Distance(a[i], a[j]);
                d2 = Distance(a[i + 1], a[j]);
                maxdist = max(maxdist, max(d1, d2));
        }
        return maxdist;
}
int main() {
        while(scanf(" % d", &n) != EOF) {
                for(int i = 0; i < n; i++)
                        scanf(" % d % d", &p[i].x, &p[i].y);
                if(n == 2)
                        printf(" % d\n", Distance(p[0], p[1]));
                else {
                        int m = Graham();
                        printf(" % d\n", RotatingCalipers(ch, m));
                }
        }
        return 0;
}
```

上述程序提交后通过,执行用时为 125ms,内存消耗为 532KB。

10.9　　HDU1115——抬起石头

时间限制:1000ms,空间限制:32 768KB。

问题描述:地板上有许多秘密开口(可以看成点),上面覆盖着一块大石头,当石头被抬起时,一种特殊的机制会检测到这一点,并射出在开口附近的毒箭,探险人员需要非常缓慢且小心地抬起石头。首先将绳索连接到石头上,然后使用滑轮将其抬起。注意石头必须一次全部搬起,所以找到重心并将绳索准确地连接到那个点上是非常重要的。另外石头呈多边形,整个多边形区域的高度相同。请编程找到给定多边形的重心。

输入格式:输入由 t 个测试用例组成。输入文件的第一行给出 t,每个测试用例都以包含单个整数 $n(3 \leqslant n \leqslant 1\,000\,000)$ 的行开头,表示多边形的点数,接下来是 n 行,每行包含两个整数 X_i 和 Y_i($|X_i|, |Y_i| \leqslant 20\,000$),表示第 i 个点的坐标。当按照给定的顺序连接点时会得到一个多边形。假设边缘不相互接触(相邻的除外)且不交叉,多边形的面积永远不会为 0,即它不能折叠成一条线。

输出格式:每个测试用例输出一行包含两个数字,由一个空格分隔,这些数字是重心的坐标,将坐标四舍五入到最接近的数字,小数点后正好有两位数(0.005 向上舍入,成为 0.01)。注意,如果多边形的形状不是凸面,则重心可能在多边形之外,如果输入数据中存在这种情

况,无论如何都要输出重心。

输入样例:

```
2
4
5 0
0 5
-5 0
0 -5
4
1 1
11 1
11 11
1 11
```

输出样例:

```
0.00 0.00
6.00 6.00
```

解:多边形重心的计算方法是先将其分为 m 个三角形,由 p_0、p_1 和 p_2 构成的三角形的重心为 (cx,cy),其中 $cx = p_0.x + p_1.x + p_2.x$,$cy = p_0.y + p_1.y + p_2.y$。求出该三角形的有向面积 $s = \mathrm{Det}(p_1 - p_0, p_2 - p_0)/2$,则多边形的重心为 (px,py),其中:

$$px = \frac{\sum_{i=0}^{m-1} cx[i] \times s[i]}{3 \times s[i]}, \quad py = \frac{\sum_{i=0}^{m-1} cy[i] \times s[i]}{3 \times s[i]}$$

对应的程序如下:

```cpp
#include<iostream>
using namespace std;
const int MAXN = 1000010;
class Point {                                    //点类
public:
    double x,y;
    Point() {}
    Point(double x1,double y1):x(x1),y(y1) {}
    Point operator - (const Point &p1) {         //重载-运算符
        return Point(x-p1.x,y-p1.y);
    }
};
Point p[MAXN];                                   //存放n个点
double Det(Point p1,Point p2) {                  //两个向量的叉积
    return p1.x * p2.y - p1.y * p2.x;
}
double triangleArea(Point p0,Point p1,Point p2) { //求三角形的有向面积
    return Det(p1 - p0,p2 - p0)/2;
}
int main() {
    int t,n;
    scanf("%d",&t);
    while(t--) {
        scanf("%d",&n);
        for(int i = 0;i < n;i++)
            scanf("%lf%lf",&p[i].x,&p[i].y);
        double area = 0,xsum = 0,ysum = 0;
        for(int i = 1;i < n-1;i++) {
```

```
        double triarea = triangleArea(p[0],p[i],p[i+1]);
        area += triangleArea(p[0],p[i],p[i+1]);
        xsum += (p[i].x + p[i+1].x + p[0].x) * triarea;
        ysum += (p[i].y + p[i+1].y + p[0].y) * triarea;
    }
    printf("%.2lf %.2lf\n",xsum/area/3,ysum/area/3);
  }
  return 0;
}
```

上述程序提交后通过,执行用时为 31ms,内存消耗为 1884KB。

10.10　　　　HDU4643——GSM　　　　

时间限制:2000ms,空间限制:32 768KB。

问题描述:小明正在乘火车环游几个城市,但火车上的时间很无聊,所以小明选择用手机上网。大家都知道手机接收基站的信号,并且在火车移动时会改变基站。小明想知道从 a 市到 b 市基站换了多少次。这里简化一下问题,假设火车的路线是直的,手机会接收到最近基站的信号。

输入格式:输入包含多个测试用例。每个测试用例的第一行为 n 和 m($3 \leqslant n \leqslant 50, 2 \leqslant m \leqslant 50$),$n$ 表示城市的数量,m 表示基站的数量,然后是 n 个城市的坐标 (x, y) 和 m 个基站的坐标 (x, y)($0 \leqslant x \leqslant 1000, 0 \leqslant y \leqslant 1000, x$ 和 y 都是整数),再下面一行包含一个整数 k,接下来有 k 个查询,对于每个查询有两个数字 a 和 b。

输出格式:对于每个查询,告诉小明从 a 市到 b 市基站的变化次数。

输入样例:

```
4 4
0 2
1 3
1 0
2 0
1 2
1 1
2 2
2 1
4
1 2
1 3
1 4
3 4
```

输出样例:

```
0
1
2
1
```

解:用 $A[1..n]$ 表示 n 个城市的坐标,用 $B[1..m]$ 表示 m 个基站的坐标,对于要查询基站变化次数的城市 a 和 b,求出它们最接近的基站 s 和 t。采用递归分治法求解,设 $f(a,b)$ 表示从城市 a 到 b 的变化次数,递归模型如下:

$$f(a,b)=0 \qquad\qquad\qquad \text{求出对应的基站 s 和 t 并且 s=t}$$
$$f(a,b)=1 \qquad\qquad\qquad \text{当 } a \text{ 和 } b \text{ 非常接近但属于不同基站时}$$
$$f(a,b)=f(a,\text{mid})+f(\text{mid},b) \qquad \text{其他情况,mid 为 } a \text{ 和 } b \text{ 的中间位置}$$

对应的程序如下:

```cpp
#include<iostream>
#include<cmath>
const int MAXN = 55;
const double INF = 1e8;
const double eps = 1e-8;
struct Point {                        //点类型
    double x,y;
};
Point A[MAXN],B[MAXN];
int n,m;
double Distance(Point&p1,Point&p2) {
    return (p1.x-p2.x)*(p1.x-p2.x)+(p1.y-p2.y)*(p1.y-p2.y);
}
int closej(Point&x) {                 //求 x 位置最接近的基站
    double mindist = INF;
    int j = -1;
    for(int i=1;i<=m;i++) {
        double t = Distance(x,B[i]);
        if(mindist>t) {
            mindist = t;
            j = i;
        }
    }
    return j;
}
int solve(Point&a,Point&b) {          //递归分治算法
    int s = closej(a);
    int t = closej(b);
    if(s==t)
        return 0;
    if(sqrt(Distance(a,b))<eps)
        return 1;
    Point mid;
    mid.x = (a.x+b.x)/2.0;
    mid.y = (a.y+b.y)/2.0;
    return solve(a,mid)+solve(mid,b);
}
int main() {
    int a,b,k;
    while(scanf("%d%d",&n,&m)!=-1) {
        for(int i=1;i<=n;i++)
            scanf("%lf%lf",&A[i].x,&A[i].y);
        for(int i=1;i<=m;i++)
            scanf("%lf%lf",&B[i].x,&B[i].y);
        scanf("%d",&k);
        while(k--) {
            scanf("%d%d",&a,&b);
            printf("%d\n",solve(A[a],A[b]));
        }
    }
    return 0;
}
```

上述程序提交后通过,执行用时为 218ms,内存消耗为 1744KB。

时间限制:1000ms,空间限制:32 768KB。

问题描述:从前有一个贪婪的国王,他命令他的首席建筑师在城堡周围建造一堵墙。国王太贪婪了,他不听建筑师的建议,而是下令用最少的石头和劳动力在整个城堡周围建造城墙,要求城墙与城堡不能超过一定的距离。如果国王发现建筑师建造城墙所用的资源超出了满足这些要求的绝对必要条件,他会惩罚建筑师,请帮助建筑师,通过编写一个程序求出可以在城堡周围建造的满足国王要求的墙的最小长度。

由于国王的城堡呈多边形并且位于平坦的地面上,所以任务在某种程度上简化了。建筑师已经建立了笛卡儿坐标系,并精确测量了城堡所有顶点的坐标,单位为英尺。

输入格式:输入文件的第一行为整数 t,表示测试用例的个数,每个测试用例的第一行包含两个由空格分隔的整数 n 和 l,n($3 \leqslant n \leqslant 1000$)是国王城堡的顶点数,$l$($1 \leqslant l \leqslant 1000$)是国王允许墙靠近城堡的最小英尺数。接下来的 n 行按顺时针顺序描述了城堡顶点的坐标,每行包含两个整数 X_i 和 Y_i,由空格($-10\,000 \leqslant X_i, Y_i \leqslant 10\,000$)分隔,表示第 i 个顶点的坐标,所有的顶点都是不同的,除了顶点以外,城堡的侧面不相交。

输出格式:对于每个测试用例,输出一行包含一个整数,该整数表示可以在城堡周围建造的满足国王要求的墙的最小长度,该长度以英尺为单位,采用四舍五入,精确到 8 英寸(1 英尺等于 12 英寸)。在每个测试用例之后输出一个空行。

输入样例:

```
1
9 100
200 400
300 400
300 300
400 300
400 400
500 400
500 200
350 200
200 200
```

输出样例:

```
1628
```

解法 1:城堡的所有顶点坐标用 Point 类型的数组 p 存放,求出其凸包 ch,累计构成凸包的所有边的长度 sum。如图 10.3 所示给出了一个含 3 个点的凸包,可以想象一下将凸包的每一条边向外平移 l,在每个拐角处加上一个圆弧,将这些圆弧的长度累计到 sum,则 sum 就是题目的答案,可以推出无论凸包中有多少个点,所有这些圆弧组合起来恰好是一个半径为 l 的圆,其周长为 $2\pi l$。

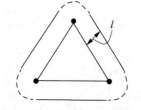

图 10.3 凸包为 3 个点的情况

采用礼品包裹算法(算法原理参见《教程》第10章中的10.2.1节)求解的程序如下:

```cpp
# include < iostream >
# include < cmath >
# include < vector >
# include < algorithm >
using namespace std;
const int MAXN = 1010;
const double pi = atan(1.0) * 4;
const double eps = 1e - 8;
int n, l;
struct Point {                           //点类型
    double x, y;
};
Point p[MAXN];
double Direction(Point a, Point b, Point c) {
    return (a. x - c. x) * (b. y - c. y) - (b. x - c. x) * (a. y - c. y);
}
double Distance(Point p1, Point p2) {
    return sqrt((p1. x - p2. x) * (p1. x - p2. x) + (p1. y - p2. y) * (p1. y - p2. y));
}
bool cmp(Point&aj, Point&ai, Point&ak) {    //比较两个向量方向的函数
    double d = Direction(aj, ai, ak);
    if (d == 0)                              //共线时,若 ajai 更长则返回 true
        return Distance(aj, ak) < Distance(aj, ai);
    else if (d > 0)                          //在顺时针方向上,返回 true
        return true;
    else                                     //否则返回 false
        return false;
}
vector < int > Package() {                    //礼品包裹算法,返回凸包的顶点序列 ch
    vector < int > ch;
    int j = 0;
    for (int i = 1; i < n; i++) {
        if (p[i]. x < p[j]. x || (p[i]. x == p[j]. x && p[i]. y < p[j]. y))
            j = i;                           //找最左边的最低点 j
    }
    int tmp = j;                             //tmp 保存起点
    while(true){
        int k = - 1;
        ch. push_back(j);                    //顶点 aj 作为凸包上的一个点
        for (int i = 0; i < n; i++) {
            if (i!= j && (k == - 1 || cmp(p[j], p[i], p[k])))
                k = i;                       //从 aj 出发找角度最小的点 ai
        }
        if (k == tmp) break;                 //找出起点时结束
        j = k;
    }
    return ch;
}
int main() {
    int t;
    scanf(" % d", &t);
    while(t -- ) {
        scanf(" % d % d", &n, &l);
        for(int i = 0; i < n; i++) {
            scanf(" % lf % lf", &p[i]. x, &p[i]. y);
        }
```

```
        double sum = 0;
        vector < int > ch = Package();
        for(int i = 1;i < ch.size();i++) {
            sum += Distance(p[ch[i - 1]],p[ch[i]]);
        }
        sum += Distance(p[ch[0]],p[ch.back()]);
        sum += 2 * pi * 1;
        printf(" % .0lf\n",sum);
        if(t) printf("\n");
    }
    return 0;
}
```

上述程序提交后通过,执行用时为 93ms,内存消耗为 1776KB。

解法 2:思路同解法 1,将求城堡的凸包 ch[0..m − 1]的算法改为 Graham 算法(算法原理参见《教程》中的 10.2.2 节)。对应的程序如下:

```
# include < iostream >
# include < cmath >
# include < algorithm >
using namespace std;
const int MAXN = 1010;
const double pi = atan(1.0) * 4;
const double eps = 1e - 8;
int n,1;
struct Point {                          //点类型
    double x,y;
};
Point p[MAXN];
double Direction(Point a,Point b,Point c) {
    return (a.x − c.x) * (b.y − c.y) − (b.x − c.x) * (a.y − c.y);
}
double Distance(Point p1,Point p2) {
    return sqrt((p1.x − p2.x) * (p1.x − p2.x) + (p1.y − p2.y) * (p1.y − p2.y));
}
bool cmp(Point &a,Point &b){            //排序比较关系函数
    double d = Direction(p[0],a,b);
    if (d == 0)                         //共线时,若 ab 更长则返回 true
        return Distance(p[0],a)< Distance(p[0],b);
    else if (d > 0)                     //在顺时针方向上,返回 true
        return true;
    else                               //否则返回 false
        return false;
}
Point ch[MAXN];                         //作为栈,存放找到的凸包
int Graham() {                          //求凸包的 Graham 算法
    int top = − 1,i,k = 0;
    for (i = 1;i < n;i++) {             //找最下且偏左的点 p[k]
        if ((p[i].y < p[k].y) || (p[i].y == p[k].y && p[i].x < p[k].x))
            k = i;
    }
    swap(p[0],p[k]);                    //通过交换将 a[k]点指定为起点 a[0]
    sort(p + 1,p + n,cmp);              //按极角从小到大排序
    top++;ch[0] = p[0];                 //前 3 个点先进栈
    top++;ch[1] = p[1];
    top++;ch[2] = p[2];
    for (i = 3;i < n;i++) {             //判断与其余所有点的关系
        while (top > = 1 && (Direction(ch[top − 1],p[i],ch[top])> 0)) {
```

```
        top -- ;                              //存在右拐关系,栈顶元素出栈
    }
    top++; ch[top] = p[i];                    //当前点与栈内的所有点满足向左关系,进栈
    }
    return top + 1;                           //返回栈中元素的个数
}
int main() {
    int t;
    scanf(" % d",&t);
    while(t -- ) {
        scanf(" % d % d",&n,&l);
        for(int i = 0;i < n;i++) {
            scanf(" % lf % lf",&p[i].x,&p[i].y);
        }
        double sum = 0;
        int m = Graham();
        for(int i = 1;i < m;i++) {
            sum += Distance(ch[i - 1],ch[i]);
        }
        sum += Distance(ch[0],ch[m - 1]);
        sum += 2 * pi * l;
        printf(" % .0lf\n",sum);
        if(t) printf("\n");
    }
    return 0;
}
```

上述程序提交后通过,执行用时为 31ms,内存消耗为 1796KB。

10.12 HDU5721——宫殿

时间限制:4000ms,空间限制:262 144KB。

问题描述:有 n 座宫殿,它们在二维平面上都有一个唯一坐标 (x,y)(其中 x、y 是整数)。赛姬想找出最近两座宫殿的距离,它是进入宫殿的密码,然而在不同时刻 n 座宫殿中恰好有一座会消失。赛姬想知道在某座宫殿消失后,最近两座宫殿之间的距离是多少。求所有可能的宫殿消失后的距离之和。为避免出现错误,将宫殿 (x_1,y_1) 和 (x_2,y_2) 之间的距离定义为 $d=(x_1-x_2)^2+(y_1-y_2)^2$。

输入格式:输入的第一行包含一个整数 T $(1{\leqslant}T{\leqslant}5)$,表示测试用例的数量。对于每个测试用例,第一行包含一个整数 n $(3{\leqslant}n{\leqslant}100\,000)$,表示该测试用例中宫殿的数量。下面的 n 行包含 n 对整数,第 i 对 (x,y) $(-100\,000{\leqslant}x,y{\leqslant}100\,000)$ 表示第 i 座宫殿的位置。

输出格式:对于每个测试用例,在一行中输出一个整数,表示所有可能的宫殿消失后的距离之和。

输入样例:

```
1
3
0 0
1 1
2 2
```

输出样例:

```
12
```

提示：$n=3$，有 3 种可能，如果是宫殿 0 消失，则 $d=(1-2)^2+(1-2)^2=2$；如果是宫殿 1 消失，则 $d=(0-2)^2+(0-2)^2=8$；如果是宫殿 2 消失，则 $d=(0-1)^2+(0-1)^2=2$，合计为 $2+8+2=12$。

解：用 Point 类型的数组 $p[1..n]$ 存放 n 个点，用 ans 表示最后的答案（初始为 0）。如果用 i 从 1 到 n 遍历 p，每次循环删除 $p[i]$ 并在剩余的 $n-1$ 个点中求最近点对距离（算法原理参见《教程》中的 10.3.2 节），将所有的最近点对距离累加到 ans 就是答案，这样一定会超时，时间复杂度为 $O(n^2\log_2 n)$。改进的方法是先求出 $p[1..n]$ 中的最近点对距离 mindist 以及最近点对 A 和 B，置 ans＝mindist $* (n-2)$，因为 n 个点有 n 种点消失的情况，除了 A 和 B 两个点消失的两种情况以外，其他 $n-2$ 种情况下最近点对距离均为 mindist。剩余的两种情况是 A 和 B 分别消失，分别求出两个最近点 A 和 B 消失后的最近点对距离 maxdist1 和 maxdist2，将 maxdist1 和 maxdist2 累加到 ans，最后输出 ans 即可。这样只需要做 3 次求最近点对距离的操作，时间复杂度为 $O(n\log_2 n)$。

注意，由于这里的最近点对距离是指最近点对距离的平方，所以距离的比较应该改为距离平方的比较。对应的程序如下：

```cpp
#include<iostream>
#include<algorithm>
using namespace std;
typedef long long LL;
const int MAXN = 100010;
const long long INF = 1ll << 50;
struct Point {                        //点类型
    int x,y;
};
Point p[MAXN];                        //存放全部点
int tmp[MAXN];                        //存放垂直带形区中点的下标
int A,B;                              //存放两个最近点的编号
LL mindist = INF;
bool cmpx(Point&a,Point&b) {
    return a.x < b.x;
}
bool cmpy(int a,int b) {
    return p[a].y < p[b].y;
}
LL Distance(Point&a,Point&b) {        //两个点之间的距离
    return (LL)(a.x-b.x) * (a.x-b.x) + (LL)(a.y-b.y) * (a.y-b.y);
}
LL closest(int L,int R) {             //求最近点对距离
    if(L == R) return INF;
    if(L+1 == R) {
        if(mindist > Distance(p[L],p[R])) {
            mindist = Distance(p[L],p[R]);
            A = L;B = R;
        }
        return Distance(p[L],p[R]);
    }
    int mid = (L+R)>>1;
    LL ret = min(closest(L,mid),closest(mid+1,R));
    int k = 0;
    for(int i = L;i <= R;i++) {
        if(1ll * (p[mid].x-p[i].x) * (p[mid].x-p[i].x) <= ret)
            tmp[k++] = i;             //tmp存放垂直带形区的下标
```

```
        }
        sort(tmp,tmp + k,cmpy);
        for(int i = 0;i < k;i++) {
            for(int j = i + 1;j < k&&1ll * (p[tmp[j]].y - p[tmp[i]].y) * (p[tmp[j]].y - p[tmp[i]].y)<
= ret;j++) {
                if(mindist > Distance(p[tmp[i]],p[tmp[j]])) {
                    mindist = Distance(p[tmp[i]],p[tmp[j]]);
                    A = tmp[i];B = tmp[j];
                }
                ret = min(Distance(p[tmp[i]],p[tmp[j]]),ret);
            }
        }
        return ret;
    }
    int main() {
        int T;
        scanf("% d",&T);
        while(T-- ) {
            int n;
            LL ans = 0;
            scanf("% d",&n);
            for(int i = 1;i <= n;i++)
                scanf("% d% d",&p[i].x,&p[i].y);
            sort(p + 1,p + 1 + n,cmpx);
            closest(1,n);                      //第一次求最近点对距离
            ans += mindist * (n - 2);
            mindist = INF;
            int a = A,b = B;
            swap(p[a],p[n]);                   //将 A 交换到末尾
            closest(1,n - 1);                  //第二次求最近点对距离
            ans += mindist;
            mindist = INF;
            swap(p[b],p[n]);                   //将 B 交换到末尾
            closest(1,n - 1);                  //第三次求最近点对距离
            ans += mindist;
            mindist = INF;
            cout << ans << endl;
        }
        return 0;
    }
```

上述程序提交后通过,执行用时为 1466ms,内存消耗为 2776KB。

10.13　HDU3007——导弹

时间限制:1000ms,空间限制:32 768KB。

问题描述:国王斯康宾写了 n 封信,他把这些信埋在不同的地方。现在斯康宾想用导弹摧毁这些信,一枚导弹可以炸毁半径为 r 的区域。他想知道哪里是发射导弹的最佳地点,以及爆炸区域的最小半径是多少。

输入格式:输入包含多个测试用例。每个测试用例的第一行包含一个正整数 $n(n<500)$,然后是 n 行,每行给出一封信的坐标,每个坐标有两个整数 x 和 y。$n=0$ 表示输入结束。

输出格式:对于每个测试用例,输出一行包含 3 个数字,第一个和第二个数字是要发射的导弹的 x 和 y 坐标,第三个数字是导弹需要摧毁 n 封信的最小半径。输出的数字全部四

舍五入,保留小数点后两位数字。

输入样例:

```
3
1.00 1.00
2.00 2.00
3.00 3.00
0
```

输出样例:

```
2.00 2.00 1.41
```

解:用 vector < Point >向量 p 存放 n 封信埋的位置,通过 Graham 扫描算法(算法原理参见《教程》中的 10.2.2 节)求出 p 的凸包 ch$[0..m-1]$,再采用旋转卡壳法(算法原理参见《教程》中的 10.4.2 节)求凸包 ch 中的最远点对及其最远距离 maxdist。答案是以 center 为圆心、以 maxdist/2 为半径的爆炸区域是最小区域。如图 10.4 所示为一个实例的求解过程。由于测试数据中存在共线的多个点,所以需要考虑浮点数的计算精度。

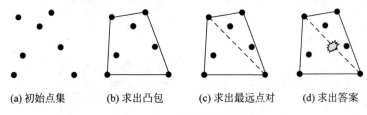

(a) 初始点集　　　　(b) 求出凸包　　　　(c) 求出最远点对　　　　(d) 求出答案

图 10.4　一个实例的求解过程

对应的程序如下:

```cpp
#include<iostream>
#include<vector>
#include<cmath>
#include<algorithm>
using namespace std;
const int eps = 1e-8;
const int MAXN = 510;
class Point {                               //点类型
public:
    double x,y;
    Point() {}
    Point(double x1,double y1):x(x1),y(y1) {}
    Point operator -(const Point &p1) {     //重载-运算符
        return Point(x-p1.x,y-p1.y);
    }
};
int n;
Point p[MAXN];
double Det(Point p1,Point p2) {             //两个向量的叉积
    return p1.x*p2.y-p1.y*p2.x;
}
double Direction(Point p0,Point p1,Point p2) {//判断两线段 p0p1 和 p0p2 的方向
    return Det((p1-p0),(p2-p0));
}
double Distance(Point p1,Point p2) {
    return sqrt((p1.x-p2.x)*(p1.x-p2.x)+(p1.y-p2.y)*(p1.y-p2.y));
}
```

```
//---------------------- 求最远点对距离 ------------------------------
Point p0;                                    //起点,全局变量
bool cmp(Point &x, Point &y){                //排序比较关系函数
    double d = Direction(p0, x, y);
    if (fabs(d)< = eps)                       //共线时
        return Distance(p0, x)< Distance(p0, y);
    else if (d > 0)                           //在顺时针方向上,返回 true
        return true;
    else                                      //否则返回 false
        return false;
}
int Graham(Point a[ ], Point ch[ ]) {        //求凸包的 Graham 算法
    int top = - 1, k = 0;
    Point tmp;
    for (int i = 1; i < n; i++) {             //找最下且偏左的点 a[k]
        if ((a[i].y < a[k].y) || (a[i].y == a[k].y && a[i].x < a[k].x))
            k = i;
    }
    swap(a[0], a[k]);                         //通过交换将 a[k]点指定为起点 a[0]
    p0 = a[0];                                //将起点 a[0]放入 p0 中
    sort(a + 1, a + n, cmp);                  //按极角从小到大排序
    top++; ch[0] = a[0];                      //前 3 个点先进栈
    top++; ch[1] = a[1];
    top++; ch[2] = a[2];
    for (int i = 3; i < n; i++) {             //判断与其余所有点的关系
        while (top > = 0 && Direction(ch[top - 1], a[i], ch[top])> 0) {
            top -- ;                          //存在右拐关系,栈顶元素出栈
        }
        top++; ch[top] = a[i];                //当前点与栈内所有点满足左拐关系,进栈
    }
    return top + 1;                           //返回栈中元素的个数
}
Point center;                                //存放圆心
double RotatingCalipers(Point a[ ], int n) {  //用旋转卡壳算法求凸包 a 的最远点对距离
    double maxdist = 0.0, d1, d2;
    a[n] = a[0];                              //在 a 的末尾添加 a[0]
    int j = 1;
    for (int i = 0; i < n; i++) {
        while (fabs(Det(a[i] - a[i + 1], a[j + 1] - a[i + 1]))> = fabs(Det(a[i] - a[i + 1], a[j] -
a[i + 1]))) {
            j = (j + 1) % n;                  //以面积判断,面积大说明要离平行线远一些
        }
        d1 = Distance(a[i], a[j]);
        d2 = Distance(a[i + 1], a[j]);
        if(maxdist < d1) {
            maxdist = d1;
            center.x = (a[i].x + a[j].x)/2.0;
            center.y = (a[i].y + a[j].y)/2.0;
        }
        if(maxdist < d2) {
            maxdist = d2;
            center.x = (a[i + 1].x + a[j].x)/2.0;
            center.y = (a[i + 1].y + a[j].y)/2.0;
        }
    }
    return maxdist;
}
Point ch[MAXN];                              //存放凸包
```

```
int main() {
    while (~scanf("%d",&n) && n) {
        for (int i = 0;i < n;i++)
            scanf("%lf %lf",&p[i].x,&p[i].y);
        if (n == 1) {
            printf("%.2lf %.2lf 0.00\n",p[0].x,p[0].y);
            continue;
        }
        if (n == 2) {
            printf("%.2lf %.2lf %.2lf\n",(p[0].x + p[1].x)/2.0,(p[0].y + p[1].y)/2.0,
Distance(p[0],p[1])/2.0);
            continue;
        }
        int m = Graham(p,ch);
        double ans = RotatingCalipers(ch,m);
        printf("%.2lf %.2lf %.2lf\n",center.x,center.y,ans/2.0);
    }
    return 0;
}
```

上述程序提交后通过,执行用时为 140ms,内存消耗为 1764KB。

附录 A 在线编程实验报告示例

1. 设计人员相关信息

省略。

2. 实验题描述

题目名称：POJ3311——送比萨

时空限制：时间限制为 2000ms，空间限制为 65 536KB。

==

问题描述：某个比萨店（编号为 0）接到 n 个订单（编号为 1~n），求比萨店交付所有订单的最短时间。

输入格式：输入包含多个测试用例。每个测试用例的第一行是表示订单数量的整数 $n(1 \leqslant n \leqslant 10)$，接下来是 $n+1$ 行，每行包含 $n+1$ 个整数，第 i 行上的第 j 个整数表示从订单 i 位置直接到达订单 j 位置不沿途访问任何其他位置的时间。注意，由于不同的速度限制、交通灯等，可能有更快的方式从订单 i 位置经由其他位置到达订单 j 位置。此外，时间值可能不对称，即从订单 i 位置直接前往订单 j 位置的时间可能与直接从订单 j 位置到订单 i 位置的时间不同。以输入 $n=0$ 结束。

输出格式：对于每个测试用例，输出一个整数表示比萨店交付所有订单的最短时间。

输入样例：

```
3
0 1 10 10
1 0 1 2
10 1 0 10
10 2 10 0
0
```

输出样例：

```
8
```

==

3. 实验目的

应用各种算法策略求解 POJ3311 问题，培养利用各种算法策略解决复杂问题的能力。

4. 问题求解——穷举法

将这个比萨店看成顶点 0，将 n 个订单看成编号为 1~n 的顶点，题目就是求从顶点 0 出发经过这 n 个顶点回到顶点 0 的最短路径长度（最短时间）。由于顶点 i 到顶点 j 的直接路径不一定是最短的，所以先采用 Floyd 算法求出 $n+1$ 个顶点之间的最短路径长度，存放到二维数组 A 中，剩下的问题就是起始点为 0 的 TSP 旅行商问题。

一条路径形如 $0 \rightarrow x_1 \rightarrow x_2 \rightarrow \cdots \rightarrow x_n \rightarrow 0$，其中 $(x_1, x_2, \cdots, x_n)$ 是 1~n 的某个排列，为此

设解向量 $x = (x_1, x_2, \cdots, x_n)$，枚举 $1 \sim n$ 的全排列，对于每个排列求出对应的路径长度 $d = A[0][x_1] + A[x_1][x_2] + \cdots + A[x_{n-1}][x_n] + A[x_n][0]$，通过比较求出最小值 bestd，则 bestd 就是题目的答案。对应的程序如下：

```cpp
# include < iostream >
# include < vector >
# include < algorithm >
using namespace std;
# define INF 0x3f3f3f3f
# define MAXN 15
int A[MAXN][MAXN];
int n;
void Floyd() {                              //用 Floyd 算法求 n + 1 个顶点之间的最短路径长度
    for(int k = 0;k < = n;k++){
        for(int i = 0;i < = n;i++) {
            for(int j = 0;j < = n;j++) {
                if(A[i][j] > A[i][k] + A[k][j])
                    A[i][j] = A[i][k] + A[k][j];
            }
        }
    }
}

int solve() {                               //求解算法(起点为 0)
    int bestd = INF;                        //存放最短路径长度
    vector < int > x;                       //x 存放一条路径
    for(int i = 1;i < = n;i++)              //将 1~n 添加到 x 中
        x.push_back(i);
    do {
        int d = 0,u = 0,j = 0;              //u 从起始点 0 开始
        while(j < x.size()) {
            int v = x[j];
            d += A[u][v];                   //对应一条边 < u,v >
            u = v;
            j++;
        }
        d += A[u][0];                       //最后加上 u 到起始点的长度
        bestd = min(bestd,d);               //求最短路径
    } while(next_permutation(x.begin(),x.end()));
    return bestd;
}

int main() {
    while(scanf(" % d",&n)!= EOF && n!= 0){
        for(int i = 0;i < = n;i++) {        //接受输入
            for(int j = 0;j < = n;j++)
                scanf(" % d",&A[i][j]);
        }
        Floyd();                            //调用 Floyd 算法
        printf(" % d\n",solve());           //输出答案
    }
    return 0;
}
```

上述程序提交后通过，执行用时为 235ms，内存消耗为 200KB。

5. 问题求解——分治法

同样采用 Floyd 算法求出 $n + 1$ 个顶点之间的最短路径长度，存放到二维数组 A 中。设 $f(V,i)$ 表示从顶点 0 出发经过 V(一个顶点集合)中全部顶点(每个顶点恰好经过一次)

到达顶点 i 的最短路径长度。其递归模型如下：

$$f(V,i)=A[0][i] \qquad\qquad 当 V=\{\} 时$$

$$f(V,i)=\min_{j \in V}\{f(V-\{j\},j)+A[j][i]\} \qquad 当 V \neq \{\} 时$$

置 V 为 $1\sim n$ 的顶点集合，则 $f(V,0)$ 就是从顶点 0 出发经过 n 个顶点回到顶点 0 的最短路径长度。对应的分治法程序如下：

```cpp
# include < iostream >
# include < vector >
# include < set >
# include < algorithm >
using namespace std;
# define INF 0x3f3f3f3f
# define MAXN 15
int A[MAXN][MAXN];
int n;
void Floyd() { … }                                      //同穷举法中的同名算法
int TSP(set < int > V, int i) {                         //分治算法
    int bestd = INF;                                    //最短路径长度
    if (V.size() == 0)                                  //当 V 为空时(递归出口)
        return A[0][i];
    else {                                              //当 V 不空时
        for (set < int >::iterator it = V.begin();it!= V.end();it++) { //遍历集合 V 中的顶点 j
            set < int > V1 = V;
            int j = * it;
            V1.erase(j);                                //V1 = V - {j}
            bestd = min(bestd,TSP(V1,j) + A[j][i]);
        }
        return bestd;
    }
}
int solve() {                                           //求解算法(起点为 0)
    set < int > V;
    for (int i = 1;i < = n;i++) V.insert(i);            //将 1~n 添加到 V 中
    return TSP(V,0);
}
int main() { … }                                        //同穷举法中的 main()函数
```

上述程序提交时超时(time limit exceeded)，原因是顶点集合 V 采用 set < int >表示时运行速度慢。由于 n 的最大值为 10，所以 V 采用二进制表示形式，这里顶点的编号为 $1\sim n$，即集合中出现顶点 i 时用二进制数 2^{i-1} 表示，相关二进制的位操作如下：

① $V=\{1,2,\cdots,n\}$ 对应 n 个 1，即 V 为 $(1 \ll n)-1$。

② 若 $V \& (1 \ll (i-1))$ 为 true，表示顶点 i 在 V 中，否则表示顶点 i 不在 V 中。

③ 从 V 中删除顶点 i 得到 V_1 的操作是 $V_1 = V \wedge (1 \ll (i-1))$。

将集合 V 采用二进制表示(状态压缩)后的分治法程序如下：

```cpp
# include < iostream >
using namespace std;
# define INF 0x3f3f3f3f
# define MAXN 15
int A[MAXN][MAXN];
int n;
void Floyd() { … }                                      //同穷举法中的同名算法
int TSP(int V,int i) {                                  //分治算法
```

```
    int bestd = INF;                                    //最短路径长度
    if (V == 0)                                         //当 V 为空时(递归出口)
        return A[0][i];
    else {                                              //当 V 不空时
        for (int j = 0;j <= n;j++) {                    //遍历集合 V 中的顶点 j
            if(V&(1 <<(j - 1))) {                       //顶点 j 在 V 中
                int V1 = V^(1 <<(j - 1));               //从 V 中删除 j 得到 V1
                bestd = min(bestd,TSP(V1,j) + A[j][i]);
            }
        }
        return bestd;
    }
}
int solve() {                                          //求解算法(起点为 0)
    int V = (1 << n) - 1;                              //将 1～n 添加到 V 中
    return TSP(V,0);
}
int main() { … }                                       //同穷举法中的 main()函数
```

上述程序提交后通过,执行用时为 454ms,内存消耗为 180KB。

6. 问题求解——回溯法

设解向量为 $\boldsymbol{x} = (0, x_1, x_2, \cdots, x_n)$,其中$(x_1, x_2, \cdots, x_n)$是 $1 \sim n$ 的某个排列,采用基于排列树的回溯算法框架,用 bestd 表示一个最优解(TSP 路径长度),剪支操作是当 x_i 选择顶点 x_j 时仅扩展满足条件 $d + A[x[i-1]][x[j]] + A[x[j]][0] < \text{bestd}$ 的结点。对应的回溯法程序如下:

```
# include < iostream >
# include < vector >
using namespace std;
# define INF 0x3f3f3f3f
# define MAXN 15
int A[MAXN][MAXN];
int n;
vector < int > x;                                      //当前路径
int d;                                                 //当前路径长度
int bestd;                                             //保存最短路径长度
void Floyd() { … }                                     //同穷举法中的同名算法
void dfs(int i) {                                      //回溯算法
    if(i >= n + 1) {                                   //到达一个叶子结点
        bestd = min(bestd,d + A[x[n]][0]);            //通过比较求最优解
    }
    else {
        for(int j = i;j <= n;j++) {                    //试探 x[i-1]走到 x[j]的分支
            if(d + A[x[i - 1]][x[j]] + A[x[j]][0]< bestd) {  //剪支
                swap(x[i],x[j]);                       //x[i]与 x[j]交换
                d += A[x[i - 1]][x[i]];
                dfs(i + 1);
                d -= A[x[i - 1]][x[i]];
                swap(x[i],x[j]);                       //回溯
            }
        }
    }
}
int solve() {                                          //求解算法(起点为 0)
    x.clear();
```

```
    x.push_back(0);                                          //添加起始点 0
    for(int i = 1;i <= n;i++) x.push_back(i);                //将 1~n 添加到 x 中
    d = 0;
    bestd = INF;
    dfs(1);
    return bestd;                                            //从 x[1]开始求解
}
int main() { … }                                            //同穷举法中的 main()函数
```

上述程序提交后通过，执行用时为 125ms，内存消耗为 200KB。

7. 问题求解——分支限界法

采用优先队列式的分支限界法，设计优先队列结点类型为 QNode，其包含当前顶点 vno、从顶点 0 到达当前顶点的路径 used、路径长度 length 和 lb 下界函数值等。当出队结点 e 时，下一步选择路径上未出现的顶点 j，对应结点 $e1$，置 $e1.\text{lb} = e1.\text{length} + A[e1.\text{vno}][0]$，若 $e1.\text{lb} \geqslant \text{bestd}$，则剪除该分支。当 $e1$ 为叶子结点时置 $\text{bestd} = \min(\text{bestd}, e1.\text{length} + A[e1.\text{vno}][0])$。最后输出 bestd 即可。对应的程序如下：

```
#include <iostream>
#include <vector>
#include <queue>
#include <algorithm>
using namespace std;
#define INF 0x3f3f3f3f
#define MAXN 15
int A[MAXN][MAXN];
int n;
int bestd;                                                  //保存最短路径长度
struct QNode {                                              //优先队列的结点类型
    int i;                                                  //解空间的层次
    int vno;                                                //当前顶点
    int used;                                               //表示路径(用于顶点的判重)
    int length;                                             //当前路径长度
    int lb;                                                 //下界
    bool operator <(const QNode&b) const {
        return lb > b.lb;                                   //按 lb 越小越优先出队
    }
};
void Floyd() { … }                                          //同穷举法中的同名算法
int bfs() {                                                 //优化限界函数值的分支限界算法
    QNode e,e1;
    priority_queue <QNode> qu;
    e.i = 0;                                                //根结点的层次为 0
    e.vno = 0;                                              //起始顶点为 s
    e.length = 0;
    e.lb = e.length;
    e.used = 1;                                             //路径包含顶点 0
    qu.push(e);
    while(!qu.empty()) {
        e = qu.top(); qu.pop();                             //出队一个结点 e
        e1.i = e.i + 1;                                     //扩展下一层
        for(int j = 1;j <= n;j++) {                         //试探 1~n 的顶点
            if((e.used&(1 << j))!= 0) continue;             //顶点 j 在路径中出现时跳过
            e1.vno = j;                                     //e1.i 层选择顶点 j
            e1.used = e.used|(1 << j);                      //标识顶点 j 已经被访问
            e1.length = e.length + A[e.vno][e1.vno];        //累计路径长度
```

```
        e1.lb = e1.length + A[e1.vno][0];
        if(e1.lb > = bestd) continue;              //剪支
        if(e1.i == n)                              //e1 为叶子结点
           bestd = min(bestd,e1.length + A[e1.vno][0]);
        else                                       //e1 为非叶子结点
           qu.push(e1);                            //e1 进队
      }
   }
}
int solve() {                                      //求解算法(起点为 0)
   bestd = INF;                                    //最短路径长度
   bfs();
   return bestd;
}
int main() { … }                                   //同穷举法中的 main()函数
```

上述程序提交时超过空间限制(Memory Limit Exceeded)。

8. 问题求解——动态规划

采用动态规划求解 TSP 问题参见《教程》中的 7.11 节。设计二维动态规划数组 dp,其中 $dp[V][i]$(V 为顶点集合)表示从顶点 0 出发经过 V 中所有顶点到达顶点 i 的最短路径长度(不含顶点 i 到顶点 0 的回边的长度)。对应的状态转移方程如下:

$$dp[0][0]=0;$$
$$dp[V][i]=\min\{dp[state][i],A[0][i]\} \qquad 若 V=\{i\}$$
$$dp[V][i]=\min_{V1=V-\{i\},j\in V1}\{dp[V][i],dp[V1][j]+A[j][i]\} \qquad 若 i\in V$$

在求出 dp 数组后,令 $V=\{1,2,\cdots,n\}$,则 $\min_{1\leqslant i\leqslant n}\{dp[V][i]+A[i][0]\}$ 就是题目的答案。这里的顶点集合 V 采用前面分治法中的状态压缩表示。对应的程序如下:

```
# include < iostream >
# include < algorithm >
using namespace std;
# define INF 0x3f3f3f3f
# define MAXN 15
int A[MAXN][MAXN];
int dp[1 << MAXN][MAXN];                           //二维动态规划数组
int n;
void Floyd() { … }                                 //同穷举法中的同名算法
int solve() {                                       //求解算法(起点为 0)
   for(int i = 0;i < = n;i++) {                    //初始化
      for(int state = 0;state <(1 << n);state++)
         dp[state][i] = INF;                        //设置为∞
   }
   dp[0][0] = 0;
   for(int V = 1;V <(1 << n);V++) {
      for(int i = 1;i < = n;i++) {                 //顶点 i 从 1 到 n 循环
         if(V & (1 <<(i - 1))) {                   //顶点 i 在 V 中
            if(V == (1 <<(i - 1)))                 //V 中只有一个顶点 i
               dp[V][i] = min(dp[V][i],A[0][i]);
            else {                                  //V 中有多个顶点
               int V1 = V^(1 <<(i - 1));           //从 V 中删除顶点 i 得到 V1
               for(int j = 1;j < = n;j++) {
                  if(V1 & (1 <<(j - 1)))           //顶点 j 在 V1 中
                     dp[V][i] = min(dp[V][i],dp[V1][j] + A[j][i]);
               }
            }
```

```
            }
        }
    }
    int bestd = INF;                                    //最短路径长度
    for(int i = 1;i <= n;i++)                            //求答案
        bestd = min(bestd,dp[(1 << n) - 1][i] + A[i][0]);
    return bestd;                                        //返回答案
}
int main() { … }                                        //同穷举法中的main()函数
```

上述程序提交后通过,执行用时为0ms,内存消耗为244KB。

9. 实验总结

在该实验中分别采用穷举法、分治法、回溯法、分支限界法和动态规划等算法策略求解 POJ3311。从空间性能角度总结如下:

(1) 这里的分支限界法采用优先队列式分支限界法,尽管采用状态压缩和通过下界 lb 做剪支操作,但由于测试数据的特点,剪除的结点数仍不理想,进队的结点个数较多,导致超过空间限制。另外,为了提高剪支的效率,设计如下贪心算法求出 $s=0$ 的近似 TSP 路径长度:

```
int greedy(int s) {                                     //贪心算法
    int ans = 0;
    memset(visited,0,sizeof(visited));                  //标记访问的顶点
    int u = s;
    visited[s] = 1;
    for(int k = 1;k <= n;k++) {                         //查找 n 条边
        int mind = INF,minv;
        for(int v = 0;v <= n;v++) {                     //求顶点 u 的未访问的最小边< u,minv >
            if(v == u || A[u][v] == INF) continue;      //存在边< u,v >
            if(visited[v]) continue;                    //顶点 v 未访问
            if(A[u][v]< mind) {
                mind = A[u][v];
                minv = v;
            }
        }
        visited[minv] = 1;                              //选择最小边< u,minv >
        ans += mind;
        u = minv;
    }
    ans += A[u][s];                                     //加上回边的权值
    return ans;
}
```

初始化最优解 bestd 为 greedy(0),这样在分支限界算法的执行中可以剪除更多的分支,但实验结果仍然超过空间限制。

(2) 对于其他各种算法策略,程序消耗的空间都非常少。

从时间性能角度总结如下:

(1) 穷举法程序的执行用时仅为219ms(原先以为会超时),采用状态压缩后分治法程序的执行用时为454ms,超过穷举法程序的用时。

(2) 回溯法程序的执行用时为125ms,其中采用了 $d+A[x[i-1]][x[j]]+A[x[j]][0]<$ bestd 的剪支操作,时间性能好于穷举法程序。

(3) 动态规划程序的执行用时为0ms,由于消除了重叠子问题的重复计算,其时间性能最好。另外,动态规划程序的空间性能也非常好,说明测试数据量比较小。

图 书 资 源 支 持

感谢您一直以来对清华版图书的支持和爱护。为了配合本书的使用，本书提供配套的资源，有需求的读者请扫描下方的"书圈"微信公众号二维码，在图书专区下载，也可以拨打电话或发送电子邮件咨询。

如果您在使用本书的过程中遇到了什么问题，或者有相关图书出版计划，也请您发邮件告诉我们，以便我们更好地为您服务。

我们的联系方式：

清华大学出版社计算机与信息分社网站：https://www.shuimushuhui.com/

地　　址：北京市海淀区双清路学研大厦 A 座 714

邮　　编：100084

电　　话：010-83470236　010-83470237

客服邮箱：2301891038@qq.com

QQ：2301891038（请写明您的单位和姓名）

- -

资源下载：关注公众号"书圈"下载配套资源。

资源下载、样书申请

书圈

图书案例

清华计算机学堂

观看课程直播